개정증보판

# 실내건축
# 디자인
# 프로세스
# A to Z

# GENERAL INTRODUCTION

# 1. 실내건축 담론

실내건축은 실제로 많은 이야기와 숨겨진 과정이 담긴 융합 디자인의 결정체이며, 다양성 있는 공간 오브제로서 우리의 삶 속에서 매일 접하게 되는 일상이 모두 담겨 있다. 그렇기 때문에 실내건축공간이 삶을 담는 그릇이라면 사람이 항상 그 중심에 와야 하고 공간을 통해서 어떤 방식으로든 감성과 소통의 체계를 가질 수 있어야만 완성된 하나의 공간으로 그 가치를 인정받을 수 있다고 생각한다.
실내건축을 이제 막 시작하려는 인문자의 입장에서는 공간 디자인에 있어서 항상 사람의 감성과 소통을 중심으로 생각하는 것이 중요하다.

기분 좋은 공간? 잘 디자인된 공간? 이 질문에 대한 명확한 해답은 세상 어디에서도 찾을 수 없다고 생각지만 우리는 그런 공간을 간혹, 혹은 종종 우리들의 일상에서 발견하고 경험하게 된다. 우리가 허기를 달래기 위해서 잠시 머물던 음식점, 누군가를 기다리기 위해서 머무르던 서점, 작은 화병 하나를 사기 위해 찾았던 도자기 판매점, 지친 하루의 일상을 달래려고 잠시 잠을 청하던 다락방, 하루의 일과를 마치고 귀가하는 길에서 잠시 들렀던 도서관, 여름휴가 때 찾았던 허름하지만 풍경 좋은 펜션….
이렇게 우리 모두는 자기 나름대로의 삶의 방식과 감성을 가지고 실내건축공간에 대한 많은 경험을 가지고 있다. 실내건축에 대한 다양한 경험은 디자인에서 그 빛을 발하게 된다. 그리고 그 경험이 다른 사람에게 기쁨과 감동으로 다가가기도 한다. 그러기에 실내건축이라는 것은 우리에게 친숙하고 우리들의 대부분은 실내건축 디자인에 대해서 어느 정도의 지식은 이미 가지고 있다는 것이다. 실내건축을 시작하는 학생들에게 실내건축이 어렵고 힘들기만 한 디자인이 아니며, 내가 알고 있는 공간 경험을 응용하고 정리하는 방법에 대한 접근성을 익히고 조금 더 주변의 일상 속 공간들에 대한 관심을 가진다면 누구나 실내건축을 잘할 수 있으리라 생각한다.

실내건축 디자이너는 이러한 소소한 일상의 경험과 자기 자신의 삶의 이야기를 공간 디자인에 담아낼 수 있어야 한다. 이야기와 경험이 공간의 감성이 되고 그 감성이 그 공간을 사용하는 사람들에게 또 다른 하나의 이야기와 감성이 되어줄 것이기 때문이다. 그래서 잘 디자인된 실내건축공간에 대한 해답은 실내건축공간을 디자인하는 사람이 아닌, 그 공간을 사용하는 사람에 의해서 결정된다고 나는 생각한다. 그리고 내가 책머리에서 이런 장황한 이야기를 하는 이유는 누구나 실내건축을 할 수 있고 누구나 잘 디자인된 실내건축을 할 수 있다는 이야기를 하고 싶은 것이다. 자신의 공간에 대한 경험과 이야기, 감성을 공간 디자인으로 잘 담아낼 수만 있다면 말이다.

실내건축공간 디자인의 과정이 쉽다는 이야기는 결코 아니다. 그 배움의 과정과 해야 하는 일들은 너무나도 많다. 그리고 그리 쉬워보이지도 않는다. 하지만 조금의 실내건축에 대한 지식과 공간에 대한 원칙, 그리고 하나의 공간 디자인을 완성하기까지의 과정과 방법을 익힐 마음의 준비만 되어 있다면 누구나 자신만의 경험과 이야기를 가지고 있기 때문에 얼마든지 좋은 공간을 디자인할 수 있다고 말하고 싶다. 처음 실내건축을 배우는 학생들도 나름의 공간에 대한 경험과 감성은 모두 가지고 있기 때문이다. 그 경험과 감성에 실내건축에 대한 접근 방법과 과정, 그리고 약간의 기술적인 노하우가 겸비된다면 그것으로 실내건축 디자이너로서의 자격은 충분하다.

## 2. 실내건축의 이해 : 실내건축 디자인이란?

실내건축 디자인은 궁극적으로는 사람을 위한 디자인이다. 이를 위해 공간을 이해하고, 공간에 대한 요구사항을 파악하며, 목적에 부합하는 다양한 분석과 접근성이 필요하다. 따라서 흔히 interior design, interior architecture라는 용어가 가지는 개념에는 사람들의 삶, 공간, 기능과 안전, 미적 요구, 조화 등을 모두 포함해야 하는 것이다. 실내건축공간에 대한 디자인적인 접근과 이를 전문적으로 작업하는 디자이너들은 이러한 근본적 개념을 잊지 말아야 한다.

실내건축 디자이너는 하나의 프로젝트를 위해서 전문적인 실내건축 지식을 통합해 나가고 공간 디자인에 대한 개념을 다양한 방법을 통해서 표현하는 일련의 고통(?)을 겪어야 한다. 이러한 고통의 과정들은 결코 쉽지 않은 작업이지만 결과물로 하나의 프로젝트가 완성되었을 때의 희열감과 성취감은 이루 말할 수 없다.

실내건축의 개념을 올바르게 이해한다는 것은 매우 중요하다. 그리고 그 개념을 이해한다는 것은 실내건축 프로젝트 진행의 과정을 이해한다는 의미가 된다.
실내건축은 공간의 개념 설정, 아이디어 제안, 디자인과 공간에 다양성을 부여하는 작업(예를 들어 컬러를 입히고 재료를 통하여 표현하는 과정), 도면의 작성 등이 반드시 과정의 연속성으로 존재해야만 한다. 그리고 그 과정을 이해하지 못하고 그 과정을 한 단계라도 거치지 않는다면 결코 완성도 높은 실내건축 결과물을 만들어내기 어렵다.

실내건축에 대한 정의를 내린다는 것은 참으로 어려운 일이지만 필자는 개인적으로 실내건축이라는 것을 단편적으로 정의 내리기보다는, 수많은 과정의 연속으로 구현된 하나의 완성된 감성 만들기라는 이야기를 꼭 하고 싶다. 흔히 공간의 개념과 부합되지 못하거나 공간의 개념이 표면적으로 드러나지 않고 의미론적으로만 떠돌아다니는 공간을 디자인하기보다는, 전문가가 아닌 일반인이 공간을 보고 사용하면서 느끼게 되는 감성과 이미지에 보다 중점을 두는 것이 궁극적인 실내건축의 개념이 아닐까하는 생각을 해본다.

실내건축 디자인, 실내건축설계, 실내건축공간 디자인, 실내 디자인, 실내공간 디자인 등등의 용어들이 공통적으로 가질 수 있는 개념과 의미는 궁극적으로는 인간의 감성을 만족시키고 기능적으로 사용자들의 요구에 충실함이 아닐까? 실내건축을 처음 시작하는 단계에서는 이 가장 기본적이고 근본이 되는 의미를 잊지 말아야 한다.

**실내건축이라는 것은**
**공간의 감성을 만들고,**
**모든 사람들의 공간 사용에 대한 편리함을 만들고,**
**공간의 목적과 기능에 부합하는 가치를 만드는 작업이다.**

## 3. 책의 구성과 활용

이 책은 5가지 각기 다른 기능 공간(삶의 기본이 되는 단독주택, 소규모 전문 상점, 테마가 있는 레스토랑, 박물관·미술관과 같은 전시공간 디자인, 소규모 오피스 리모델링)의 프로젝트와 학생 공모전에 대한 실내건축설계 진행과정 및 공간 디자인 요소를 중심으로 구성하였다.

모두 6 CHAPTER로 구성된 책의 주요 내용은 다음과 같다.

   1. **프로젝트에 대한 이해와 공간에 대한 기초적인 개념 및 계획 요건에 관한 학습 포인트를 제시.**
      → 이를 통하여 어느 정도의 이론적 기초 지식을 습득.

   2. **실내건축공간이 완성되어 나가는 과정을 디자인과 설계 순서대로 참고 사례와 설명을 통하여 제시.**
      → 무작정 책을 순서대로 따라 읽어 내려가면서 실내건축 PROCESS에 따른 공간 디자인 진행.

   3. **학생들의 실내건축 패널과 제안서 등에 대한 다양한 프로젝트 사례를 제시.**
      → 프로젝트에 대한 표현 방법과 공간 개념에 대한 접근 방식 등의 참고 자료를 통해 최종 결과물 도출.

실내건축설계, 공간 디자인, 인테리어 디자인 분야를 처음 접하게 되는 학생들을 위한 기초 참고도서로서, 다양한 공간 접근성과 표현의 방법, 공간을 설계하는 일련의 과정에 대한 학습을 통하여 모두가 기초가 튼튼한 실내건축가가 되기를 진심으로 바라본다.
실내건축에서 가장 중요한 것은 디자인에 대한 접근 방법과 그 과정(PROCESS)이라는 사실을 잊지 말자!

이 책은 서로 다른 기능 공간의 프로젝트 진행에 대한 실내건축설계 과정을 다이어그램, 스케치, 작품 사례, 모형 사진 등을 통하여 상세하게 설명하였습니다. 이와 더불어 학생 공모전을 준비하기 위한 다양한 노하우와 사례를 수록하였습니다. 수록된 모든 자료는 지난 17년 동안 대학에서 실내건축설계 수업을 진행하면서 학생들과 함께 고민하고 스터디하였던 과정과 결과물을 중심으로 구성한 것입니다. 저자 개인의 생각이지만, 책 속의 디자인 자료들은 학생들의 열정과 땀으로 빚어낸 결과물이며 디자인의 좋고 나쁨을 떠나서 최선의 작품들이라는 점에는 의심의 여지가 없습니다.

책의 중간 중간에 삽입된 설계 TIP은 설계 과정에서 꼭 필요하다고 생각되는 디자인 방법에 대한 저자의 개인적인 노하우를 정리한 것이니 참고하면 좋겠습니다.

이 책에 대한 특별한 활용 방법은 없지만, 학생들 자신이 하고자 하는 디자인 작업에 대한 기본적인 실내건축 이론 학습과 설계 과정에 대한 이해, 학생들의 작품을 통한 공간 디자인 다양성을 중심으로 한 실내건축설계 자료로서 널리 활용되기를 기대합니다.

# CONTENTS

## INTERIOR DESIGN PROCESS 2
# RETAIL SHOP & ROAD SHOP

# INTERIOR DESIGN PROCESS 4
# EXHIBITION DESIGN

# INTERIOR DESIGN PROCESS 6
# 실내건축 COMPETITION

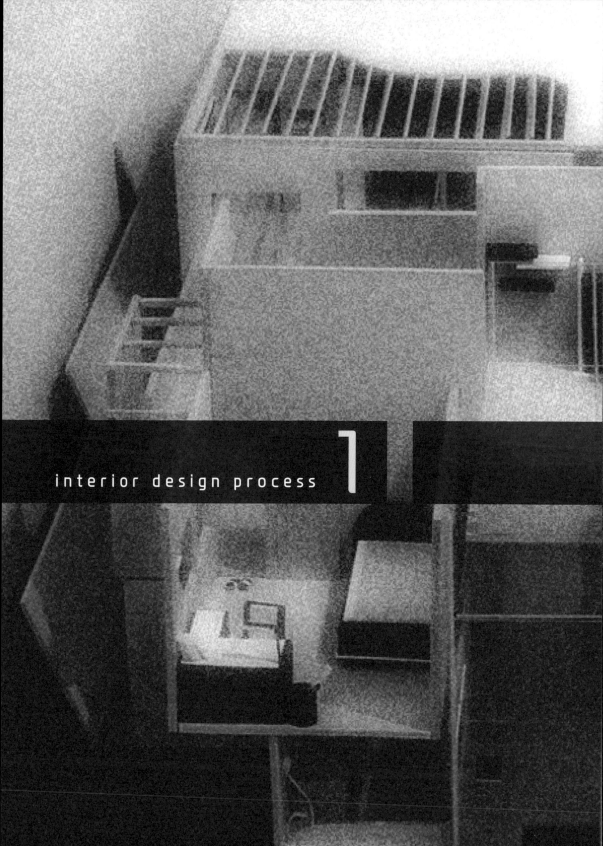
interior design process 1

주거공간은 거주자의 NEED가 핵심이다

# HOUSE DESIGN

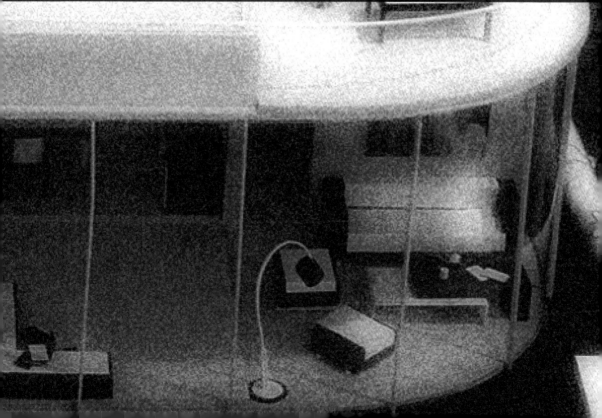

# 주거공간 디자인

## 주거공간 개념

주거공간 디자인은 인간이 삶을 영위하기 위한 다양한 기능공간을 계획하고 디자인하는 일련의 과정이다. 선정한 부지의 조건(일조권, 향, 경사, 규모, 주변 환경 등)을 검토하고 주거공간의 개념을 결정하며, 주택의 배치 방법과 공간 계획에서 요구되는 기초적인 요건과 아이디어를 정리해가는 프로젝트라 하겠다.

또한 주거공간에 요구되는 다양한 기능을 사용자의 요구에 부합되도록 설계하고, 이를 통하여 삶의 방식과 라이프 사이클에 대응하는 주거공간을 계획해 나가는 작업이다.

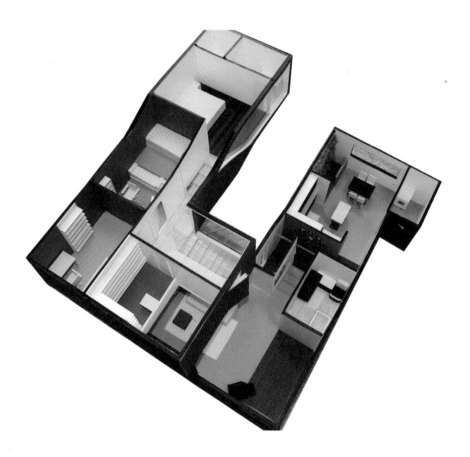

## 설계조건에 대한 접근과 검토 사항

이 책에서 설명하는 주택설계는 리모델링 형식이 아니라 신축하는 계획을 전제로 기술하였다. 이에 가장 먼저 고려해야 하는 사항은 설계할 대지를 선정하고 대상 부지에 대한 토지이용계획확인원을 통해서 부지의 위치, 규모, 지역·지구 등의 정보를 확인하는 작업이다.

주거공간 계획에서는 사용자에 대한 검토가 매우 중요한데, 가족 구성원과 이들에 대한 다양한 정보(선호하는 디자인 성향, 취미, 나이, 성별, 생활 패턴 등)는 설계 방향 설정에 도움이 된다.

일반적인 주거공간의 기능인 현관, 거실, 부부침실, 자녀방, 식사실, 주방, 욕실, 화장실, 복도, 다용도실 등으로 공간을 구성할 수 있지만, 개념과 시나리오에 따라서 필요한 소요실을 추가로 설정하는 것도 가능하다. 기본적인 기능을 수용하되 가족 구성원을 위한 특별한 공간 구성에 대한 고려가 필요하다.(예를 들어 가족 취미공간, 홈시어터, 서재, 홈오피스, 작업 스튜디오 등)

· 옥외공간에는 자동차 주차공간, 잔디마당, 조경공간, 야외 벤치, 수영장 등의 배치 검토도 필요.
· 건폐율, 용적율, 정북방향 일조권 제한, 인접도로면 사선제한 등 기본적인 법규 검토가 요구된다.
· 건축물의 MASS는 대지 형태, 주변 건축물들의 배치, 방위, 인접 건물의 시야 등을 고려한다.
· 단독주택 계획에서는 가족 구성원의 수와 필요한 공간 기능 설정이 규모 결정의 요인이 된다.
· 시나리오 구성에 따라서 별동 형식의 분리된 건물 MASS 구성과 공간 구성도 가능하다.
· 주거공간에서는 사용자들의 심리적인 부분을 고려한 감성 디자인이 필요하기 때문에 특히 실내공간에 대한 재료 선택과 컬러 선정이 매우 중요하다.

## FUNCTION & ZONING

단독주택공간에서의 일반적인 기능공간은 현관, BED ROOM, LIVING ROOM, KITCHEN, DINING ROOM, TOILET & BATH ROOM, 다용도실, 드레스룸, 가족실, 서재, 창고, 계단, 복도 등으로 구성된다.
주택이라는 것은 다양한 기능공간을 수용해야 하기 때문에 각기 다른 공간 기능을 얼마나 합리적이고 미적으로 잘 구성하여 유기적으로 배치하는가가 매우 중요한 문제이다.

### 1층 조닝

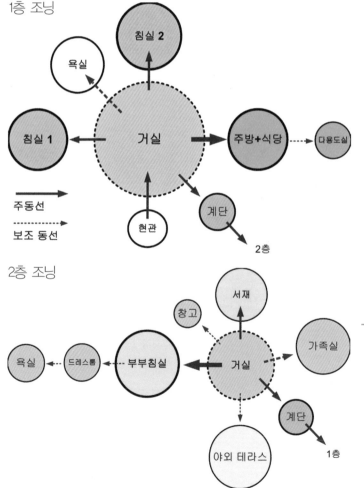

### 2층 조닝

### 조닝 표현 요소 정리

조닝을 작성할 때에는 아래의 사항들이 모두 나타나도록 작성한다.
- 공간의 크기(원의 크기)
- 공간의 위치(원의 위치)
- 공간과 공간의 연결 관계(선)
- 사용자들의 동선(선의 유형)
- 공간의 사용빈도(선의 굵기)
- 공간의 기능(소요실)

조닝이라는 용어는 각 공간 영역들의 배치와 관계를 의미하며, 조닝도는 주택의 다양한 공간 기능을 어떻게 배치할 것인가의 문제를 간략한 다이어그램 형식으로 표현하여 각 공간의 위치와 공간과 공간의 연결관계, 동선, 공간의 크기 등을 알기 쉽게 표현하기 위하여 작성하는 것이다.

## BED ROOM(UNIT PLAN & FURNITURE)

침실은 가족들이 심신의 안정과 휴식, 수면을 위한 공간으로 주택에서 가장 독립적이면서도 프라이버시가 보장될 수 있는 공간으로 디자인한다.
침실의 가구 배치나 분위기는 거주자의 생활 패턴이나 기호를 고려하여야 하며, 취침의 기능 이외에 특별하게 거주자가 원하는 기능을 수용하는 경우도 있다. 예를 들어 침실이지만 서재를 겸하여 구성하는 경우도 있고, 간단하게 차를 마시기 위한 티테이블이나 간단한 작업 테이블 등이 요구되는 경우도 있다.

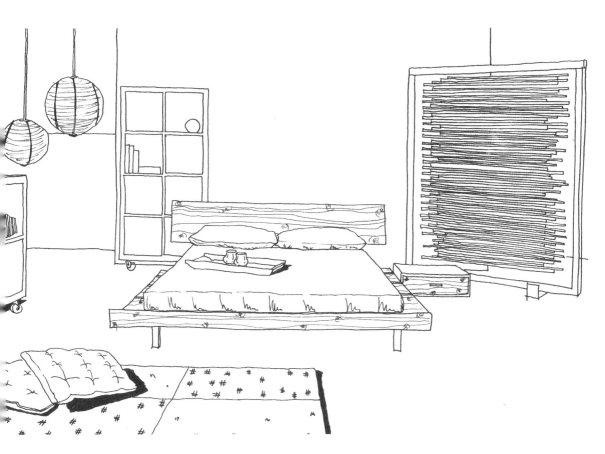

주 침실(master bed room)의 일반적인 구성은 침대와 수납장 정도이지만 소파, 간이 테이블, 장식장, 옷장, tv set, 화장대, night table(침대 옆에 스탠드 조명기기나 시계 등의 개인 물품을 위한 작은 테이블), 욕실이나 화장실, 드레스룸 등이 함께 구성되는 경우가 있다. 물론 공간의 규모에 따라 소요 가구의 크기와 배치를 고려해야만 한다.

침대가 놓이는 침실공간은 아늑한 분위기가 좋으며 드레스룸, 욕실 등과는 독립적으로 배치하는 것이 좋다. 사용자의 기호나 공간적인 요구 사항을 고려하여 모던한 분위기나 클래식한 분위기, 전통의 한옥적인 분위기 등의 다양한 공간연출이 가능하다. 또한 공간 분위기는 가구 선택과 컬러, 조명에 의해 가장 크게 달라질 수 있기 때문에 공간의 형태와 가구의 배치도 중요한 요소이지만 가구, 마감재료에 의한 컬러, 조명은 신중하게 결정한다.

침실공간은 가급적 자연채광을 충분히 받을 수 있도록 창문의 크기와 위치를 결정해야 한다.

아이들 방의 경우는 아이의 성별이나 나이에 따라 공간의 구가와 색채 분위기를 잘 결정해야 한다. 또한 아이의 성장을 고려하여 공간 자체에 가변적인 성격을 부여하는 경우도 많다. 예를 들어 공간의 규모를 크게 확장할 수 있도록 디자인하는 것도 좋다. 자녀들의 침실은 일반적으로 침대와 수납장, 옷장, 책장과 책상 등으로 구성되지만, 공간 규모에 따라 욕실을 같이 구성하여도 좋다.

침실은 규모에 따라 다양한 공간 구성과 가구의 배치가 가능하며, 베드의 크기와 위치에 따라 침실 전체의 공간 구성과 배치를 결정하는 것이 좋다.(다음 평면 사례 참조)

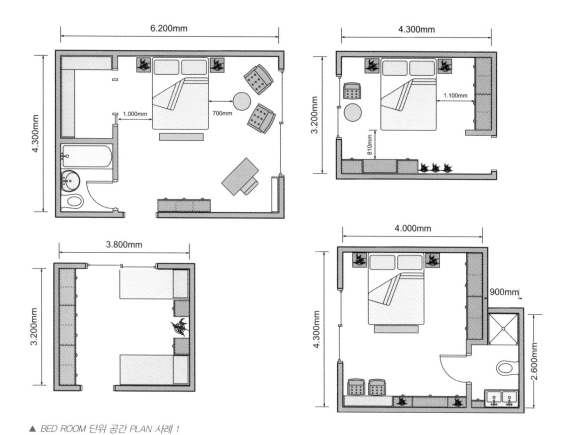

▲ BED ROOM 단위 공간 PLAN 사례 1

BED ROOM 가구 배치 및 치수 ▶

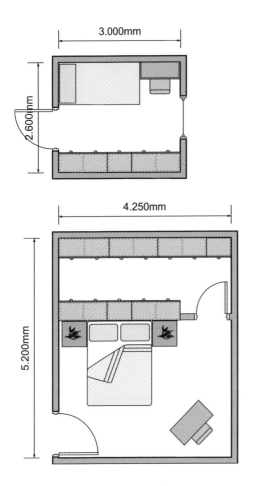

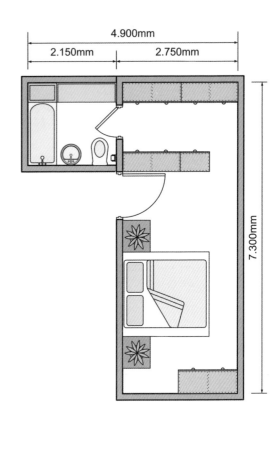

▲ BED ROOM 단위 공간 PLAN 사례 2

## LIVING ROOM

거실은 주택공간에서 가장 큰 면적을 가지게 되는 경우가 일반적이며 주택의 중심적인 역할을 담당하는 공간이다. 거실은 현관이나 침실, 욕실, 주방, 식사공간 등과 직접 연결이 되는 것이 좋고 외부에 정원이 있다면 정원과도 연계될 수 있도록 디자인하는 것이 좋다.

거실의 공간 규모는 주어진 주택의 전체 연면적 규모와 가족 구성원의 수에 의해 결정되는 경우가 많고 거주자의 라이프 사이클에 의해서도 그 규모를 결정하는 경우가 있다.

거실은 주택의 다양한 공간들과의 긴밀한 연결이 필요하지만 거실이 복도의 개념으로 이용되어 통로화되는 것은 좋은 디자인이 아니다. 거실도 하나의 독립된 공간으로 계획해 보자.

거실의 구성은 다양하지만 일반적으로는 거실과 식사 공간, 부엌이 모두 하나의 공간에 배치되는 구성이나 거실과 식사 공간이 함께 배치되는 경우가 많다. 하지만 필요한 경우에는 종종 서재나 Home Bar를 겸하여 구성되는 경우도 있다.

거실공간은 접객이나 가족 구성원들이 함께 모일 수 있는 공간이기 때문에 벽면의 경우 아트월이나 벽난로, 카펫, 러그 등을 설치하여 공간의 분위기를 최대한 살리기 위한 디자인이 충분히 가능하다.

일반적인 거실의 가구 배치와 구성은 아래 스케치와 같이 소파, 테이블, 장식장, tv set 등이다.

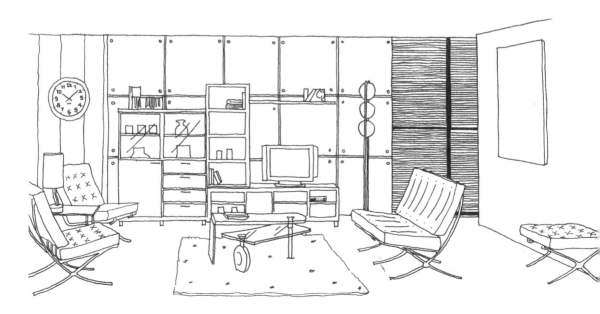

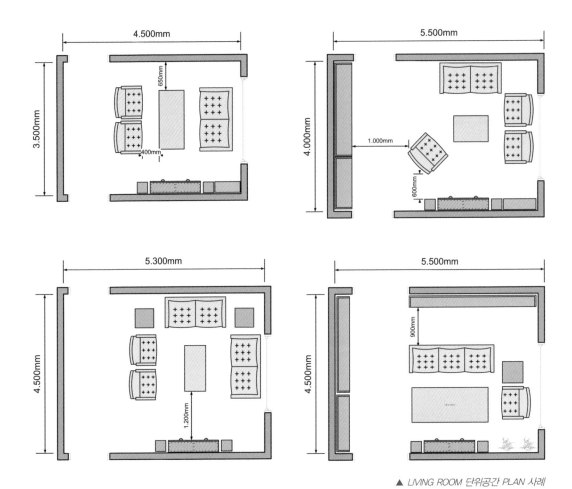

▲ LIVING ROOM 단위공간 PLAN 사례

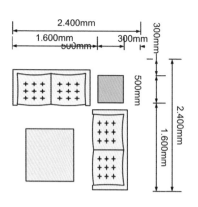

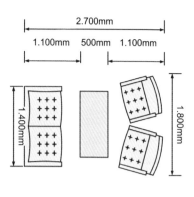

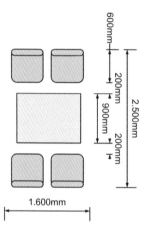

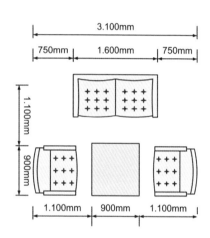

▲ LIVING ROOM 가구 배치와 치수 사례

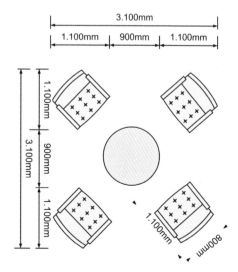

# KITCHEN

주방은 가사를 수행하는 주부의 입장에서는 주택공간에서 가장 비중 있고 중요한 공간이다.

주방의 배치와 공간 구성은 매우 다양하지만 결국 개수대, 냉장고, 가스레인지, 조리대, 수납장 등의 크기에 의해 그 규모가 결정된다.

주방은 음식을 가공하고 보관하는 주된 기능을 수용하기 위한 공간이지만, 현대의 공간 디자인에서는 음식조리를 하면서 주부들이 음악을 듣거나 잠시 휴식을 취할 수 있는 공간이나 음식 보관창고, 김치냉장고를 위한 공간을 두는 경우도 있다. 어린 아이가 있는 경우에는 주방에서 일을 하면서 아이를 지켜볼 수 있도록 시각적으로 오픈된 공간에 거실을 두거나 어린이 놀이공간 개념을 도입하는 것도 좋은 방법이다.

▼ 일반적인 *KITCHEN* 유형에 따른 *PLAN* 사례

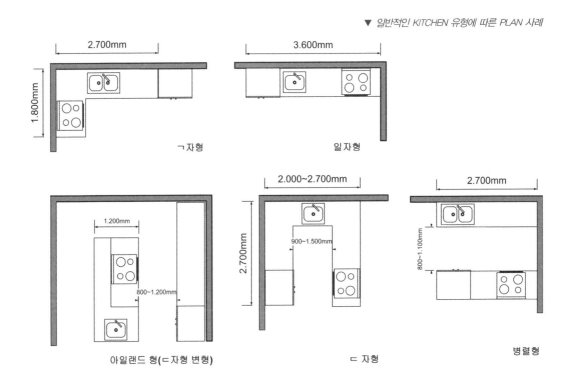

ㄱ 자형

일 자형

아일랜드 형(ㄷ자형 변형)

ㄷ 자형

병렬형

주방에 소요되는 가구나 기기에는 개수대, 조리대, 수납장, 냉장고, 식기세척기, 청소도구함, 쓰레기 처리, 조리용구, 전자레인지나 토스트기 같은 전기기구, 후드, sink ball 등이 있다.

주방은 매우 다양하고 많은 기기와 가구가 배치되어야 하기 때문에 이들을 수용할 수 있는 충분한 면적을 고려해서 평면을 계획해야 하며, 최대한의 수납공간을 수용하도록 배려해야 한다.

각종 기기나 기구에 대한 크기는 표준화되어 있지 않다. 따라서 학생들이 계획을 하는 과정에서 국내의 다양한 주방 관련 업체의 인터넷 사이트나, 제품 소개 팸플릿, 안내 책자 등을 통해 내가 사용하려는 제품 및 가구의 정확한 크기와 형상을 파악하는 것이 주방계획에 더욱 현실적 방안이 될 것이다.

▼ KITCHEN SET 치수 사례

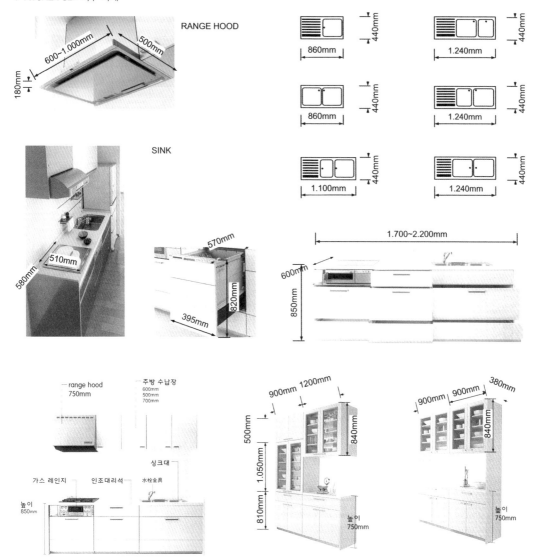

# DINING ROOM

식당은 거실이나 부엌공간과 함께 위치하거나 가까이에 배치하여 계획하는 것이 좋다. 식당은 가족 구성원의 수에 따라 4인용 테이블, 6인용 테이블 등이 사용되며 식탁의 규모에 따라 공간의 대략적인 크기가 결정된다.

식당의 배치는 거실과 함께 구성되는 경우, 식당만 따로 독립적으로 구성되는 경우, 부엌과 함께 구성되는 경우가 가장 일반적이다. 종종 옥외공간에 dining porch를 구성하여 야외 식사공간을 구성하는 경우도 있다.

식당의 가구 구성은 식탁, 의자, 식기류 등의 보관을 위한 수납장(찬장) 등이다.

식당의 조명은 식탁을 중심으로 계획되어야 하며 보통은 등 박스를 이용한 직부등 형태나 식탁 상부 천장에 매달아서 늘어뜨린 pendent 조명이 일반적이다.

식당의 색채마감은 자극적이지 않아야 하고 즐거운 식사를 위하여 난색 계통의 오렌지, 레드, 베이지, 브라운 계통의 컬러 등이 무난하다.

식당의 바닥 마감재료는 카펫이나 러그는 음식이 떨어졌을 때 청소와 청결 유지가 어렵기 때문에 타일이나 석재, 우드 플로어링이 주로 사용된다. 우드 플로링의 경우는 마감재료와 재료의 줄눈 사이에 음식물이 끼어 냄새가 날 수 있으니 반드시 줄눈 마감시공을 해야 한다.

식사공간이 독립적으로 구성되는 경우는 부엌과의 이동동선을 가급적 짧게 해야 하고 배선대 등을 통하여 음식을 식탁으로 이동하도록 디자인하는 경우도 있다. 현대 주택공간에서는 식사를 하면서 tv 시청을 함께 하는 경우가 많기 때문에 식탁공간과 거실의 소파공간에서 모두 tv 시청이 가능하도록 tv set이 180° 회전 가능하도록 가구를 디자인하는 경우도 있다.

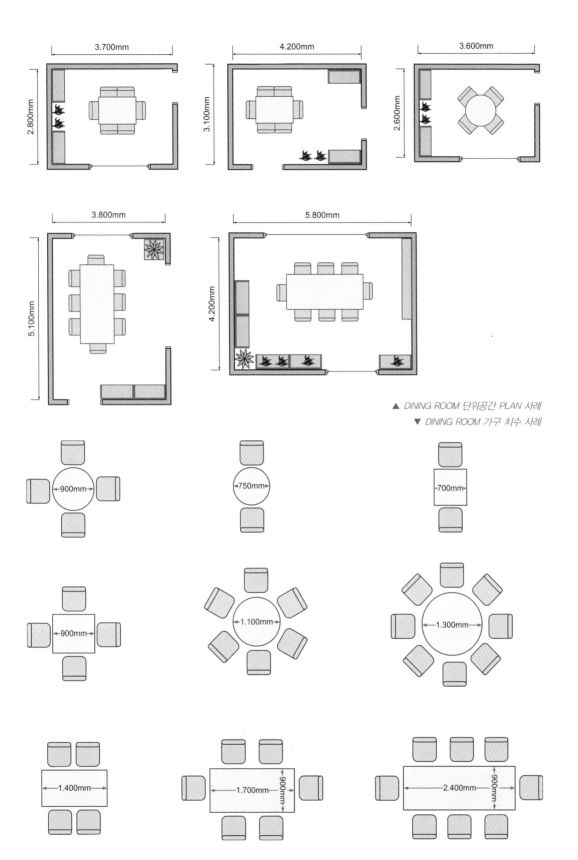

▲ DINING ROOM 단위공간 PLAN 사례
▼ DINING ROOM 가구 치수 사례

# TOILET & BATH ROOM

주거공간에서 화장실과 욕실은 인간의 생리적인 현상과 청결을 위해 모두 필수적인 공간으로 욕조, 세면대, 비데(bidet), 샤워기, 수납장 등으로 구성된다. 세면대와 비데, 욕조, 샤워부스, 샤워기 등의 구성에 따라 공간의 규모가 결정된다. 최근에는 사우나 공간을 설치하는 경우도 있다. 욕조가 갖추어져 있는 경우는 자연채광을 충분히 받을 수 있도록 창문을 계획하는 것이 좋고 자연환기가 잘 될 수 있도록 하는 것이 좋지만 창문을 설치하기 곤란한 경우에는 강제적으로 기계 환기시스템을 갖추도록 한다.

욕실의 조명은 반드시 방습이 되어야 하며 콘센트 등의 위치는 물이 직접적으로 잘 닿지 않을 장소를 선택한다. 면도기나 드라이기 등을 사용하는 경우에 대비하여 반드시 세면대 근처에는 콘센트가 필요하다. 또한 세면대의 거울 부분에는 mirror bracket(거울 상부에 설치한 조명기기)을 설치하는 경우도 있다.

휴지걸이, 수건걸이, 비누수납, 욕실용품 수납장 등을 모두 고려하여 디자인에 반영한다.

바닥과 벽면의 마감재료로는 타일을 가장 많이 사용하는데 바닥부분은 미끄러짐이 없어야 하며 벽면의 타일은 욕실의 분위기를 위해 패턴이나 이미지가 있는 타일을 사용하기도 한다.

화장실과 욕실이 현대의 실내건축에서는 매우 중요도가 높아지고 있는데, 단지 생리적인 현상의 해결이나 몸을 씻는 기능만을 하는 것이 아니라 피로를 풀고 휴식을 위한 극히 개인적인 공간으로 개념이 달라지고 있다. 따라서 그 공간 디자인도 이에 대응할 수 있는 공간 규모와 배치가 요구된다.

화장실과 욕실의 규모와 배치는 비데나 욕조, 세면대 등에 의해 결정된다. 근래에는 사우나 시설이나 월풀 형식의 욕조까지 등장하여 점점 욕실공간에 대한 중요도가 높아지고 있다. 최소 크기의 화장실이라면 750mm×1900mm 정도도 가능하지만 단독주택에서의 화장실과 욕실의 개념이라면 가족이 편안하고 안락하게 사용할 수 있도록 충분한 면적을 확보해주는 것이 좋다.

일반적인 세면대나 변기, 비데, 욕조, SPA BATH 등의 위생기기 크기는 제품을 생산하는 회사마다 그 크기와 디자인이 모두 다르기 때문에 실내건축 디자이너가 직접 이들을 선택하여 공간을 디자인하기 위해서는 평소에 욕실 관련 회사(예를 들어 TOTO, DAELIM 등)의 제품을 참고하는 것도 좋은 방법이다.

근래에는 친환경적인 실내건축이 인기가 있어서 편백나무로 만든 욕조를 사용하거나, 작은 정원을 욕실공간에 마련하여 자연과 함께 하는 욕실공간 개념으로 디자인하는 사례도 많다.

현대 실내건축에서의 욕실공간은 사우나, 비데, 샤워부스 등이 설치될 정도로 그 기능이 확대되고 있다. 이는 극히 개인적인 공간의 개념을 수용함과 동시에 욕실공간에서 보내는 시간이 점차 늘어나고 있다는 것을 의미한다. 따라서 자연채광 조건이나, 조망, 정원 등의 자연요소 등을 욕실공간에 고려하는 것도 좋은 디자인이 될 수 있다.

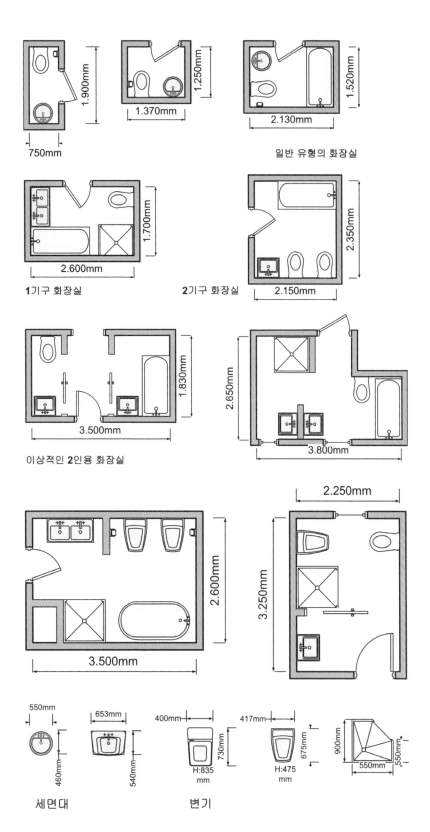

**1.900mm**
**750mm**

**1.250mm**
**1.370mm**

**1.520mm**
**2.130mm**
일반 유형의 화장실

**1.700mm**
**2.600mm**
**1**기구 화장실

**2.350mm**
**2.150mm**
**2**기구 화장실

**1.830mm**
**3.500mm**
이상적인 **2**인용 화장실

**2.650mm**
**3.800mm**

**2.600mm**
**3.500mm**

**2.250mm**
**3.250mm**

**550mm**
**460mm**
세면대

**653mm**
**540mm**

**400mm**
**730mm**
H:835 mm

**417mm**
**675mm**
H:475 mm
변기

**900mm**
**550mm**
**550mm**

▲ *TOILET & BATH ROOM UNIT PLAN & DIMENSION*

# COLOR SCHEME

- 컬러계획은 공간의 기능과 주제, 이미지, 개념에 따라 신중하게 결정해야 한다.
- 컬러계획에 있어서는 공간의 이미지 연출에 부합하는 색의 선택이 중요한데, 일반적으로는 주조색과 보조색, 강조색에 의해 만들어지는 색면적 비율을 어떻게 할 것인가에 따라 그 공간색과 공간 이미지가 결정된다.
- 공간에 사용되는 주조색의 의미는 공간에서 가장 많은 면적으로 사용되는 색이라고 생각하면 된다.
- 강조색은 가장 작은 면적에 사용되지만 종종 공간에서 특정 가구나 조명, 인테리어 소품 등에 강한 컬러를 사용하여 공간에 활력을 주거나 주목성을 부여하는 경우도 있다.
- 공간에 컬러계획을 할 때에는 마감재료의 색, 가구의 색상, 조명기구의 색 등 실내공간을 구성하는 모든 요소들에 대한 컬러를 종합적으로 검토하여야만 한다.

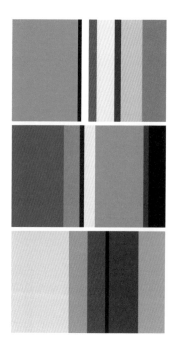

Eco Cylinder
Cylinder Space Design

Eco
친환경적인감성을 연출하기 위해
친환경적인 재료와 컬러 사용

실내건축이나 색채 관련 서적에서는 일반적인 배색의 방법으로 보통 6가지 정도로 제시하고 있다.

하나의 색이지만 명도나 채도가 다른 톤의 2~3가지 색을 선택(단색 배색: monochromatic)하거나, 보색 관계의 색을 선택(보색 배색: complementary)하거나, 특정 색의 인접색을 선택(유사색 배색: analogous)하는 경우 등인데, 아래 투시도 사례에서와 같이 가장 쉽게 접근할 수 있는 유사색 배색이나 보색 배색 등을 활용해 보면서 컬러에 대한 감각을 학습하는 것이 좋다.

공간 개념과 부합되는 공간의 주조색을 결정하면 보조색과 강조색을 결정하게 되는데 스스로의 감각에 의존하여 색을 주관적으로 선택하여 사용하지 말고, 어느 정도의 색에 대한 감각과 프로젝트 경험이 생길 때까지는 기초적인 배색의 기법을 통하여 공간색을 매치해 보는 것이 좋다. 앞에서 언급한 일반적인 배색의 기법을 활용하여 다양한 배색을 시도해 보고 이를 통하여 전체적인 공간 컬러를 최종적으로 결정하는 것이 좋다. 학생들은 아직 프로젝트 경험이 많지 않은 상황이기 때문에 공간에 색을 한 번에 결정해버리기보다는 다양한 시도를 통해서 공간 개념과 내가 의도하려는 공간의 느낌에 부합되는 컬러 찾기에 시간을 많이 투자해야 한다.

컬러를 다루고 있는 다양한 서적을 통해서 이미 많은 연구자들과 전문가들이 추천하는 색을 찾아 자신이 계획한 공간에 대입해 보는 연습도 좋은 학습방법이 될 것이다.

공간에 사용되는 컬러는 색의 면적 비율에 따라 같은 색을 사용하더라도 전혀 다른 이미지의 공간이 만들어지기 때문에 색면적이 공간의 배색에 있어서는 매우 중요한 것이다.

▼ 컬러 배색기법 : 유사색 배색을 사용한 사례

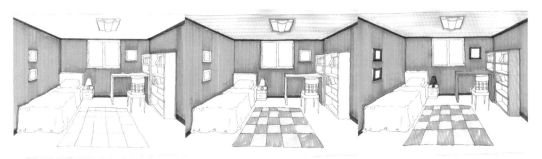

step.1 주조색　　　　　　　　　step.2 주조색 + 보조색　　　　　　　　step.3 주조색 + 보조색 + 강조색

▼ 컬러 배색기법 : 보색 배색을 사용한 사례

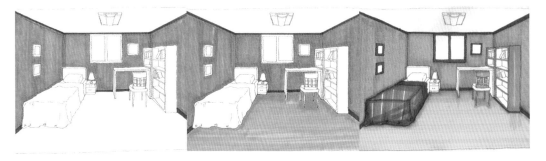

step.1 주조색　　　　　　　　　step.2 주조색 + 보조색　　　　　　　　step.3 주조색 + 보조색 + 강조색

◀ *마감재료와 컬러에 따라 달라지는 공간의 분위기*

위의 그림에서와 같이 같은 공간 디자인이라도 마감재료에 의하여 표현되는 공간감과 색의 차이에 따라 각기 매우 다른 이미지와 감성이 표현되기 때문에 디자이너는 자신이 의도하려는 공간의 주제나 개념에 맞는 마감재료 및

컬러의 선택이 매우 중요하다. 마감재료와 컬러에 의해 공간 감성과 이미지 표현이 매우 다르게 나타난다는 것은 실내건축의 가장 큰 매력이자 장점이기도 하다.

## MATERIAL BOARD

마감재료 보드(MATERIAL BOARD)라는 것은 실내공간에 사용되는 다양한 마감재료를 사용 공간별로 정리하여 각 공간마다 어떤 마감재료가 사용되는지를 일목요연하게 알 수 있도록 제작하는 패널이다.

마감재료 보드를 제작할 때는 평면도, 입면도, 투시도 등과 함께 구성하여 공간의 이미지와 각 공간별로 사용되는 마감재료가 무엇인지를 명확하게 알 수 있도록 제작하는 것이 좋다.

재료 선택을 위해서 평면도나 입면도를 활용하여 사용할 마감재료의 샘플이나 이미지를 정리하는 것이 마감재료 보드 제작의 궁극적인 목적이다.

마감재료 보드는 평면도나 입면도상에서 표현 가능한 재료의 목록을 선정하고 이를 실제 이미지나 마감재료 샘플을 통하여 한 장의 보드로 재작하는 것이 좋다.

마감재료 보드의 제작은 실제 공간 이미지 연출에 있어서 계획단계에서의 오류를 최소화하고 전체적인 공간감이나 컬러, 재료가 가지는 TEXTURE를 미리 확인해 보기 위하여 꼭 필요한 작업이다.

대리석 타일
wood flooring
체리 우드
러그

BED ROOM 1 · BED ROOM 2 · BATH · LIVING ROOM · KITCHEN · UTILITY · BED ROOM 3 ROOM · BATH · MASTER BED

베이직 우드
자기질 타일
wood flooring

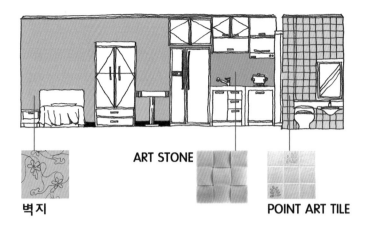

ART STONE

벽지

POINT ART TILE

가구나 조명기기, 설비 등이 가지는 컬러 및 재질감과 동시에 벽면이 가지는 컬러와 질감, 그리고 문양이나 패턴 등을 계획단계에서 마감재료 보드를 통하여 확인하는 과정은 주택설계에 있어서 매우 중요한 과정이다. 또한 평면도나 입면도를 통하여 제작된 마감재료 보드는 기본적인 공간색과 공간연출 이미지에 대한 예측이 가능하다.

마감재료 보드를 계획할 때에는 가급적이면 실제 마감재료의 샘플을 이용하여 제작하는 것이 좋고, 마감재료 샘플 또한 가급적 큰 것을 사용하는 것이 좋다. 마감재료 보드를 제작하는 경우 컬러계획과 부합되도록 해야 하지만 종종 처음 계획한 컬러와 같은 컬러의 마감재료를 찾지 못하는 경우도 많기 때문에 항상 마감재료의 선택과 컬러 선택은 동시에 진행하는 것이 좋다.

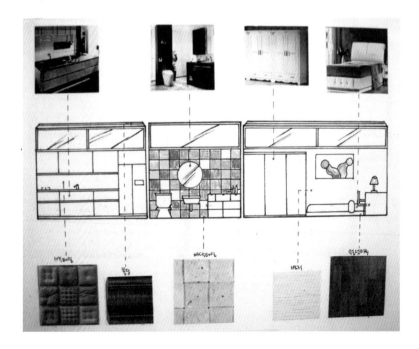

# LIGHTING TYPE

실내건축을 완성하는 중요 요소 중에는 조명이 있다. 조명은 낮시간에는 그 가치를 발휘하지 못하지만 밤시간이 되면 실내공간에 있어서 분위기와 강한 인상을 사람들에게 줄 수 있는 중요한 실내건축의 요소가 된다. 조명의 효과는 사용하는 조명의 종류와 조명의 방식에 따라 다르게 나타난다.

조명은 야간시간에 실내건축공간의 밝기(조도)를 결정하는 요소가 되며, 공간의 성격에 따라 조도와 조명방식을 결정한다. 또한 기능공간에 필요한 조명의 방식과 종류를 결정하여 이를 계획에 반영해야 한다. 조명의 밝기 조절이 필요한 공간에는 DIMMER 기능이 있는 조명을 사용하는 것도 좋은 방법이다.

아래 그림은 기본적인 조명방식과 사례이다. 기본조명에만 충실하여도 좋은 공간을 만들 수 있다.

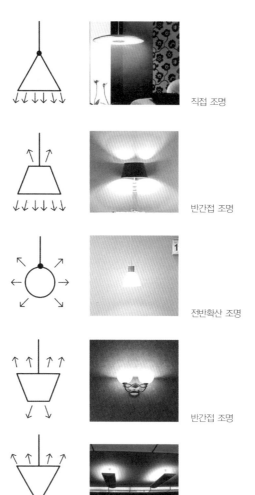

직접 조명

반간접 조명

전반확산 조명

반간접 조명

간접 조명

주택의 조명은 공간의 분위기를 연출하는 데 매우 중요한 요소이다. 주택은 다양한 공간 기능을 가지고 있기 때문에 각 공간 기능에 적합한 조명의 선택이 필요하다. 조명기구의 설치방식에 따라 CEILING LIGHT(천장 직부등), BRACKET(벽부등), PENDANT(펜던트), DOWN LIGHT(매입등) 등으로 구분된다.

조명은 다양한 디자인에 따라 종종 공간에서 포인트가 되기도 하며, 조명 램프의 조도와 컬러에 따라 공간의 어둡고 밝음과 분위기를 결정하는 중요한 요소가 된다.

주거공간에서 주광(자연채광)의 역할은 매우 중요하지만 해가 진 이후의 밤시간에는 조명이 주거공간에서는 가장 중요한 공간 분위기 메이커의 역할을 담당하게 되기 때문에 공간의 기능에 따라 그 디자인과 조도, 조명 램프의 종류, 설치방식, 조명방식을 결정해야 한다.

조명 램프의 종류에 따라서는 형광등, 할로겐, 백열등 등으로 구분되며 주로 주택에 많이 사용된다.

램프의 종류는 공간기능에 따라 일반적으로 다르게 사용하는 경우가 많은데, 현관, 화장실과 같이 점멸 횟수가 빈번하게 나타나는 공간에서는 조명의 점멸에 전기 소모량이 적은 백열등을 주로 사용하고, 오랜 시간을 사용하였을 때 전기 소모량이 적은 형광등의 경우는 주방이나 거실, 베드룸, 서재 등에 주로 사용된다. 거실이나 베드룸의 경우는 형광등과 백열등을 혼용하여 사용하기도 한다.

계단과 같은 부분은 주로 백열등이 사용되며 1층에서 조명을 켜고 2층에 올라가서 조명을 끌 수 있도록 전기설비를 하게 되는데 이것을 3로 스위치라고 한다.

현관과 같은 공간은 자동 센서가 부착된 조명기기를 사용하여 사람들의 빈번한 출입에 대응한다.

직접 조명의 설치방법에는 천장이나 벽면의 표면에 조명기기를 직접 부착시키는 유형(직부등)이나, 천장에 매달린 유형(펜던트), 스텐드형, 천장이나 벽면에 매입되어 설치된 유형(매입등) 등이 있다.

간접 조명의 설치종류에는 코브 조명 유형, 벽면 BRACKET 유형, 조명기기가 상부를 비추는 UP-LIGHT 유형 등이 있다.

식사실과 같은 경우는 펜던트 조명을 사용하여 식탁의 분위기를 조성하고 식사실의 조명은 전체 조명을 따로 두어 식사실의 분위기를 밝게 연출하는 것이 좋다.

거실의 조명은 샹들리에나 등 박스를 활용하여 전체 거실의 조도를 확보하고 스탠드 조명이나 벽부 조명 등의 국부 조명을 활용하여 편안한 느낌으로 연출한다.

침실의 조명은 난색계열의 조명이 적합하고 편안한 느낌의 조명이나 조도 조절이 가능한 조명을 부분적으로 사용하는 것이 좋다. 또한 침대에서 가까운 위치에 스탠드와 같은 국부 조명을 두면 잠자리에 들기 전에 간단한 독서에 편리하다.

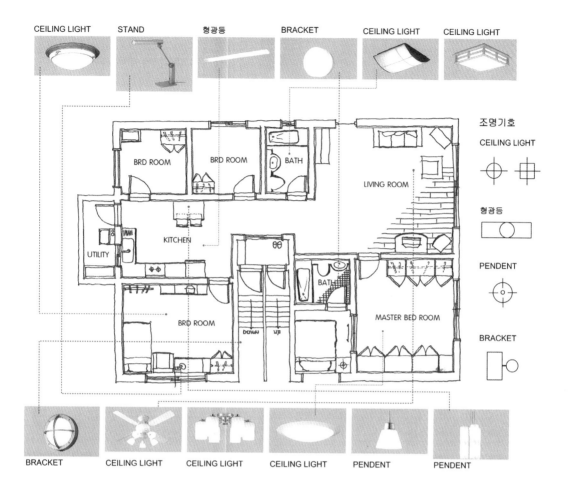

CEILING LIGHT    STAND    형광등    BRACKET    CEILING LIGHT    CEILING LIGHT

BRD ROOM    BRD ROOM    BATH    LIVING ROOM

UTILITY    KITCHEN    BRD ROOM    BATH    MASTER BED ROOM

DOWN    UP

조명기호

CEILING LIGHT

형광등

PENDENT

BRACKET

BRACKET    CEILING LIGHT    CEILING LIGHT    CEILING LIGHT    PENDENT    PENDENT

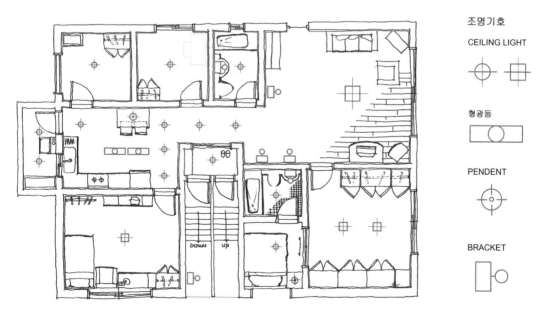

DOWN    UP

조명기호

CEILING LIGHT

형광등

PENDENT

BRACKET

# HOUSE BASIC UNIT TYPE(LDK / LD+K / L+DK 형식)

## LDK TYPE의 주택

아래 그림과 같이 Living Room과 Dining, Kitchen이 하나의 공간으로 구성되어 있는 주택의 형태.

거실공간에서 음식냄새를 맡아야 하는 단점이 있지만 효과적인 공간구성이 가능하다.

오픈된 공간으로 인하여 시각적인 개방감이 높아지고 아이들이 있는 경우 주부가 음식을 조리하면서 거실에 있는 아이들을 볼 수 있다는 장점이 있다.

주택의 규모를 고려하여 가구와 배치를 결정해야 하지만 주택의 가장 비중이 크다고 할 수 있는 거실과 부엌 및 식당을 모두 하나의 공간 안에 통합하여 효율성 있는 면적 활용이 가능하다.

주택의 면적이 크지 않은 경우 공간 활용도를 높이면서 효과적인 공간 배치를 위해 좋은 방법이며, 가장 일반적인 형태의 주거형식이라 할 수 있다.

부엌과 인접하여 식탁과 의자, 다용도실을 배치하고 욕실이나 침실 등을 거실과 인접하여 배치해 나가면 전체적인 동선계획의 문제나 조닝의 어려움을 쉽게 해결할 수 있다는 장점을 가진다.

## LD+K TYPE의 주택

아래의 그림과 같이 LIVING ROOM과 DINING이 하나의 공간에 구성되고 KITCH-EN은 독립된 공간 구성이다.

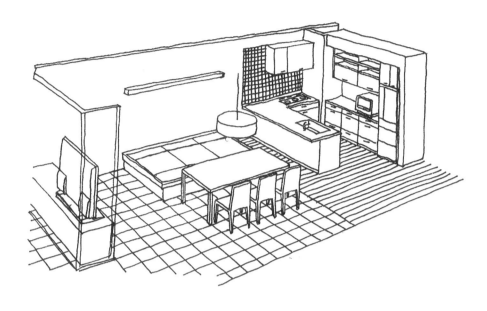

## L+DK TYPE의 주택

아래 그림에서와 같이 DINING과 KITCHEN이 하나의 공간으로 구성되고 LIVING ROOM은 독립적으로 구성된 형태의 주거공간. LDK 형식과 함께 가장 일반적인 유형의 주거공간 형태이다.

# PROJECT DESIGN PROCESS

## 주거공간의 이해

### _ 주거공간의 설계는 무엇인가?

이에 대한 대답은 생각보다 간단하다. 주거공간은 사람 중심의 삶을 위한 다양한 기능을 수용한 그릇이다. 그렇기 때문에 무엇보다도 그 장소에 거주하게 될 사람들에 대한 파악이 설계 단계에서 무엇보다도 중요하며, 또한 사람들의 요구사항이나 가족 구성원의 삶의 방식, 가족 구성원이 주택이라는 공간을 어떤 방식으로 사용하기를 원하는지에 대한 파악이 필요한 것이다.

### _ 주거공간 실내건축 디자인의 3가지 주안점은 무엇인가?

첫째, 주거공간을 사용하게 될 사용자의 요구 조건에 대한 이해와 분석
· 사용자의 생활방식과 공간을 어떤 방식으로 사용하기를 원하는가?
· 가족의 구성원은 몇 명인가?
· 가족 구성원이 원하는 각 기능공간(거실, 욕실, 안방 등)의 배치는 무엇인가?
· 가족이 특별한 기능공간을 원하는가?(예를 들어 가족실, 서재, 취미실 등)
· 가족 구성원의 성장이나 출가로 인한 공간 가변을 실내공간에 반영할 것인가?

둘째, 부지가 가지는 특성을 실내공간에 어떻게 반영할 것인가?
· 주거공간의 전체적인 면적 규모를 어느 수준에서 결정할 것인가?
· 부지 인근 건축물과의 관계성을 어떻게 설정할 것인가?(창문의 크기와 위치, 건물의 배치)
· 전망이 좋은 부지라면 그 조망을 어떻게 실내공간으로 끌어들일 것인가?
· 마당을 가질 수 있는 주택이라면 마당과 1층과의 연계를 어떻게 할 것인가?
· 향을 고려한다면 주택의 출입구는 어디로 할 것인가?
· 남향의 공간에는 어떤 기능공간을 배치할 것인가?(안방? 거실?)

셋째, 주거공간의 실내건축 개념은 무엇인가?
· 어떤 개념의 주택으로 디자인할 것인가?(ECO HOUSE, GREEN HOUSE, WELLBEING HOUSE 등)
· 마감재료를 통하여 실현할 공간연출의 이미지는 무엇으로 할 것인가?
· 주거공간의 사용자가 원하는 생활방식과 부합되는 공간 디자인으로 계획할 것인가?

- 주택이 가지는 많은 기능공간들을 어떻게 연계하거나 독립시켜 배치할 것인가?
- 공간구성과 공간구조에서 사용할 개념을 무엇으로 설정할 것인가?(중첩, 비움과 채움, 분절 등)

**설계 TIP** 주거공간에 많이 사용되는 CONCEPT KEY WORD

- ECO, GREEN, WELLBEING, NATURE, LIFE STYLE, LIFE CYCLE, HU-MAN SCALE, UNIVERSAL DESIGN
- 한옥과 전통, 퓨전 스타일, 감성 디자인, 장애인을 위한 주거 환경, 건강 주택, 첨단 주택
- 자연의 빛, 풍수지리, 향과 배치, 가족의 소통, 추억과 기억, SMART HOUSE

## SITE & ANALYSING SITE

### 설계 대상부지 선정

주택설계에서 내가 설계할 대상부지(SITE)를 찾는 작업은 중요하며, 부지를 선정하는 과정은 자신이 설계를 할 대지를 찾아 대지의 환경조건과 주변 도로와 인근 건축물 등에 대한 조사를 수행하고 분석하는 과정을 알기 위해서다.

내가 설계하고 싶은 대상부지를 찾았다면 주소를 확인하고 토지이용규제 정보서비스 홈페이지에 접속하여(http://luris.molit.go.kr/web/index.jsp) 아래와 같이 토지이용계획확인원을 출력한다. 토지이용규제 정보서비스를 활용하면 정확한 대지면적, 인접대지 경계선, 지역지구, 용도구역 등을 알 수 있다.

**설계 TIP** SITE ANALYSIS 순서 익히기

① 내가 설계하고 싶은 대상부지의 주소를 찾는다.(네이버나 구글, 다음 등의 인터넷 지도 활용)
② 토지이용규제 정보서비스 홈페이지에서 부지 정보를 확인한다.
③ 대상부지 현장에 방문하여 대상부지와 주변 환경에 대한 사진촬영을 수행한다.
④ 대상부지 분석을 수행한다.(분석내용은 다이어그램의 형식으로 정리하여 표현한다)

### 토지이용계획확인원을 출력 및 부지 현황 파악

토지이용계획확인원을 출력하고 나면 해당 부지를 찾아가서 그곳에 대한 현황을 파악한다.

부지 내부와 부지 외부 주변 현황의 파악이 모두 필요하다. 도로의 폭과 인접 건축물의 용도와 층수, 주변 경관 등에 대한 면밀한 사진촬영이 부지 조사의 기본이 된다.

| 소재지 | 부산광역시 ▾ | 수영구 ▾ | 남천동 ▾ | 리선택 ▾ | 일반 ▾ | 72 | – | 11 | 🔍 열람 |

◉ 부분인쇄(1장) ○ 전체인쇄(범위제한내용 포함)　🖨 인쇄

| 지목 | 대 | 면적 | 330.9 ㎡ |
| 개별공시지가 (㎡당) | 850,000원 (2013/01) | | |

| 지역지구등 지정여부 | 「국토의 계획 및 이용에 관한 법률」에 따른 지역·지구등 | 도시지역 ,제2종일반주거지역(2012-10-31) |
| | 다른 법령 등에 따른 지역·지구 등 | 상대정화구역(학교환경위생정화구역)〈학교보건법〉 |
| | 「토지이용규제 기본법 시행령」 제9조제4항 각호에 해당되는 사항 | |

**확인도면**

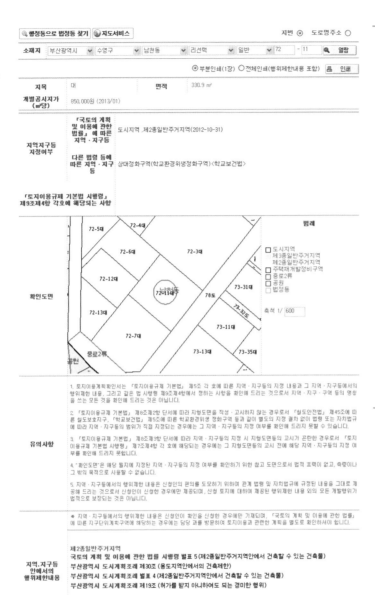

범례
□ 도시지역
□ 제3종일반주거지역
□ 제2종일반주거지역
□ 주택재개발정비구역
□ 중로2류
□ 공원
□ 법정동

축척 1/ 600

**유의사항**

1. 토지이용계획확인서는 「토지이용규제 기본법」 제5조 각 호에 따른 지역·지구등의 지정 내용과 그 지역·지구등에서의 행위제한 내용, 그리고 같은 법 시행령 제9조제4항에서 정하는 사항을 확인해 드리는 것으로서 지역·지구 등의 명칭을 쓰는 모든 것을 확인해 드리는 것은 아닙니다.

2. 「토지이용규제 기본법」 제8조제2항 단서에 따라 지형도면을 작성·고시하지 않는 경우로서 「철도안전법」 제45조에 따른 철도보호지구, 「학교보건법」 제5조에 따른 학교환경위생 정화구역 등과 같이 법령 또는 자치법규에 따라 지역·지구등의 범위가 직접 지정되는 경우에는 그 지역·지구등의 지정 여부를 확인해 드리지 못할 수 있습니다.

3. 「토지이용규제 기본법」 제8조제3항 단서에 따라 지역·지구등의 지정 시 지형도면등의 고시가 곤란한 경우로서 「토지이용규제 기본법 시행령」 제7조제4항 각 호에 해당되는 경우에는 그 지형도면등의 고시 전에 해당 지역·지구등의 지정 여부를 확인해 드리지 못합니다.

4. "확인도면"은 해당 필지에 지정된 지역·지구등의 지정 여부를 확인하기 위한 참고 도면으로서 법적 효력이 없고, 측량이나 그 밖의 목적으로 사용할 수 없습니다.

5. 지역·지구등에서의 행위제한 내용은 신청인의 편의를 도모하기 위하여 관계 법령 및 자치법규에 규정된 내용을 그대로 제공해 드리는 것으로서 신청인이 신청한 경우에만 제공되며, 신청 토지에 대하여 제공된 행위제한 내용 외의 모든 개발행위가 법적으로 보장되는 것은 아닙니다.

※ 지역·지구등에서의 행위제한 내용은 신청인이 확인을 신청한 경우에만 기재되며, 「국토의 계획 및 이용에 관한 법률」에 따른 지구단위계획구역에 해당하는 경우에는 담당 과를 방문하여 토지이용과 관련한 계획을 별도로 확인하셔야 합니다.

| 지역·지구등 안에서의 행위제한내용 | 제2종일반주거지역<br>국토의 계획 및 이용에 관한 법률 시행령 별표 5 (제2종일반주거지역안에서 건축할 수 있는 건축물)<br>부산광역시 도시계획조례 제30조 (용도지역안에서의 건축제한)<br>부산광역시 도시계획조례 별표 4 (제2종일반주거지역안에서 건축할 수 있는 건축물)<br>부산광역시 도시계획조례 제19조 (허가를 받지 아니하여도 되는 경미한 행위)<br><br>상대정화구역<br>학교보건법 제6조 (학교환경위생 정화구역에서의 금지행위 등) |

◀ 토지이용계획확인원 사례

---

**설계를 위한 좋은 대상부지 찾기 노하우**

- 일단은 막연하지만, 자신이 원하는 대지의 조건을 생각해 본다.
  경치가 좋은 곳으로 할 것인가? 산? 바다? 호수? 인근 지역 등등
  평소에 가보고 싶었던 지역으로 할 것인가?
  산이나 구릉 등의 경사지형을 이용하여 설계를 할 것인가?
  그냥 현재 살고 있는 우리 집의 대지를 활용해 볼 것인가? 아니면 친척 집?
  주택이 밀집한 지역으로 정할 것인가? 아니면 한적한 곳으로 정할 것인가? 등등
- 대략적인 대지 선정의 맥락을 정했다면 주어진 대지의 규모를 감안하여 대지의 위치를 검색해 나간다.
- 지역을 정했다면 네이버나 다음 지도를 활용하여 대지 주변을 살펴본 이후에 현장 방문하는 것이 좋다.

---

**설계 TIP**　부지 현황 파악을 할 때 조사해야 하는 내용

- 일단은 부지 주변에 대한 사진촬영을 수행한다.
- 촬영을 할 때에는 내가 사진을 찍은 위치를 도면에 표현하고 각각 번호를 기입하여 나중에 알기 쉽도록 정리한다.
- 사진촬영은 부지 밖에서 부지 안쪽으로 찍은 사진과 부지 안쪽에서 바깥쪽으로 찍은 사진이 모두 필요하다.
- 부지 내부의 현황과 부지 주변의 환경(자연환경, 도로 현황 등)을 파악하기 위한 자료 수집 과정이다.
- 현장을 한 번 방문하게 되면 정보가 부족하여 다시 방문해야 하는 번거로움을 줄이기 위해 가급적 많은 정보를 수집해야 하며, 사진촬영은 여러 각도에서 부지 전체를 잘 알 수 있도록 촬영한다.

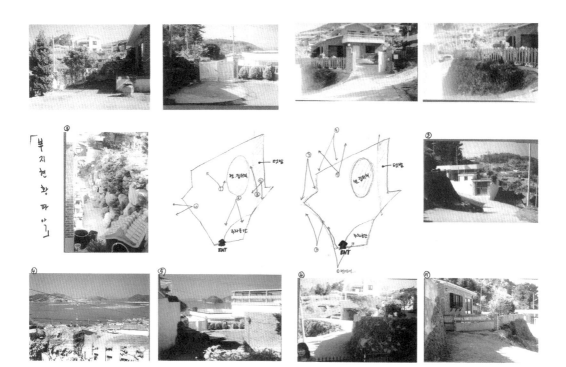

- 부지 주변에 조금 높은 장소가 있어 대지를 내려다보면서 대지 전체를 촬영할 수 있다면 설계자에게는 좋은 자료가 되어줄 것이다.
- 사진촬영을 하면서 부지의 주인에게 허락을 받을 수 있다면 부지 내부를 상세히 촬영할 수 있다.
- 부지 사진은 나중에 실내 투시도에 활용 가능하다.(실내 투시도의 창 밖 풍경에 사진 이미지 사용)

## SITE ANALYSIS(부지 분석 다이어그램 작성)

- 부지에 대한 사진촬영을 마친 이후에는 부지에 대한 다양한 정보 수집이 필요하다.
- 부지 사진촬영과 정보 수집을 마쳤다면 이들을 보기 쉽게 다이어그램 형식으로 정리한다.
- 다음 그림들은 대상부지 조사와 분석(SITE ANALYSIS) 내용에 대한 자료 정리 및 다이어그램 작업 사례이다.
- 다음 사례에서와 같이 대상부지의 규모, 주요 도로에서의 자동차 진입과 보행 동선, 인접 건축물의 용도와 층수, 부지 주변의 소음과 부지를 향한 시선, 부지에서 바라보이는 주변의 풍경이나 조망 등에 대한 내용을 간략하게 정리한 다이어그램 형식으로 작성해 보자.

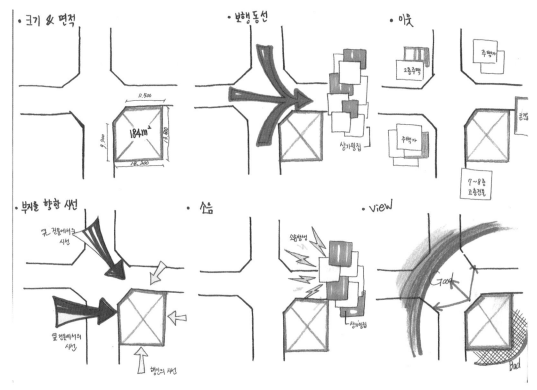

▲ SITE ANALYSIS DIAGRAM 사례 1.

설계 TIP  부지 정보에 대한 수집 자료의 내용

- 주요 도로에서부터 내 부지까지의 진입 동선(차량 동선과 보행 동선 모두 파악)
- 인근 주변 건축물들에 대한 파악(층수 및 용도 등)
- 부지로부터 외부로의 조망 조건(시각적으로 인지되는 경관 파악)
- 부지 주변의 소음도(정확한 소음 정도 파악은 힘들지만 주변이 큰 도로와 접하여 있는 경우는 차량이나 보행자들로 인한 소음이 매우 클 것이다)
- 인근 지역의 수목 상태나 현재 부지 내에 있는 조경 등(오래된 좋은 품질의 수목이 부지 내에 있다면 수목을 주택설계에 활용하여 좋은 조경 조건을 확보하는 것도 좋은 설계 방법이다)
- 부지가 경사진 지역이라면 경사도를 대략적으로 파악하여 이를 설계에 반영한다.
- 경사도는 부지 내에 가장 낮은 곳과 가장 높은 곳의 고저 차이를 알아내는 것이 중요하다.

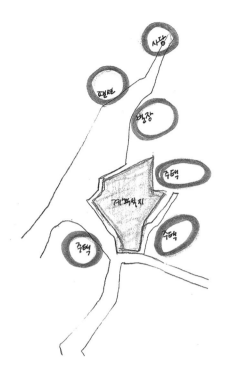

# SITE 조사 분석

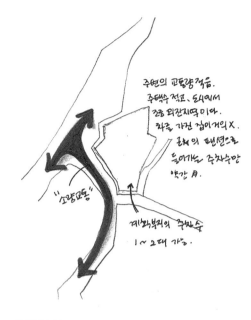

주변 환경

차량동선

---

보행로

경사/배수

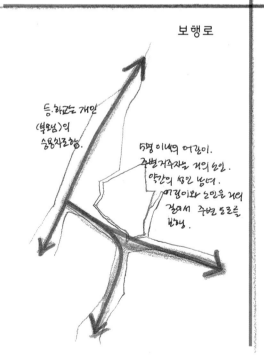

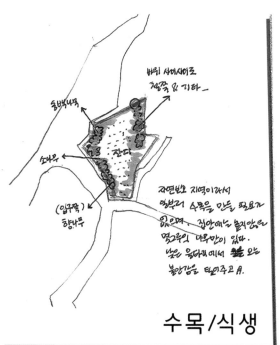

바위 사이사이로
점쩍 & 기타 _

동백나무

소나무

(입구쪽)
향나무

잔디

자연보호 지역이라서
일부러 수목을 만들 필요가
없으며, 정안에는 불거양으로
몇그루의 나무만이 있다.
낮은 울타리에서 오는
불안감을 털어주고 A.

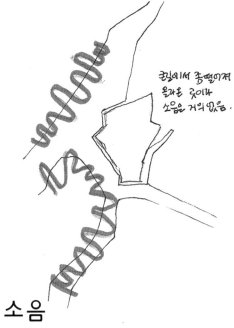

큰길에서 종떨어져
올라온 곳이라
소음은 거의 없음.

## 수목/식생 | 소음

## 부지 내에서의 시야 | 부지를 향한 시야

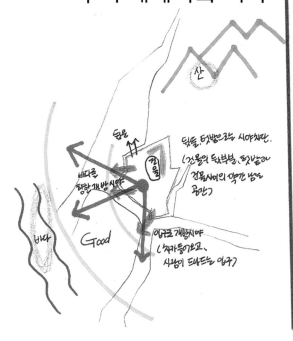

산

덦올

경울

바다를
향한 개방시야

바다

Good

덦들, 텃밭방으로는 시야차단.
(건물의 덦부분, 텃밭너머
건물사이의 약간 넘는
공간)

입구로 개방시야
(차가 들어오고,
사람이 드나드는 입구)

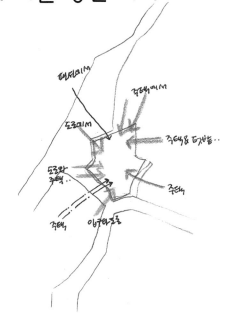

때터에서

주택에서

도로에서

주택& 텃밭들..

도로와
주택..

주택

주택

도로

입구마로도

## CLIENT & SCENARIO

대상부지 분석을 마친 이후에는 본격적으로 주택설계를 시작한다.

주택설계를 하면서 가장 먼저 해야 하는 작업은 시나리오를 작성하는 일이다. 주택의 시나리오 작업은 주택에 거주하게 될 가족 구성원 각각에 대한 보다 구체적인 내용 정리가 필요하다.(가족 구성원 수, 가족 구성원의 라이프 사이클, 가족 구성원들의 요구 사항 등)

클라이언트라는 것은 설계를 의뢰한 사람이다. 다시 말해서 나에게 주택설계를 부탁한다고 찾아온 사람이라고 생각하면 쉽다. 이 클라이언트를 학생 자신이 임의로 설정해 보는 것이다. 또한 클라이언트의 가족 구성원이나 라이프 사이클, 취미, 필요한 공간적인 요구 조건 등을 상세하게 시나리오에서 작성해 본다. 이를 통하여 설계자는 가족들이 원하는 주택에서의 요구 조건이나 소요 공간의 대략적인 규모와 범위를 설정할 수 있게 된다.

시나리오 작업은 가급적이면 시각적인 이미지로 표현하는 것이 좋다.

글로 장황하게 설명하기보다는 간략한 이미지나 스케치 형식으로 시나리오의 전체 내용을 간파할 수 있도록 작업한다. 아래의 그림에서처럼 자신의 시나리오를 세세하게 작성하고 시각적으로 재미있게 표현해 보자.

▼ 가족 구성원, 주거공간에 대한 요구 사항,
필요 공간 등의 내용을 시각적으로 정리한
주택 시나리오 표현 사례

## 주택 사례 조사 분석

시나리오 작업을 통하여 대략적인 주택의 가족 구성과 라이프 사이클, 공간적인 요구 사항 등에 대해 파악되었다면, 이제 내가 설계할 주택에 대한 방향성을 모색하기 위하여 국내외 주택 사례를 스터디한다.

주택에 대한 사례 조사는 수많은 국내·해외 사례를 무분별하게 찾아 헤매지 말고, 잡지나 실내건축 관련 서적에서 소개되었던 것들을 중심으로 2~3개 정도를 집중적으로 조사·분석한다. 많이 아는 것도 중요하지만 정확히 아는 것이 더욱 중요하다고 학생들에게 말해주고 싶다.

사례 조사와 분석을 할 때에는 다음과 같은 내용과 항목을 중심으로 스터디한다.
- 주택의 위치와 규모, 배경 등에 대한 설계 개요
- 설계자와 설계자의 공간에 대한 다양한 접근 방식
- 공간 디자인에 대한 개념과 건축가 혹은 실내건축가의 공간철학
- 주택의 각 층별 평면도와 입면도, 단면도, 배치도 등의 도면 조사 및 분석
- 외부 형태적인 요소들에 대한 조사와 분석(사진, 다이어그램 등)
- 내부공간 요소에 대한 조사와 분석 등을 중심으로 정리해 나가면 된다.

외부 형태적인 요소들에 대한 내용은 입면의 구성이나 기하학적인 비례, 조형, 마감재료, 배치 등이다.

내부공간 요소에 대한 내용은 평면도의 조닝과 공간의 구성 방식, 각 기능공간들에 대한 설명, 실내건축 내부 마감재료, 컬러와 조명, 가구 배치 등에 대한 내용으로 정리한다.

국내외 주택의 사례를 조사하는 것은 설계의 방향성이나 새로운 실내건축의 경향을 읽어내어 내가 앞으로 디자인하고 설계해야 하는 주택에 대한 약간의 힌트와 아이디어를 얻기 위해 필요한 기초적인 조사와 분석의 과정이라 하겠다.

아래 그림은 르 코르뷔지에가 설계한 빌라 샤보아 주택에 대한 사례 조사 내용 ppt 자료이다.

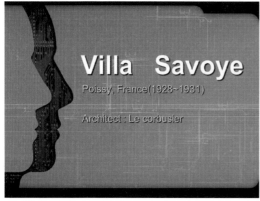

## 1.르꼬르 뷔제의 형성기

- 르꼬르뷔제(le corbusier 1887~1965년)
- 1887년 10월 라-쇼-드-퐁(La Chaux-de-Fonds) 출생
- 현대건축가. 도시계획가.화가
- 본명은 샤를르 에두아르 쟌느레 (Charles-Edouard Jeanneret)
- 전형적인 중산층.아버지 시계 세공일과 밭대 입을 이용
- 오귀스트 페레, 도르스트 페레 합리주의 영향
- 건축을 공부하면서 원꼬기는 초정밀한 시계세공과
- 거의 시력에너무 약하기 때문. 스위스 이화촌수천

동-이노(dom-ino)

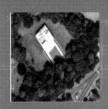

- 1914년 1차대전 발발. 몇개월안에 끝나고
- 파괴된 지역 재건설이 시작될것을 예측
- 싸고 균일한철 철근 콘크리트 구조와 내명
- 생산량 증가와 그리고 고정보를 바탕으로 하는 주거시스템
- 동-이노 (Dom-ino)제안

---

## -주택의 4형식

| 1형식 | "매우 자유로운 방법이며, 픽쳐레스크, 역동적, 위계가 있으면서, 정리된 평면"이라고 설명하고 있다. |   |

2형식 | "매우 엄격하며 정신적 차원의 만족을 제공한다. 이것은 부분들이 엄격하고 순수한 외관 속에 압축되고 있는 것을 보여준다." 라고 말하고 있다. |

3형식 | "매우 쉽고 실용적이고 조합하기 쉽다"라고 말했다. 이 형식은 혼이 볼수 있는 동-이노 골격구조 안에 각 층의 자유로운 평면을 담고 있다. |

4형식 | "매우 일반적이며 외부에서는 건축적 의지를, 내부에서는 기능적 요구를 만족한다." |

---

## 2.건축 배경 및 개요

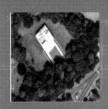

*사보아 주택은 파리의 로이드 해상보험회사에 근무하는 사보아(Savoie) 부부와 아들 로제를 위한 주말주택으로 계획

1928년∼29년까지 기본설계가 이루어지고 1931년 완공

사보아 주택은 1940년6월 나치스 독일군이 파리에 침입하여 사보아 부부가 길을 떠났을 때 사료 창고로 사용

가로, 세로나 5개씩 4.75m의 기둥 모듈이 균등하게 분배된 5행 5열의 정방형 그리드를 기본으로 이루어진 2층의 동-이노 가구이다.

남벽에 1.25m의 캔딜레버를 두어 21.5×19m의 크기를 하고 있다.

---

## 2.사보아 평면도

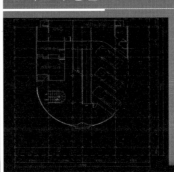

1층 평면도

---

## 3.사보아 주택 외부 형태

사보아 주택의 외관은 매우 간결하고 명료하고 수평성이 두드러진다. 이는 기하학적인 순수입방체의 건물구성과 하얀색과 대비되는 검은 띠창은 사보아 주택을 간결, 명료하게 하고, 평평한 대지상황과 밀로티, 2층의 직사각형 외벽, 상부의 곡선 벽체와 긴 띠창은 서로 어우러져 건물에 수평적인 느낌을 준다.

---

## -외부형태 분석

1층에서 우선 눈에 끄는것은 1층 주출입구 맞은편 옆에맞닿는 3대의 자동차를 수용하는 차고(2~3번 기둥사이)로서, 그넓이의 모양으로부터 아마 곡의 이절적인 것이다 거기다 그 평면사이의 위치와 주회차로와의 문절조작을 고려한 위치관계 또한 사용관점이다 사용관점과 성공을 하였고 실계될 당신은 건축로가 넓다나 재현기법된다 보여주고있다. 또한 곡선 외관벽체와 설계도면에 자유양을 그대로 그려넣은것으로 유명하다

---

## 4.사보아 주택 내부공간 형태

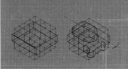 

내부 공간은 자유로우면서도 4.75m (사실은 5m였으나 비율의 문제로 축소하였다.) 간격의 5행 5열 직교 체계에 의하여 이루어지는 규칙성을 보인다. 하지만 실내 기둥의 배열은 경사로 주변과 1층 차고 부분에서는 어긋나고 있다

기둥의 형상은 둥근 것과 각이 진 것으로 구분되어지는데, 벽과 기둥이 만나는 부분에서는 각이 진 기둥이 사용되어지고, 기둥 단독으로 사용되어 질 때에는 둥근 기둥이 사용되었다. 사보아 주택에서는 이러한 기둥의 규칙성과 벽의 불규칙성이 대립되고 있음을 찾아볼 수 있다.

---

## -내부공간 분석

Plano nobile로 표현되고 있는 거실공간은,평탄한 바닥판위에 정확한 직교체계에 의해 계획된 동시에,경사로에 의해 공적인공간과 사적인공간으로 나누어져 있다 공적인 공간과 연결된 응접실은 개방된 테라스와 반개방된 테라스 양쪽으로 돌입하여 일체화된공간을 만들어낸다

들어올려진 거실의 창은 수평의 피어매이 기다란 창을 통해 주변의 전원이 그림처럼 들어오고 이는 중정과만나게 되어 점차 거실 내부에 있는 사람을 마치 한가운데 있는것처럼 착각을 불러 일으키기도 한다 즉 공간의 확장 인것이다

앞에서 본 사례 조사 정리 사례는 유명 건축가의 주택설계에 관한 사례 조사·분석으로서, 표지부터 시작하여 건축가와 주택에 대한 전반적인 내용을 이미지와 사진, 다이어그램 등과 함께 상세하게 정리하고 있다. 또한 평면도는 학생이 참고자료를 보면서 직접 도면을 CAD(캐드)로 작업하는 성의를 보여주어 보다 명확한 도면 이해가 가능하였고 스케치, 다이어그램, 사진 등 다양한 자료를 확보하여 설명

과 함께 자료를 정리해나갔다.

국내외의 good 사례 조사·분석에서는 각 기능공간에 대한 분위기와 컬러, 실내건축 코디네이션 등과 관련된 자료를 확보하는 것은 매우 중요한 작업이다. 시나리오에서 공간의 분위기가 파악되었다면 이들에 대한 각 공간별 사례를 수집해서 정리해 두는 작업도 사례 조사·분석에서 빠질 수 없는 부분이다.

**1층 가족 공간
가족의 화목함**

**1층 서재 공간
책이 주는 즐거움**

**1층 아이방
즐거움
집중력**

**1층 부엌
오손도손
단란함**

아이방

**2층 MASTER BED ROOM**

**고풍스러우면서도 모던함
조용하고 안락한 느낌**

◀ *주택의 각 기능공간별 사례 조사와 분석 내용 정리*

# 사례조사
## : 재미있는 공간

▶ 냉난 삼형외과
자유곡선의 범이오와 오버랩, 특정
지원되지 않는 공간의 '엣징 이펙트
( Edging effect )'가 특정
겨겨이 쌓인 목재 널의 모습은
30~40대 환자들의 시간 쌓기와
삶의 변경 그리고 인생의 새로운
의지를 형태적으로 표현한 것.

▶ 용영을 바꾸는 집 - 미타카
주거 용도로서의 집, 즐거운 집에 대한
새로운 방법을 제시

용영을 바꾸는 집의 모든 주민들이
오래도록 풍요롭게 살수 있도록
건축 되었음.

▶ 무표면시간의 변화가 결성적인 우리에 있는
아르메스 플레스의 로멀 폭스
숙박기능이 더해진 아트 갤러리
뛰어난 그래픽 디자인, 맏은한 맛터리
부드럽게 처리한 경계선 등이 공간적
특징있는 묘요왕
객실 어느 한 곳도 닮은 구석을 찾아
볼 수 없을 +마큼 다양함

▶ 다양한 연령층의 예술 동호인들에게
어필하기 위해 설계된 세미라미스 호텔
규칙과 자료, 색상을 통합하는 혁신적
방법을 택함.
색조 콘크리트, 세라믹타일, 강한 색상의
목재 , 어묵시 , 금속 및 고무 재질 바닥,
색조 유리등이 모두 호텔 내에 사용됨

▶ 볼 특정한 각도로 이루어진 여러 단면은 그 톡유의
이미지로 직교되 기준벽체에 각자의 기능으로 붙여져 가는데,
그것만 서로 간에 상호 교류 하여 area를 형성하고
직교하는 요면공간에 또 다른 표면을 붙여 넣는다.

---

내가 디자인하려는 공간의 주제와 이미지에 대한 다양한 사례를 조사하고 분석하는 작업은 간접
적인 경험을 통하여 나의 디자인에 방향성을 찾고 좋은 공간 디자인을 위한 아이디어를 생각해
내기 위한 하나의 과정이라고 생각하면 된다.
공간의 사례를 단순하게 그림과 이미지만을 보지 말고 사례에서 나타나는 공간의 구성, 컬러, 재
료, 조명 등을 면밀하게 조사 분석해 볼 필요가 있다.

# DESIGN CONCEPT 설정

모든 디자인에 있어서 공간 개념을 결정하는 문제는 처음 실내건축 계획을 하게 되는 학생들에게는 어려운 일이다. 하지만 너무 어렵게 추상적으로 접근하기보다는 우선 공간의 주제를 설정하고, 그 주제를 공간의 이미지와 분위기로 만들어나가는 방법과 아이디어를 고민하고 표현하는 과정이라고 이해하자.

주택의 디자인 개념에 대한 설정 방법은 매우 다양하지만 크게 Mass, 평면의 형태와 볼륨, 각 실별 공간의 분위기 등에 대한 내용을 중심으로 전개해 나간다. 학생들은 종종 콘셉트라는 것이 단 하나의 키워드로 모든 디자인적인 부분을 해결할 수 있어야 한다고 오해를 하지만 그것은 매우 잘못된 생각이다. 주택이라는 그리 단순하지 않은 공간 계획에 있어서 단 하나의 개념만으로 모든 디자인을 정리하기는 어렵다.

따라서 주택의 매스의 개념, 외관의 재료나 부분적인 형태와 관련된 개념, 평면의 형태와 볼륨에 대한 개념 등에 대한 다양한 아이디어를 내는 것이 중요하다. 또한 베드룸과 거실의 공간 개념이 다를 수 있다는 것이다. 이들을 굳이 통일하려고 애쓰지 않아도 된다.

키친과 거실이 같은 분위기와 같은 재료, 같은 컬러, 같은 형태를 가지지 않을 수 있다는 이야기다.

예를 들어 오른쪽과 같이 큰 주제를 친환경이라는 키워드로 설정하였다면, 친환경의 범주에서 다양한 아이디어를 내어 각 공간마다 특색을 가질 수 있도록 구성해 보는 것도 하나의 개념이 될 수 있는 것이다.

공간 디자인에서 개념이라는 것은 실제로 내가 생각한 아이디어를 시각적으로 표현하여 보여주고 설명할 수 있다면 그것으로 충분한 것이다.

· 친환경 자연재료의 조화

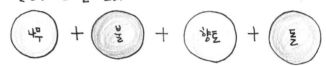

건물의 뼈대 〈외,내벽〉

목구조
→ 나무로 골조를 짠다.

· 황토벽돌
→ 이중으로 쌓아 벽체 만든다
(단열효과 높이기 위해)

· 고령토 사용
(황토가 주는 무겁고 탁한 느낌 보완)

돌
내부 욕실 외벽

※ 시공방법
1. 콘크리트 벽돌을 쌓는다.
2. 시멘트라 흰 돌가루를 5:2 비율로 섞은 모르타르를 1.5센티미터 두께로 바른다.
3. 30분이 지난후 반 굳은 상태에서 작은 못으로 긁어내서 거칠하게 연출.

불

거실 중앙에 위치한 따뜻한 벽난로

바닥

데코타일 마감
(황토가 주는 느낌만)

# ISO & Idea Sketch

▲ 주택공간에서의 다양한 아이디어를 스케치로 표현한 사례 _ 허정윤 작품

Diagram의 형태나 간단한 투시도 스케치를 통하여 자신의 공간적 아이디어를 표현하는 것은 실내건축계획 단계에서 매우 중요한 과정이다.

스케치를 잘하고 못하고의 문제가 아니다. 내가 가지고 있는 생각과 공간에 대한 다양한 아이디어를 어떠한 방식으로든 시각적으로 표현하고 이를 어떻게 설명할 것인가가 더욱 중요하다.

종종 학생들 중에는 스케치를 잘 못한다는 이유만으로 아이디어를 표현하는 것을 망설이는 경우가 많은데, 그렇게 해서는 자신의 공간에 대한 생각을 다른 사람들에게 설명하거나 이해시키기가 어렵다.

그렇기 때문에 아래와 같이 사례 사진이나 간단한 다이어그램, 스케치 등을 통하여 자신의 공간에 대한 아이디어를 시각적으로 표현하는 것을 두려워하지 말고 자신감 있게 도전해 보자.

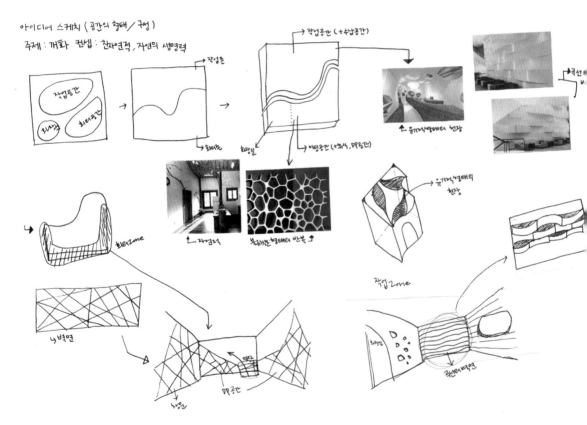

▲ 개화(꽃이 피다)를 주제로 하여 자연과 자연의 생명력을 다양한 공간적 아이디어로 표현한 스케치 사례

## SPACE PROGRAM

Space Program이라는 것은 주택에 필요한 어떤 기능공간을 수용할 것인가를 결정하는 작업이다.

클라이언트가 요구한 특별한 기능공간(예를 들어 영화 감상실, 취미실, 가족실, 작업실 등)과 일반적으로 주택에서 필요한 실들을 모두 list-up(거실, 식당, 부엌, 창고, 서제 등)하고 각 실들의 규모를 각 층별로 구분하여 작성해 본다. 또한 Space Program을 작성할 때에는 각 실들의 대략적인 위치와 공간 규모를 모두 검토하여 작성한다.

Space Program은 아래 다이어그램과 같이 각 층별로 구분하여 작성한다.

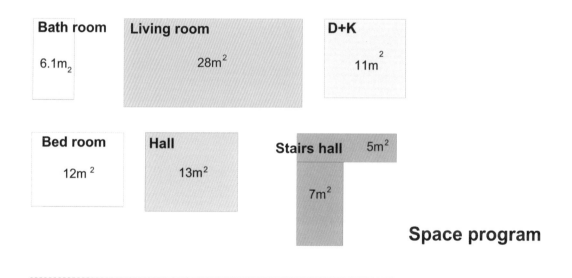

**Bath room** 6.1m$_2$

**Living room** 28m$^2$

**D+K** 11m$^2$

**Bed room** 12m$^2$

**Hall** 13m$^2$

**Stairs hall** 5m$^2$ 7m$^2$

**Space program**

- - - - - - - - - - - - - - - - - - - - - - - - - - - - - - - - - - - - - - - - - - - - - - - - -

## 1 F PLAN

**Stairs hall** 5m$^2$ 7m$^2$

**Hall** 13m$^2$

**D+K** 11m$^2$

**Bed room** 12m$^2$

**Bath room** 6.1m$^2$

**Living room** 28m$^2$

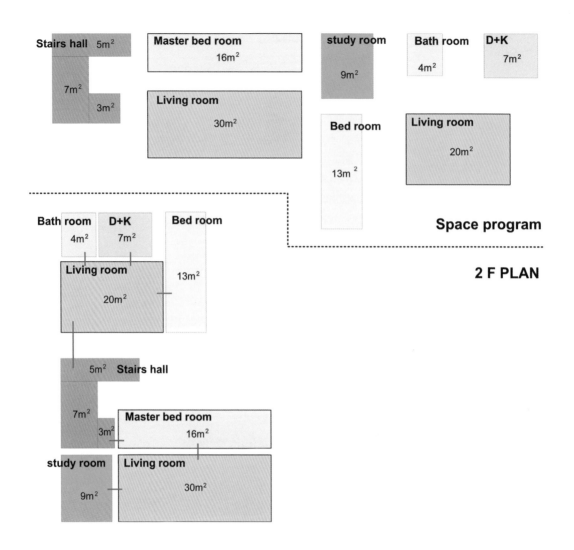

Stairs hall  5m²

7m²

3m²

Master bed room
16m²

Living room
30m²

study room
9m²

Bath room
4m²

D+K
7m²

Bed room
13m²

Living room
20m²

Space program

2 F PLAN

Bath room
4m²

D+K
7m²

Bed room
13m²

Living room
20m²

5m²  Stairs hall

7m²

3m²

Master bed room
16m²

study room
9m²

Living room
30m²

Space Program은 일단 각 층별, 각 실별로 면적을 알기 쉽게 도식화하고 이를 통해 향후 조닝과 함께 검토하여 평면계획에 대한 기초 자료로 활용한다.

면적별로 구분하여 그린 다이어그램을 조닝과 동선을 고려하여 조합해 보면 대략적인 주택 평면의 형태를 만들어낼 수 있다.

물론 평면의 형태를 결정하는 요인에는 공간 개념이 가장 중요한 요소가 되겠지만 Space Program에서 나타난 기능공간들의 면적 또한 중요한 평면계획의 요소가 된다.

## MASS STUDY

매스라는 것은 말 그대로 주택의 외관상의 덩어리를 말한다. 한마디로 주택 건물의 전체 덩어리의 조형과 형태라고 이해하면 쉬울 것이다. 평면의 형태는 매스 개념과 볼륨의 형태에 의해 결정이 되는 경우가 많기 때문에, 가장 먼저 건축물의 형태와 크기, 볼륨 등을 고려한 매스 디자인을 결정하고 이후에 평면계획을 진행하는 것이 좋다.

매스 개념은 주택의 전체 높이, 규모, 층별 구성, 단면의 구조, 자연채광, 공간의 분절 등을 모두 반영하여 디자인하는 것이 좋다. 따라서 볼륨 스케치나 단면 스케치를 통하여 매스를 디자인해 나간다.

▼ *주거공간의 MASS STUDY 과정을 스케치*
  *로 표현한 사례 _ 라경혜 작품*

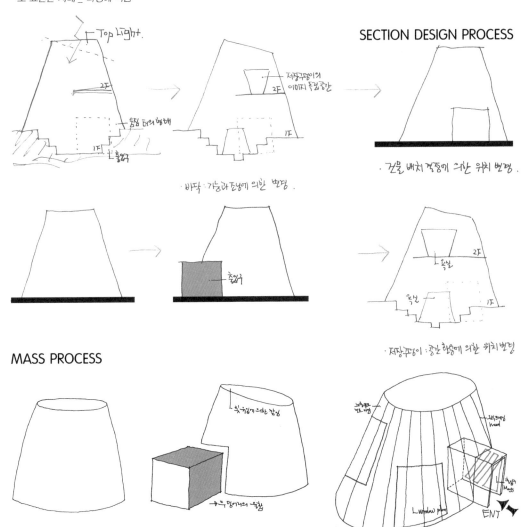

매스에 대한 개념이 설정되고 나면 전체 주택 건물의 외관적인 형태를 중심으로 스케치나 아이디어를 내면서 주택에 대한 여러 가지 문제점들을 해결해 나간다. 매스 디자인은 단지 주택의 형태만을 결정하기 위한 것은 아니고 형태와 더불어 주출입구의 위치, 자연채광을 위한 개구부, 공간의 분절이나 독립된 건물 형태에 대한 수용 여부(예를 들어 별관이나 별채 개념의 덩어리), 전체적인 건물의 높이와 조형성 등 매우 복잡한 요소들을 하나씩 검토해 나가면서 디자인해 나간다.

대략적인 아이디어 스케치나, 단면 스케치, 매스 스케치 등이 끝나고 나면 실제 스케일에 맞도록 매스 스터디 모형을 만들어본다.

매스 스터디 모형은 보통은 아이소핑크라는 재료로 만들게 되며 볼륨감이나 조형성을 표현하여 주택 외관의 틀을 잡아 나간다.

당연히 1/500이나 1/60 정도의 스케일로 만들어서 조형에 대한 비례나 면적, 크기 등을 대략적으로 파악할 수 있도록 제작해야만 한다.

## MASS STUDY PROCESS

반원형 mass     mass 중첩

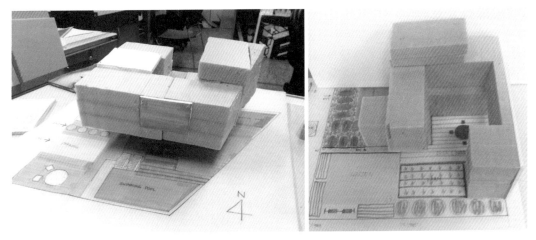

▲ MASS 스터디 모형 제작 사례
- 대상 부지의 대략적인 배치도와 주택의 위치 등을 알 수 있도록 제작하였다.
- 부지 내부의 주택 건축물 MASS 이외에도 주차공간이나, 텃밭, 조경공간, 수영장 등을 모두
  표현해 보자.
- mass 스터디 모형은 주택의 외관 형태 및 볼륨을 구체화하기 위한 작업 과정이다.

# Mass Process

## -Mass 스케치

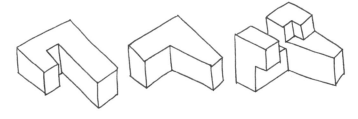

## -Mass 제작과정

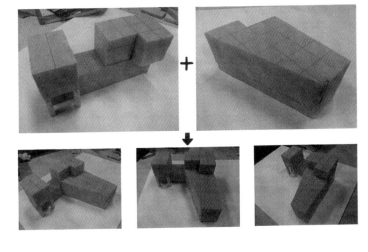

◀ MASS 스터디 모형 제작 사례
- 간략하게 주택 건축물의 형태와 MASS를
  스케치해 보고 이를 아이소핑크로 제작
  한 것이다.
- 위에서와 같이 모형 제작 과정을 사진촬영
  으로 남겨 두면 나중에 유용한 패널 자료
  로 활용할 수 있다.

## FUNCTION & ZONING

기능은 주택에 있어서 거실, 욕실, 부엌 등의 공간을 설정하는 작업이며 조닝은 이들을 과연 어떻게 서로 서로 연결시키고, 평면도상에 위치시킬 것인가를 정하는 작업이다.

아래 이미지와 같이 공간의 기능을 간단하게 조닝 다이어그램으로 표현해 보고 각 공간들의 연결 관계나 동선 등에 대하여 자신만의 생각을 그려 나가면서 주택에 대한 아이디어를 구체화해 보자.

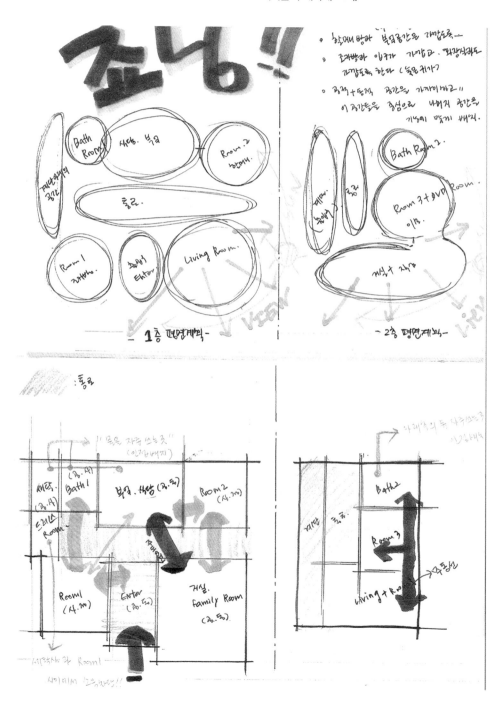

조닝은 각 층별로 스케치해 나가는 것이 좋고 각 실들을 각 층별로 어떻게 배치해 나갈 것인가를 명확하게 알 수 있도록 그려야 한다.

또한 조닝에는 각 실들의 위치와 크기, 계단과의 연결 관계, 각 실별 연계성, 거주자의 동선 등이 모두 드러나도록 그리는 것이 좋다.

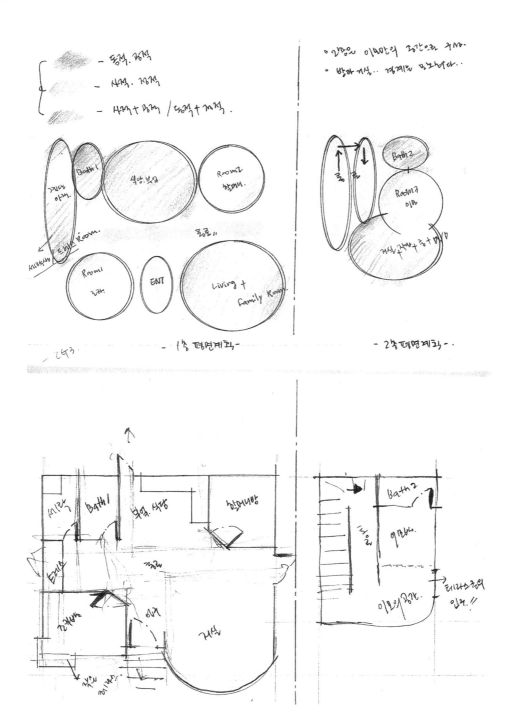

아래 그림에서와 같이 단면 조닝은 평면 조닝과 달리 주택이 2층 이상의 규모로 계획되는 경우에 각 실들의 층별 위·아래 위치, 공간의 층고나 볼륨 및 주택 내부공간에서의 위치를 파악하기 위한 스케치 자료로 매우 중요한 작업 과정이다.

조닝을 그릴 때에는 반드시 평면 조닝과 단면 조닝을 함께 그리는 것을 습관화하는 것이 좋겠다.
평면 조닝은 공간의 수평적인 배치를 결정하게 되고 단면 조닝은 공간의 수직적인 배치를 결정하게 된다.

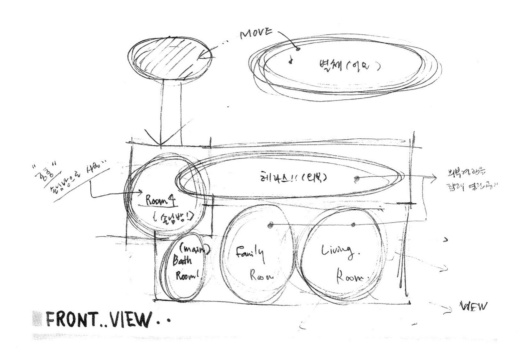

**FRONT..VIEW..**

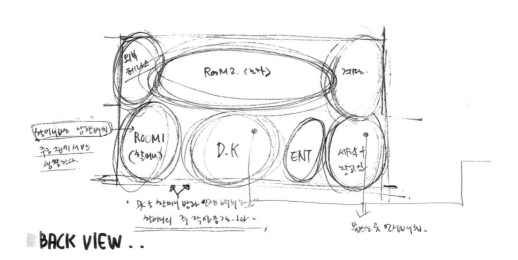

**BACK VIEW ..**

조닝을 기본으로 하여 평면계획을 진행한다.
조닝에 따른 각 기능공간의 배치를 중심으로 다양한 아이

디어를 스케치와 함께 적어 나가다 보면 어느 정도 평면의
형태가 나타나게 된다.

# 조닝&평면 PROCESS

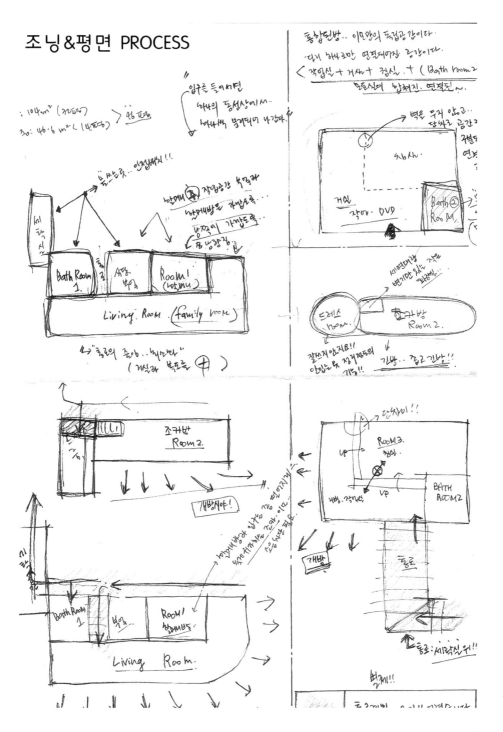

아래 이미지와 같이 자신의 아이디어를 글로 적어 나가면서 동시에 간략한 스케치를 해보는 것이 계획 과정에서는 중요하다. 나의 생각을 시각적으로 표현하는 작업은 실내건축에서 중요하다. 잘 그리는 것이 중요한 것이 아니고 아이디어를 생각해 내고 그 아이디어를 자신만의 방식으로 시각적 표현을 해보는 습관이 중요하며 이를 통해 나만의 독창적인 디자인을 할 수 있게 되는 것이다.

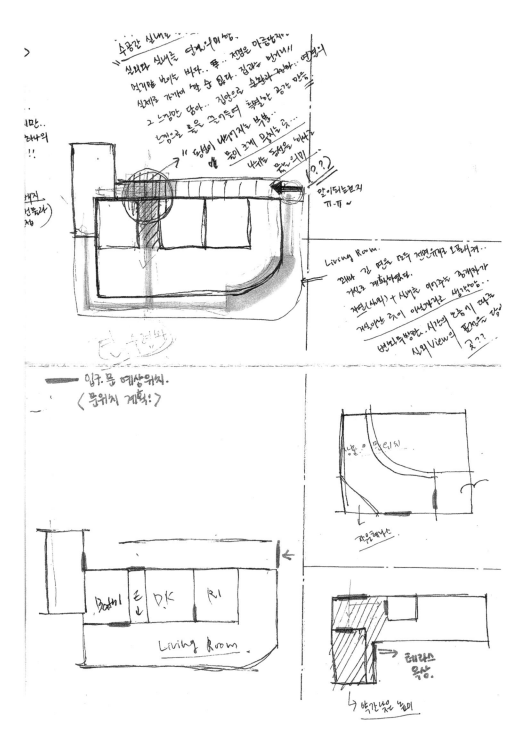

평면을 디자인하는 과정에서는 매우 다양하고 창의적인 아이디어가 필요하다. 무엇인가 생각이 났다면 그것을 바로 바로 스케치로 그려 두었다가 평면도를 그려 나갈 때 아이디어를 최대한 반영할 수 있도록 하는 것이 매우 중요하다.

평면 스케치는 한 번에 그려지는 것이 아니다. 수많은 계획의 과정이 있어야만 가능한 작업이다. 평면 스케치를 할 때 학생들이 가장 실수하기 쉬운 부분이 대충 대충 그려

도 된다는 생각이다. 나중에 컴퓨터를 이용해서 잘 그리면 된다는 생각은 좋지 않다. 스케치를 명료하고 정확하게 그려내지 못하는 사람은 컴퓨터를 활용하여 도면을 그리더라도 결코 잘 그려낼 수 없다. 스케치도 하나의 습관이고 그 습관은 저학년에서 만들어가는 것이다.

스케치 도면도 아래와 같이 정확하고 상세하게 그리는 것이 좋겠다.

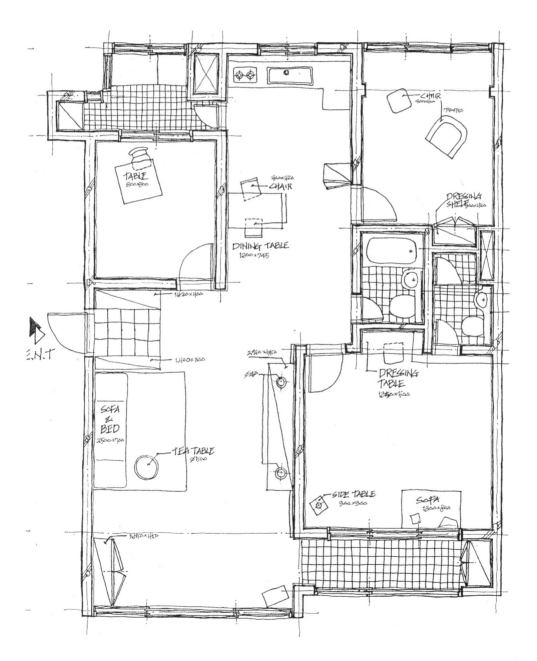

## 스터디 모형

매스 스터디, 조닝 작성, 평면 스케치와 입면 스케치 등의 과정까지 마쳤다면 대략적인 평면과 입면도를 토대로 스터디 모형을 제작해 본다.

스터디 모형 제작이라는 과정은 평면상의 계획을 3차원적인 감각으로 확인해 보는 중요한 작업이다. 따라서 모형 스케일(1/30 혹은 1/50 정도의 스케일)을 결정하고 우드락과 같은 모형 재료를 통하여 각 층별 디자인을 간단하게 모형으로 제작해 본다.

벽체는 우드락을 사용하고 가구는 라이싱지를 사용하여 모형을 제작함으로써 공간구성과 가구 배치까지를 모두 알 수 있도록 제작하는 것이 좋다.

스터디 모형은 공간에 대하여 내가 평면적으로 생각했던 부분과 다른 부분이나 수정을 해야 한다고 판단되는 부분을 알기 위한 작업 과정이며, 이 과정을 통하여 최종적인 평면과 입면 디자인을 검토하고 수정하여 최종 디자인을 결정한다.

스터디 모형은 바닥, 벽면, 천장, 가구 배치, 창과 문 등의 개구부 위치와 크기 등까지를 표현하는 것이 좋고, 가급적 컬러를 표현하여 전체적인 실내건축 컬러의 이미지나 느낌까지를 파악할 수 있도록 제작하는 것이 좋다.

평면 스케치나 입면 스케치를 복사하여 우드락이나 폼보드에 붙여 놓고 작업을 하면 보다 빠른 스터디 모형 제작이 가능하다.

매스 모형(좌)과 스터디 모형(우)을 통하여 주택의 외관과 전체적인 볼륨, 평면도상의 개구부의 위치, 가구의 배치 등을 완성해 나가는 과정은 계획 단계에서 매우 중요하다.
매스 모형은 아이소핑크 재료를 사용하고, 스터디 모형은 우드락 재료를 사용하여 제작.

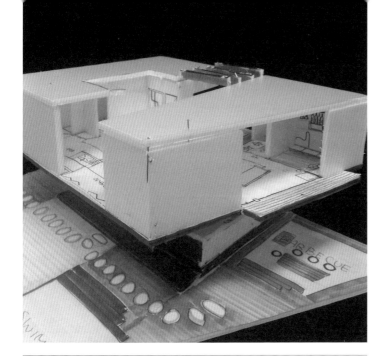

스터디 모형을 제작할 때에는 평면도를 우드락과 같은 재료의 바닥에 부착하여 만들어보는 것도 좋은 방법이다. 공간의 구성과 가구의 배치 등을 한눈에 파악할 수 있으며, 외벽과 내벽면의 높이와 형태, 창의 크기와 위치 등에 대한 계획 단계에서의 고민을 모형 제작을 통하여 해결해 나가는 과정이다.

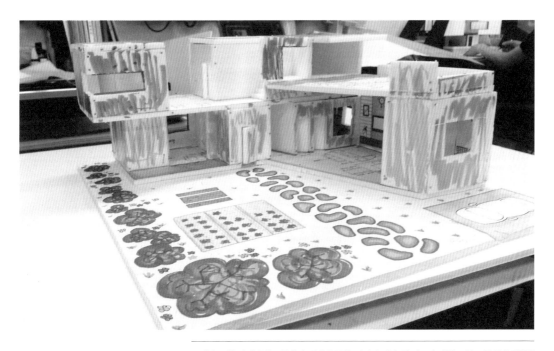

스터디 모형 단계에서는 실내의 컬러와 주택 외관의 컬러 및 재료에 대한 고민도 동시에 진행하는 것이 좋다. 만들어진 주택 스터디 모형의 외벽에 마커 등을 통하여 컬러를 칠하여 보거나 실내 가구나 벽체에 디자이너가 생각한 주조색과 보조색 등을 간단하게 칠하여 봄으로써 전체적인 컬러 매치도 스터디 모형을 통하여 확인 가능하다.

# COLOR SCHEME & MATERIAL PLAN

실내건축에 있어서 가장 중요한 작업 중에 하나는 공간의 이미지와 분위기를 완성하기 위한 마감재료와 컬러의 선택일 것이다.

실내건축의 궁극적인 목표 또한 공간을 디자인하는 것에서 그치지 않고 공간의 완성을 위해서 마감재료를 선택하고 가구를 선택하여 배치하며, 컬러의 느낌을 최대한 이용하여 감성 공간을 창조해 가는 것이다. 따라서 컬러와 마감재료 선택은 실내건축을 전공하는 학생들에게는 결코 빠질 수 없는 작업의 과정인 것이다.

컬러의 선택을 위해서 아래의 그림에서와 같이 평면이나 입면 스케치를 활용하여 도면에 컬러를 입혀 보고 공간의 느낌을 결정하는 것도 좋은 방법이다.

평면 스케치에 컬러를 입혀 보면 각 실별로 공간의 바닥 부분과 가구 배치 및 가구에 대한 컬러를 결정하는 데 도움이 된다.

스케치를 여러 장 복사하여 자신의 컬러 계획에 따라 도면에 컬러를 입혀 보자.

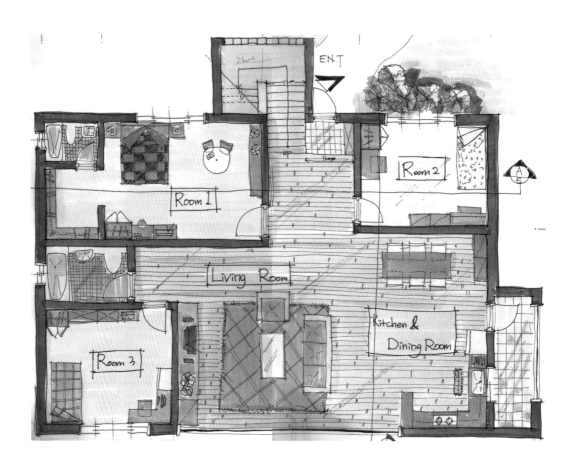

평면도나 입면도 스케치에 컬러 작업을 해보면 공간의 분위기를 결정하기 쉬워진다.

컬러와 함께 고려해야 하는 것이 마감재료이다. 마감재료는 아래의 그림에서와 같이 도면에 컬러와 함께 마감재료 샘플 이미지를 정리하여 함께 보여 주면 최종적인 공간 디자인이 완성될 것이다.

실내건축에서 최종적인 완성은 공간에 대한 도면과 더불어 마감재료, 컬러, 조명, 가구 등을 어떻게 시각적으로 보여 줄 것인가에 대한 문제로 귀결된다 해도 과언이 아니다.

## Material Table

Elevation

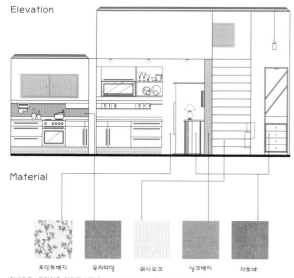

Material

포인트벽지　　유리타일　　워시오크　　싱크벽지　　자토벽

유로에쉬　　가죽 시트　　포인트 벽지　　워시오크

워시오크 : 편안하고 안정된 색감은 실내분위기를 시원하게 보이도록한다.
자토벽 : 남미산 특유의 무게감 있는 컬러는 이국적인 공간을 연출한다.
포인트 벽지 : 밋밋한 공간에 포인트 무늬를 줌으로써 공간을 화려하게 연출한다.

유로에쉬 : 컬러가 부드럽고 온화하여 친근한 인테리어 감각을 연출합니다.

# LIGHTING & CEILING PLAN

주택은 다양한 기능공간을 가지기 때문에 조명의 선택에 있어서도 다양성과 공간의 기능을 고려하여 결정해야 한다. 따라서 다른 용도의 공간과 비교하여 조명의 종류와 디자인적인 측면에서의 면밀한 검토가 필요하다.

조명은 기본적으로 공간의 면적과 조도의 수준, 자연채광 유무, 공간의 기능을 고려해야 하며, 이에 따라 조명의 종류나 배광 방식, 조명기기 디자인, 광원과 광원의 개수, 광원의 간격 등을 결정하여야 한다.

조명은 천장 디자인에 결정적인 영향을 미치는 요소이기 때문에 광원의 크기나 개수, 위치 등을 결정하여 천장도를 그려야만 한다.

주거공간에서 일반적으로 사용되는 조명의 선택과 결정에 있어서 고려해야 하는 사항은 다음과 같다.

· 기능공간에 다른 조도 수준
· 조명의 배광 방식
· 조명기구의 간격
· 조명기구의 디자인
· 광원의 밝기와 배광 방식
· 가구의 배치
· 에어컨의 위치와 크기, 종류
· 자연채광 유무와 창문의 위치
· 조도 조절 기능을 가진 조명의 사용
· 화재감지기의 설치 유무
· 조명 색과 실내마감 컬러의 관계

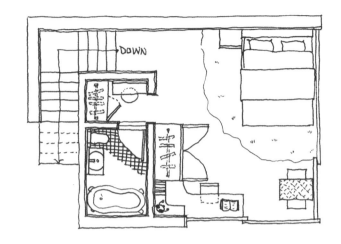

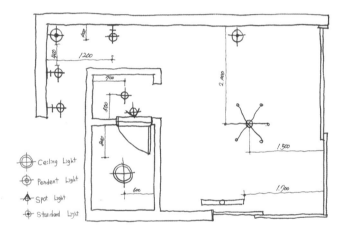

Ceiling Light
Pendent Light
Spot Light
Standard Light

## MODELLING WORKS

최종적인 축소모형 작업은 계획안 평면과 입면을 3차원적인 공간으로 확인할 수 있다.

가급적 마감재료의 재질과 패턴, 컬러 등을 표현하여 공간감을 확인할 수 있도록 제작한다. 모형의 디테일을 위해서는 사용하는 모형 재료의 다양한 두께를 활용하는 것이 좋으며 하나의 가구나 벽면을 제작하더라도 다양한 두께의 재료를 활용하는 것이 효과적이다.

모형 제작의 유형은 다음의 4가지 정도로 구분할 수 있다.

① 모두 같은 모형 재료를 사용하여 단정하면서도 간결한 공간 이미지를 전달하는 타입

② 주거공간의 부분적인 기능공간만을 매우 정교하고 사실감 있게 제작하는 디테일 타입

③ 주거공간에 사용되는 주요 컬러나 엑센트 컬러를 사용하여 전체적인 공간의 느낌을 연출하는 타입

④ 전체적으로 단 하나의 컬러 톤만을 사용함으로써 공간 개념이나 포인트만을 강조하는 타입

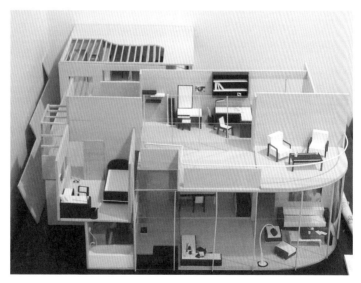

▲ 우드와 라이싱지를 사용하여 단정하면서도 간결한 공간 이미지를 전달한 모형 타입 사례 _ 정지희 작품

· 벽체와 공간 구조에 사용된 재료는 우드
· 가구 제작에 사용된 재료는 라이싱지와 우드 혼용
· 부분적으로 액자나 패널 등의 이미지만 네프로필름지에 컬러로 출력하여 벽면에 부착
· 전체적으로는 우드의 느낌을 공간의 감성에 수용하여 최대한 강조하는 방식으로 제작한 모형
· 베스우드가 가지는 나뭇결에 따라 바닥과 벽면을 같은 방향으로 붙여 나가는 것이 포인트
· 창틀과 같은 부분은 아크릴을 끼워 넣거나 필름지를 사용하지 않고 창틀 프레임만으로 표현
· 계단 난간, 가구 디테일, 창틀 프레임 등 세세한 부분의 모형 제작이 용이한 장점이 있다.

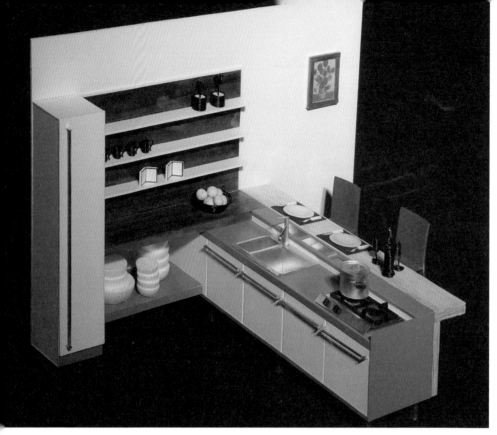

▲ 주거공간의 부엌공간만을 매우 정교하고 사실감 있게 제작하는 디테일 타입의 모형 사례 _ 주상돈 작품

- 위의 모형은 주거공간의 주방 부분만을 상세하게 작업한 사례
- 주방의 수납 선반, 싱크, 수전, 가스레인지, 다이닝 테이블, 그릇까지 매우 정교하게 제작
- 1/100이나 1/20 정도 수준에서 부분적인 공간의 연출과 컬러, 재료, 가구 등을 모두 표현
- 주로 사용된 재료는 라이싱지, 아크릴, 알루미늄, 라커, 베스우드, 우드 패턴 필름, 우드락 등이다.
- 부분 모형을 제작할 경우에는 실제와 매우 유사하게 사실감 있는 표현이 중요하다.
- 벽면에 부착된 액자는 이미지를 컬러로 출력하고 이미지의 테두리에 나무로 액자 형태로 제작.
- 그릇에 담겨 있는 양파는 우드락 볼을 사용하여 제작
- 선반 위에 있는 화분은 검정색 컬러 철사를 원형으로 구부려 제작

**설계 TIP** 모형 제작의 노하우 - 1

- 모형은 최대한 사실감 있게 표현하며 디테일은 모형 재료의 다양한 두께감을 살려 표현한다.(가구를 만드는 경우에도 책장의 틀 부분은 라이싱지 5T를 사용하고, 선반 부분은 라이싱지 3T를 사용한다면 그 조형감이나 디테일이 보다 좋아질 것이다)
- 모형을 잘 만들기 위해서는 칼날을 아끼지 말고, 반드시 칼판을 밑에 깔아 두고 재료를 자른다.
- 모형을 잘 만들기 위해서는 모형에 따라서 사용하는 본드가 반드시 달라야 한다.(우드락·폼보드=UHU 본드, 라이싱지·베스우드·체리우드·포맥스=401 강력 접착 목본드, 종이=3M 77 스프레이 본드, 아크릴=아크릴 전용 본드 혹은 UHU 본드를 사용)

▲ 주거공간에 사용되는 주요 컬러나 엑센트 컬러를 사용하여 전체적인 공간의 느낌을 연출하는 타입의 모형 사례 _ 라경혜 작품

· 주거공간의 주요 벽체와 바닥 등은 라이싱지를 사용하여 제작하고 식사실의 바닥은 부분적으로 베스우드를 사용하였다.
· 가구는 부분적으로 컬러를 사용하여 엑센트 효과를 주어 전체적인 모형의 분위기를 연출하였다.
· 전체적으로는 흰색의 모형이지만 가구에 사용된 컬러가 모형에 포인트 활력 요소가 된다.
· 가구는 제작하여 라커를 칠하는 방식으로 컬러를 입혀 나가며 제작하였다.

## 설계 TIP  모형 제작의 노하우 - 2

· 가구나 벽체를 제작하기 위해 크기에 맞게 재료를 자르려면, 먼저 모형 재료의 표면에 작도를 하게 되는데 이때, 연필이나 샤프를 사용하지 말고 칼날을 사용하여 작도를 해야 한다. 작도한 연필 선을 나중에 지우개로 지우면 된다고 생각하지만 실제로 모형의 표면을 매우 더럽히는 요소이다. 절대로 모형을 깨끗하고 단정하게 만들 수 없다.
· 모형에 색을 입히는 경우에는 라커를 사용하는 경우가 많다. 하지만 라커는 특정 부분의 면만을 칠하기가 어렵다. 예를 들어 책상의 상판은 노란색으로, 다리 부분은 붉은색으로 칠하는 경우는 라커를 사용하기 어렵게 된다. 따라서 이런 경우에는 상판을 잘라 노란색 라커로 칠을 먼저하고, 다리 부분을 잘라 붉은색으로 칠을 한 다음에 상판과 다리 부분을 붙여 나가는 수순으로 모형을 제작해야 한다.
· 종종 모형에 컬러 표현을 하는 경우 색지를 많이 사용하는데, 실제로는 모형 재료의 단면까지 색지를 붙이기에는 무리가 있다. 따라서 바닥이나 입면 표현에서는 색지도 좋은 모형 재료이지만 가구와 같이 단면을 가지는 모형 제작에서는 가급적이면 라커를 활용하는 것이 좋다. 또한 종종 물감으로 칠을 하여 모형 제작을 하는 학생들이 있는데, 거의 대부분의 모형 재료는 종이류이기 때문에 물감을 사용하는 것은 종이가 습기를 먹어 울기 때문에 깔끔한 모형 제작에는 좋은 방법이 아니다.

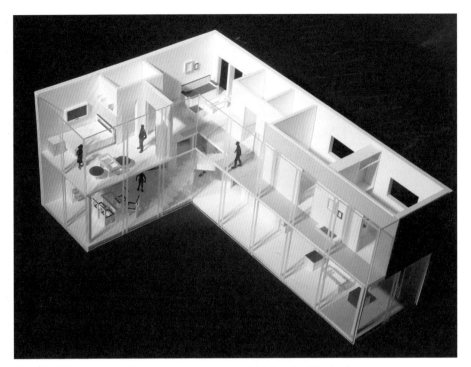

▲ 전체적으로 단 하나의 컬러 톤만을 사용함으로써 공간 개념이나 포인트만을 강조하는 타입의 모형 _ 김민진 작품

· 전체 공간은 백색 라이싱지를 사용하여 제작하였지만 부분적으로 가구에 블루 톤의 색을 활용하여 제작한 모형 사례이다.

· 단정하고 깔끔한 느낌의 모형이지만 다소 공간의 표현에 있어서 현실적인 느낌은 없다.

· 명도가 높거나 낮은 컬러, 혹은 채도가 높거나 낮은 컬러만을 활용하면서도 전체적인 공간의 이미지를 만들어나갈 수 있다. 종종 색을 많이 사용한 모형은 산만한 느낌이 되기 쉽다.

**설계 TIP**  모형 제작의 노하우 - 3

· 모형 제작은 치수가 정확한 평면도와 입면도 도면(CAD 출력 도면이나 연필 제도 도면)을 가지고 시작해야 한다. 종종 치수가 부정확한 스케치 도면을 가지고 모형 제작을 하는 경우가 있는데, 스케치 도면으로 모형을 제작하게 되면 가구나 벽체의 치수를 하나하나 스케일로 측정하면서 모형 재료를 잘라 나가야 하기 때문에 그 제작 시간이 2배 이상 더 소요된다.

· 모형은 정성이다. 모형을 잘 만들려면 그 만큼의 시간을 투자해야만 한다. 가구나 벽체 하나를 만들어도 정성을 다하여 제작하고 디자인적으로 표현 가능한 요소를 모형에서도 잘 표현하려고 노력하는 것이 매우 중요하다. 보통 50평 규모의 주택 모형은 그 제작 시간이 5일 정도가 소요된다.

· 실내건축에서의 가구는 제작가구와 제품으로 이미 만들어진 기성가구를 구매하여 공간에 배치하는 경우가 대부분이다. 따라서 모든 주택의 모든 가구를 학생이 직접 디자인하려고 하지 말고 소파나 주방, 침대 등 일반적인 가구들은 좋은 디자인을 잘 선택하여 활용하는 것이 좋다. 이때, 기성가구는 이미지를 보면서 가구 모형을 제작하면 보다 디테일하고 정교한 모형 제작이 가능하게 된다.

# DRAWING & PRESENTATION RESOURCE

도면은 표현하는 방법과 종류가 매우 다양하다. 일반적으로 실내건축에서 기본 도면이라고 하는 것들에는 평면도, 실내 입면도, 천장도, 실내 투시도 등이 있으며 이들은 계획하고 디자인한 공간을 최종적으로 마무리하고 사람들에게 보여주기 위해 제작되는 공간계획의 결과물이다.

최종적인 도면 제작 방법은 AUTO CAD라는 컴퓨터 프로그램을 사용하여 도면을 그리고 이를 출력하는 방식이 일반적이지만, 수작업으로 도면을 제작하는 경우에는 SHOP DRAWING이라고 불리는 손으로 도면을 직접 제도하는 방법도 있다.

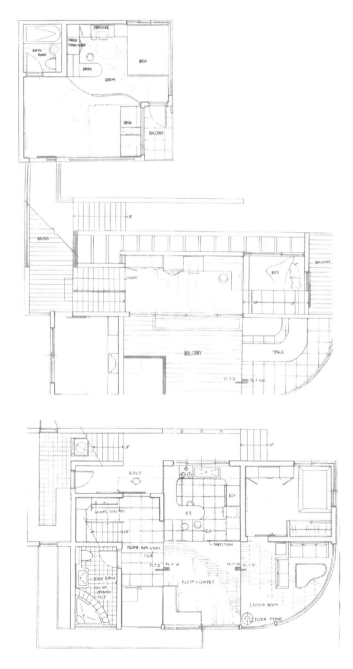

수(手)작업 평면 제도 도면 ▶

IF PLAN

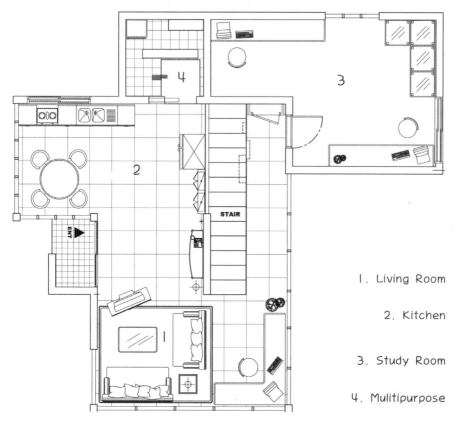

1. Living Room

2. Kitchen

3. Study Room

4. Mulitipurpose

▲ AUTO CAD PROGRAM을 활용하여 제작한 평면도 사례

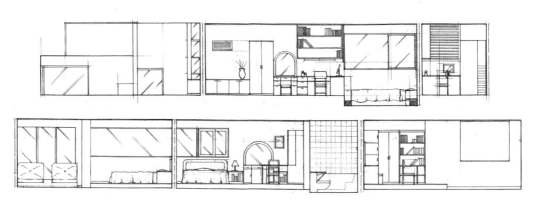

▲ 수작업 입면 제도 도면 사례

도면을 어떻게 표현하여 최종적인 계획안을 정리하고 마무리할 것인가는 중요
하다. 하지만 더 중요한 사실은 도면을 얼마나 정확하게 그리고 표현력 있게 그
려 낼 것인가의 문제이다.

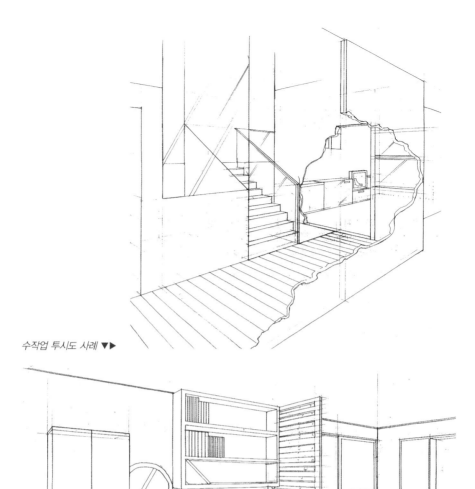

수작업 투시도 사례 ▼▶

투시도는 공간의 형태를 3차원적으로 표현하는 좋은 도면이다. 스케치로 그리는 경우도 있지만 간략한 제도를 통하여 공간의 이미지를 표현할 수 있다면 공간에 대한 면밀한 계획과 공간 연출에 대한 표현력을 더욱 향상시킬 수 있다. 자신의 공간적 아이디어를 투시도로 표현해보자.

요즈음 학생들은 실내건축 설계와 디자인이라는 과정을 최종 결과물 중심으로만 접근하려 하는 경향이 많은데, 결과물이 좋으려면 당연히 그 과정도 좋아야 하는 것이다. 그렇기 때문에 컴퓨터에만 의존하지 말고 잘 그리지 못하는 스케치라도 자신의 아이디어와 생각을 스케치로 그려보는 습관을 가져보자.

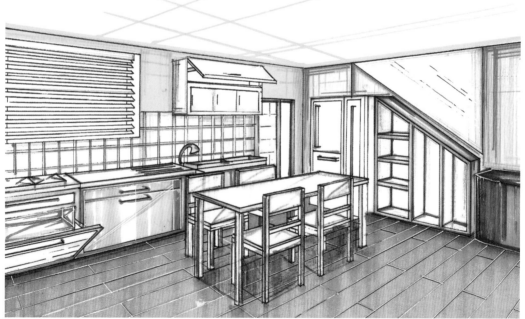

실내건축 투시도에는 가구의 배치 공간의 형태, 컬러와 마감재료, 조명 등을 모
두 알 수 있도록 표현하는 것이 좋고 습관적으로 바닥과 천장 및 벽면이 모두 나
타나도록 투시도를 그리는 것이 바람직하다.

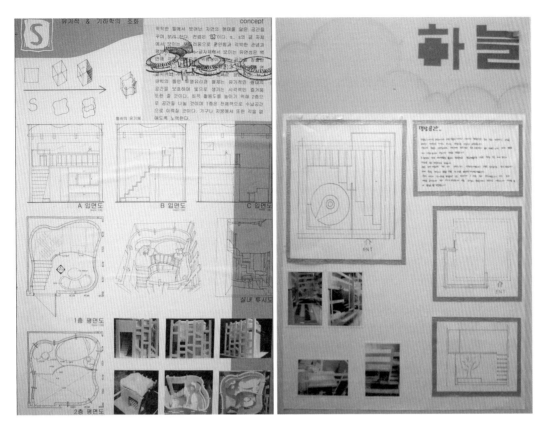

▲ 위의 두 패널을 비교해보자.

**설계 TIP**  수작업 패널 만들기 : 컴퓨터를 활용하지 않은 패널 제작

> 컴퓨터를 사용하지 않은 수작업 패널은 시작조차 두렵기만 할 것이다. 하지만 패널을 만들어나가는 순서와 약간의 노하우만 안다면 그렇게 어려워만 할 작업은 결코 아니다.

왼쪽의 패널은 평면도, 입면도, 실내 투시도, 엑소노메트릭, 모형 사진, 다이어그램, 설계의 배경 등 매우 다양한 패널 요소를 잘 배지하여 충실하게 패널을 표현하고 있다. 반면, 오른쪽의 패널을 보면 평면도를 매우 부정확하게 제도하였고, 모형 사진 4장과 도면 3장만으로 전체 패널을 구성하였다. 일단 학생으로서 기본적인 충실도와 완성도 측면에서 왼쪽의 패널에 높은 점수를 주고 싶다.

패널 레이아웃을 살펴보면 오른쪽의 패널은 지나치게 크게 작성된 패널 제목과 잘라 붙인 도면과 모형 사진들이 정리되지 못한 상태에서 패널을 완성해 버렸다. 왼쪽의 패널은 전체적으로 도면과 투시도, 모형 사진, 개념 등이 잘 정리되어 안정적인 레이아웃을 보이고 있다.

수작업 패널에서는 완벽한 패널 레이아웃이나 뛰어난 도면 요소의 표현력을 요구하는 것이 아니다. 하지만 기본적인 도면 요소(설계 배경, 평면도, 입면도, 천장도, 실내 투시도 등)를 빠뜨리지 않고 패널에서 충실하게 잘 정돈하여 표현해 보려는 노력을 게을리 해서는 절대 안 된다.

**설계 TIP**  수작업 패널 제작 노하우

- 가급적이면 트레이싱지나 켄트지에 그린 도면을 그대로 잘라서 패널에 붙이는 것은 좋지 않다.
- 패널은 일반적으로 하드보드나 폼보드를 사용하게 되는데, 하드보드나 폼보드 면을 이용하여 도면을 그리지 말고 DS지 등의 전지를 사용하여 도면을 그린 이후에 전지를 폼보드나 하드보드에 붙이는 것이 좋다.
- 하드보드나 폼보드에 도면을 붙일 때에는 반드시 양면테이프를 사용하는 것이 좋다. 3M 77(스프레이형 접착제)이나 딱풀을 사용하면 붙인 면이 울거나 뜨게 된다. 스티커 폼보드를 사용하면 보다 효과적으로 도면을 붙일 수 있다.
- 스터디 모형 사진이나 최종 모형 사진을 출력하여 몇 장 붙이는 경우는 투시도에서 보여주지 못한 부분을 중심으로 촬영하여 보여주는 것이 좋다.
- 지나치게 큰 패널 제목은 패널 구성에 있어서 좋지 않다. 패널의 세련미가 떨어진다.
- 색연필이나 마커를 이용하여 투시도나 평면에 컬러를 표현하는 것이 좋다.
- 글을 많이 적는 것보다는 가급적이면 시각적인 이미지나 다이어그램 형식으로 표현력을 높인다.
- 네프로필름지라는 재료를 통하여 글자나 이미지 등을 컬러로 출력하여 붙이면 깔끔한 패널 작성에 효과적이다.
- 컴퓨터를 사용하지 않고 손으로 패널을 제작하는 경우에는 전체 레이아웃을 미리 정해 두고 패널 작업을 시작하는 것이 좋다. 산만하지 않고 정돈된 패널 제작이 가능해진다.

# DESIGN PRESENTATION

주택 패널에서는 기본적으로 작품 제목, 설계 배경, 공간 개념, 기본 도면(평면도, 입면도, 천장도), 투시도, 마감재료와 컬러 등을 중심으로 정리하는 것이 좋다. 특히 주택은 다양한 공간 기능을 가지기 때문에 크기가 정해진 패널에 각각의 공간을 모두 보여주려다 보면 너무 작은 이미지로만 패널을 구성하게 된다. 그렇기 때문에 거실이나 부엌과 식사공간, 특별한 공간(예를 들어 서재나, 작업실, 취미실 등)을 중심으로 내용을 정리하는 것이 좋겠다. 패널은 최종 평가를 위한 결과물을 사람들에게 보여주는 작업이기도 하기 때문에 내가 가장 잘 표현할 수 있는 방법을 스스로 찾고 더불어 가장 자신 있는 공간 디자인을 중심으로 정리해 보는 것도 하나의 방법이 될 수 있다. 사례를 통하여 다양한 패널의 표현 기법을 익히고 더불어 패널의 요소의 다양성에 대하여 살펴보자.

## HD-01. Hidden Space _ 유희정 작품

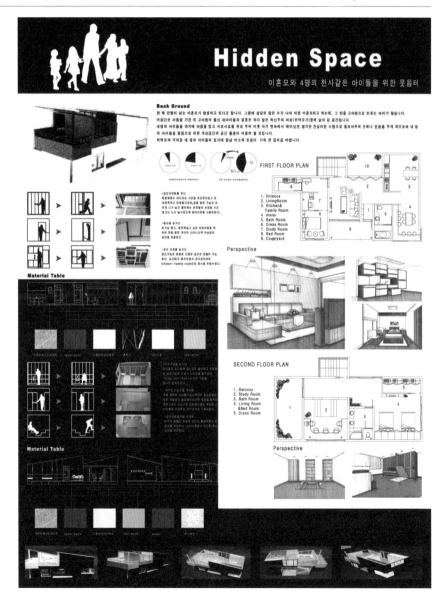

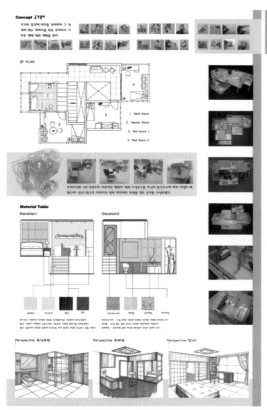

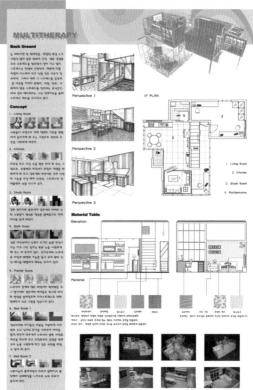

패널의 구성이 짜임새가 있고 다양한 자료를 활용하여 작업한 작품이다. 전체적인 패널 레이아웃도 잘 정돈되어 많은 자료들을 산만하지 않게 정리하였다. 각 패널 자료에 대한 다양한 표현을 가미하면서 부분적으로 컬러로 면을 구성하여 포인트적인 요소를 정리하였다. 투시도에서 보여주는 공간과는 다른 공간들의 모형 사진을 촬영하여 주택 전체 공간을 잘 보여주고 있다.

입면도를 보면 도면과 마감재료 이미지를 함께 구성하여 표현하고 있으며, 왼쪽 상단에 배치한 주택 전체 외관의 이미지는 포토샵 프로그램을 통해서 모형 사진을 스케치 효과로 변형시킨 이미지를 활용해서 표현하였다. 설계 과정에서 작업하였던 다양한 디자인 요소를 컴퓨터를 활용하여 잘 가공하였고 이를 통하여 패널을 완성시킨 단독주택 디자인 사례이다.

*HD-02 작품의 최종 모형* ▶

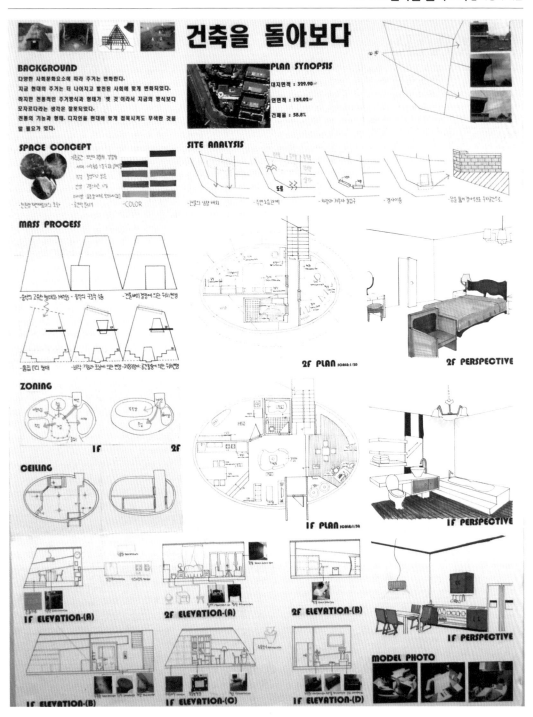

설계 배경, 사이트 분석, 주택의 매스 스터디 과정, 조닝과 평면도, 입면도, 천장도, 실내 투시도와 모형 사진 등의 패널 요소를 정리하고 있는 기본에 충실한 수작업 패널이다. 컴퓨터를 활용하지 않은 패널이지만 전체적인 레이아웃은 잘 정리가 되어 보이고 흰색 바탕 면에 부분적으로 노란색 계열 컬러를 사용하여 패널의 면 구성을 완성시켰다. 마감재료와 가구 및 조명 이미지를 입면도에서 함께 표현하였다.

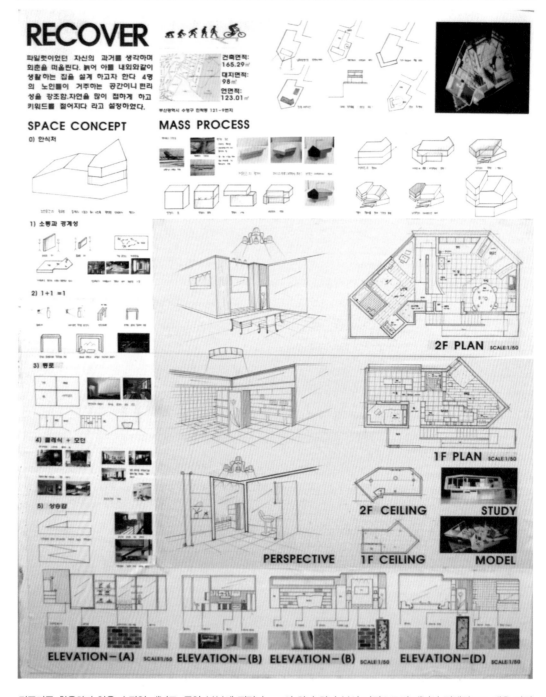

컴퓨터를 활용하지 않은 수작업 패널로, 중앙 부분에 평면과 천장도 등의 주요 도면을 배치하면서 동시에 노란색 계열 색지를 통해서 면 구성을 하여 포인트를 주었는데 이는 주요 도면이 보다 잘 보이도록 의도적으로 구성한 것이다. 글자는 손으로 직접 쓰지 않고 네프로 필름지에 글자들을 모두 출력하여 하나 하나 붙여 나감으로써 패널이 전체적으로 매우 단정하게 정리된 느낌을 준다. 패널 왼쪽을 보면, 공간 개념을 키워드 중심으로 배치하고 이를 자신만의 방식으로 다이어그램으로 정리한 것이 돋보인다.

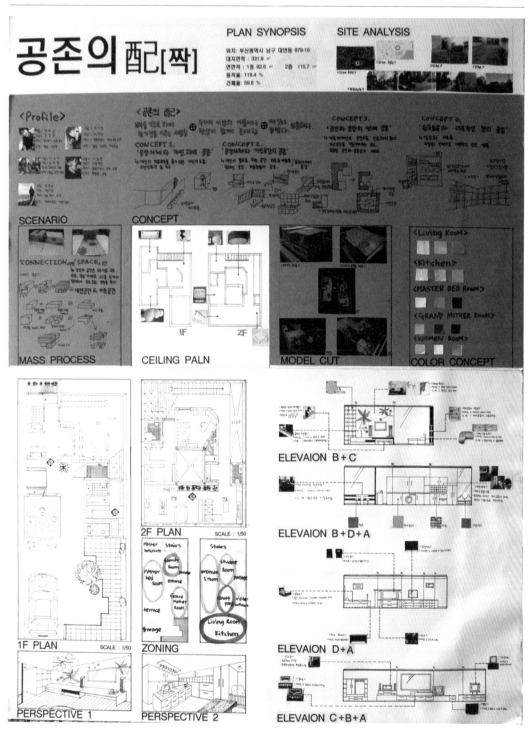

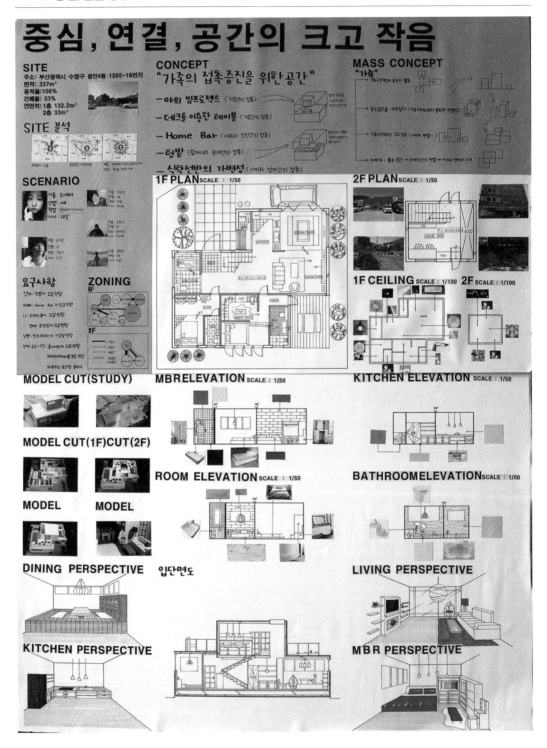

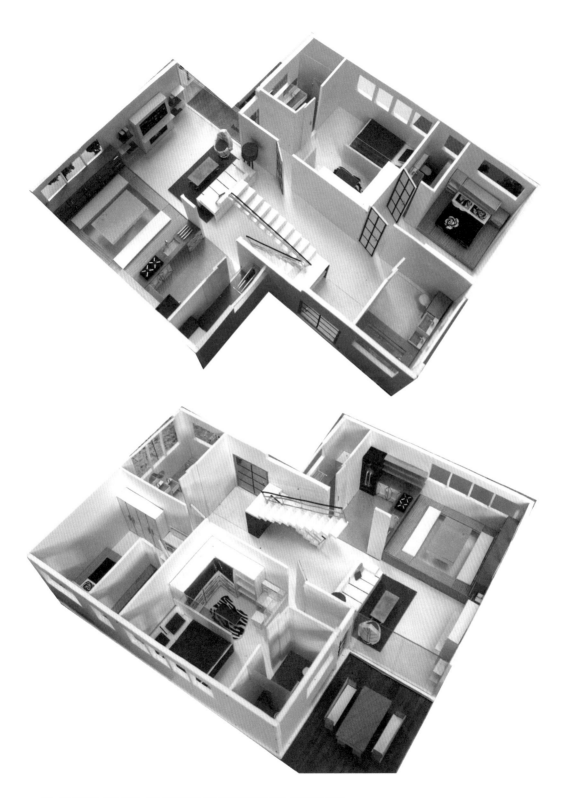

▲ HD-06 작품의 최종 모형 : 1층 모형(위)과 2층 모형(아래)을 각각 분리하여 제작

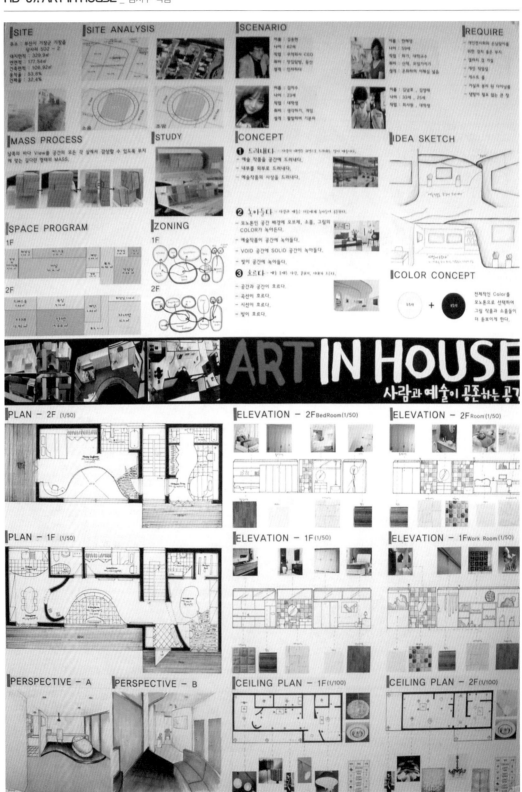

# MIND CARE

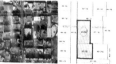

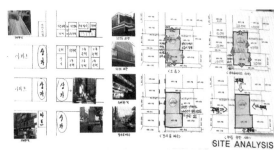

위치: 인천광역시 연수구 경원 저저빌딩 (1, 3)
대지면적: 351.7m² (106평)
건 폐 율: 165.2m² (50.0평)이내
건축면적: 79.79m² (46.평)
용적률: 41.46%
건폐율: 28.16%

SITE

SITE ANALYSIS

CLIENT

THEME

MASS PROCESS

CONCEPT 1    CONCEPT 2    CONCEPT 3

컬러 데 라 ㅍ

COLOR CONCEPT

MODEL CUT

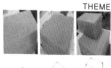

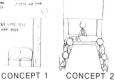

ELEVATION – 2F(1/50)

SPACE PROGRAM

PLAN – 2F (1/50)

PERSPECTIVE

CEILING PLAN – 2F(1/100)

MODEL CUT

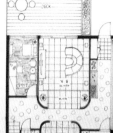

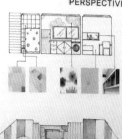

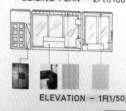

ELEVATION – 1F(1/50)

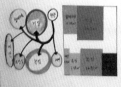

SPACE PROGRAM

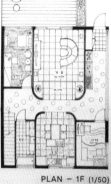

PLAN – 1F (1/50)

PERSPECTIVE

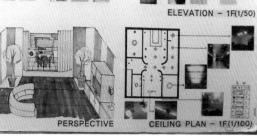

CEILING PLAN – 1F(1/100)

interior design process **2**

상점 디자인은 DISPLAY가 생명이다

# RETAIL SHOP & ROAD SHOP

# PROGRAM & REQUIREMENT

## 주제가 있는 소규모 전문 상점 디자인

· 상점은 상품 판매를 목적으로 하는 공간으로 상품의 진열 방식과 판매 방식, 고객 서비스를 중심으로 계획하는 것이
  좋다. 브랜드를 가지고 있는 상품 판매를 위한 디자인도 가능하지만, 유명한 특정 디자이너의 상품 판매를 위한 공간
  으로 접근도 가능하며, 상품은 전시와 판매 기능을 모두 수용할 수 있도록 계획하는 것이 좋다.
· 소규모 전문 상점 디자인은 MULTY-SHOP이 아닌 단일품목의 전문 매장의 개념이다.
· 소규모 상점공간 디자인의 특성을 고려하면 상품 디스플레이 중심의 접근성이 필요하다.

## 상점 디자인 요건 검토

소규모 숍 공간계획을 진행하기 위해서 우선적으로 리모델링
대상 공간에 대한 구체적인 현황 파악이 중요한데, 리모델링
을 하기 위한 공간의 규모, 출입구의 위치, 층고, 주변 환경, 예
측되는 주요 고객층 분포, 인근 유사 상점공간의 분포 등에 대
한 정보 파악이 필요하다.

Retail shop 또는 Road shop 형태의 소규모 매장으로 계획하
기 위해서는 물품 구매 중심의 전문 매장으로 구성하는 것
이 유리하다. 예를 들어 카메라 전문점보다는 폴라로이드 카
메라 전문점 혹은 니콘 카메라 전문점 등으로 상품의 범위
를 좁혀 본다거나 특정 브랜드 매장으로 계획하여 토탈 매장
이나 멀티숍보다는 단일상품 전문 상점으로 접근하여 계획하
는 것이 좋다.
상점은 테마를 설정하고 주요 타깃 고객(주요 이용 대상)을 구
체화하여 이에 대한 수요 예측과 계획이 필요하며, 매력적인
Shop Front 계획과 구매력을 높이기 위한 매장 디스플레이를
계획하는 것이 어떻게 보면 상점 디자인의 핵심 요소라 볼 수
있다. 또한 상점의 주 진입입면(메인 파사드) 디자인은 상점 내
부로 사람들을 유도하는 디자인 요소다.

일반적인 상점의 공간 기능은 주요 시설인 판매공간, 진열공간, 카운터, 전면 주 출입구를 포함하지만, 상품의 성격이
나 매장 운영상 필요하다면 부속 시설(손님접대, 사무, 창고, 종업원의 탈의 및 라커 공간 등)에 대한 설정도 가능하다.

# DESIGN THEORY & ELEMENTS STUDY

## 전문 상점의 이해

전문점은 소매점의 형태로 상품의 가치를 극대화시키고 소비자들에게 매력적으로 다가감으로써 판매 효과를 증진하기 위한 판매공간이다.

특정 브랜드 매장의 성격을 가질 수도 있지만 특정 브랜드 매장이 아니더라고 상품을 특화시키고 그 상품을 소비자들에게 보기 좋게 진열하여 전략적으로 접근할 수 있다면 전문 매장으로의 가치는 충분하다. 또한 VMD(Visual Merchandising Display) 기법을 활용하여 상품을 진열함으로써 매장공간의 인테리어를 활성화시키고 적극적으로 소비자의 구매 효과를 증진할 수 있다.

상업공간의 범위에서 전문 소매점은 그 종류가 매우 다양하다. 따라서 매장을 계획하는 경우 소비자의 구매 욕구와 다양성 있는 소비자 계층의 라이프 스타일을 반영하기 위한 공간 디자인이 매우 중요하며 또한 적극적으로 시대의 트렌드에 대응 가능하도록 디자인하는 것이 전문 소매점 공간 디자인의 중요 요건이다.

전문 매장의 공간 디자인에 있어서는 집객을 위하여 강한 인상을 줄 수 있는 요소(전면 파사드나 매장의 입구에서 가장 먼저 보이는 광고 혹은 상품 등)가 필요하며, 이와 함께 매장에서 소비자들이 가급적 오랜 시간을 머무를 수 있도록 하기 위한 적절한 상품의 배치와 동선 계획이 중요하다.

또한 소비자가 상품에 쉽게 접근할 수 있는 진열대의 위치, 소비자가 상품의 구매를 결정하여 계산을 하기 위한 카운터의 위치, 상품의 가치를 극대화할 수 있는 공간의 분위기와 이미지 등은 전문점을 디자인하기 위해서 반드시 고민해야 하는 중요한 계획 요건이다.

## 소규모 전문 상점의 공간 구성

소규모 전문 상점의 경우 일반적으로 주 출입구, SHOW WINDOW DISPLAY, 상품 판매공간, 카운터 공간, 상품 관리공간으로 구성된다.

### 주 출입구

상품을 구매하기 위하여 소비자가 매장에 출입하는 공간. 소비자들의 빈번한 출입을 위해 자동문으로 계획하는 경우가 많다. 또한 상징성 있는 게이트 조형물을 설치하여 소비자의 눈길을 잡는 경우도 있으며, 출입문을 불투명하게 처리하여 소비자들의 호기심을 자극하는 디자인으로 계획하는 경우도 있다.

### SHOW WINDOW DISPLAY ZONE

매장의 전면에 판매하는 상품을 진열하여 외부에서도 매장에서 판매하는 물품에 대한 홍보와 시각적인 구매력 증진 효과를 위하여 다양한 디스플레이가 설치되는 영역이다. 전면 쇼윈도는 개방형으로 디자인하는 경우와 차단형으로 디자인하는 경우가 있다. 개방형의 경우 매장의 내부가 들여다보이도록 디스플레이하는 것이고, 차단형은 내부의 매장이 보이지 않도록 쇼윈도 배면에 파티션 등을 두어 디스플레이하는 경우이다.

전면 파사드 부분에 설치되는 쇼윈도는 다양하게 디자인할 수 있는데, 주로 주 출입구에서 매장으로 진입하는 어프로치 방법과 매장의 분위기, 성격 등에 따라 다음 그림의 초록색 부분과 같이 형태와 디자인 유형이 다양하게 나타난다.

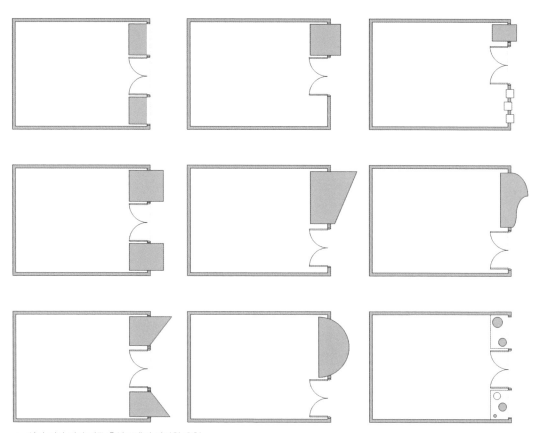

▲ 상점 전면 파사드(주 출입구면)의 다양한 유형

상점의 일반적인 ZONE 구성 ▶

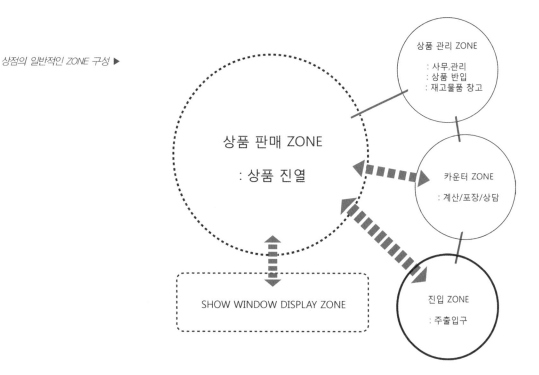

## 상품 판매 ZONE

판매하려는 상품의 진열을 위한 공간이다. 다양한 진열장, 선반, 쇼케이스, 행거 등이 활용된다. 소비자들의 구매력 증진을 위하여 VMD 기법을 활용한 진열 방법이 효과적이다. 소비자가 상품에 시각적으로 쉽게 접근할 수 있도록 상품을 배치해야 한다. 상품을 소비자들에게 시각적으로 홍보하거나 판매를 유도할 수 있는 광고 포스터나 브랜드 로고 등의 그래픽 이미지가 요구되며 물품의 종류별 위치를 명확하게 알려줄 수 있는 물품 안내 사인이 필요하다.

## 카운터 ZONE

물품을 구매한 소비자가 계산을 하기 위한 공간으로 종종 물품의 포장과 물품 구매 상담을 위한 공간까지 겸하는 경우도 있다. 카운터 공간에는 수납 선반이나 물품 계산을 위한 여유공간이 필요하며 홍보나 물품 안내 책자 등을 구비하기도 한다.

## 상품 관리 ZONE

판매하는 물품의 수납이나 관리 등을 위한 소규모 사무실과 창고 등을 두는 경우가 많다. 물품을 구매하기 위하여 방문한 소비자의 동선과 관리자의 동선에 혼잡이 생기지 않도록 고려한다.

## 주 출입구 진입 ZONE

사람들을 상점 내부로 유도하기 위한 디자인적인 포인트가 필요하다. 예를 들어 상점의 sign design이나 상점 진입 부분의 Show Window Display Zone을 독창적으로 디자인한다면 사람들이 흥미를 가지게 되고 상점에 한 번 방문해보고 싶은 충동이 생길 것이다.


## SHOP 공간 연출을 위한 7가지 DISPLAY 유형

상점의 상품 연출과 공간 디자인에 대한 접근성을 높이기 위해서는 다양한 진열 방법과 집기에 대한 스터디가 매우 중요하다. 상점공간 디자인에 있어서는 상품의 종류에 따라 다양한 상품 진열 방법을 활용하는 것이 좋다. 반복적인 진열 방법으로 지루한 상점계획보다는 다양성 있고 상품의 가치를 높일 수 있는 진열 방식이 활용된 상점이 보다 성공적인 상점공간 계획의 열쇠가 된다.
상점공간의 다양한 연출과 상품 진열에 일반적으로 가장 많이 활용되는 7가지 방법들을 살펴보자.

# STAGE(바닥진열대) : 바닥 부분을 직접 활용하거나 간단한 진열대를 활용한 디스플레이 사례

바닥진열대는 바닥의 단차나 진열대 등을 활용하여 상품을 디스플레이하는 방법으로 그림에서와 같이 다양한 상품의 연출이 가능하다. 상품 진열 면적을 위한 바닥공간에 어느 정도의 여유공간이 필요하다.
일반적으로 공간의 중앙부에 아일랜드 방식으로 전시를 진열하거나 상점 전면 파사드의 쇼윈도 구성에 많이 사용되는 진열 방법이다.

## SHOW CASE(상품전시대) : 유리 케이스가 있는 독립된 상품 진열대 방식

상품을 보호하기 위한 글라스나 아크릴 등으로 제작된 케이스를 통하여 진열하는 방법으로 상품을 1면에서부터 3면이나 4면에 이르기까지 다양하게 상품을 보여줄 수 있다.
고가의 상품이나 파손되기 쉬운 상품을 진열하는 방법으로 많이 사용된다.

SHELVES(선반진열대) : 벽면과 선반을 활용한 상품 진열 방법

HANGER(행거) : 옷걸이 등을 활용하여 의류 등의 상품을 진열하는 방법

DISPLAY TABLE(상품진열대) : 테이블이나 진열대 등의 가구를 활용하여 상품을 진열하는 방법

## MESH WALL

## WIRE HANGER STAGE : 진열 선반이 공중에 떠 있는 듯한 연출이 가능한 진열 방법

## GOLD LINE & GOLD SPACE

골드라인은 고객의 눈높이를 기준으로 하여 아래로 10°에서 40°의 시각 범위를 말한다. 매장계획에서 고객이 진열장을 바라보면서 가장 편하게 인지되는 시각 범위를 골드 라인(고객의 눈높이를 기준으로 하여 아래로 10°에서 40° 시각 범위 : 가장 편하게 상품을 볼 수 있는 높이)이라고 하며, 이 범위에 가장 중요한 물품이나 신상품 등을 진열하는 것이 효과적인 디스플레이 방법이다.

골드 스페이스 개념은 시선이 편하게 머물고 상품을 손으로 잡기 가장 편한 상품 진열의 높이를 말하는 용어인데 일반적으로 850㎜에서 1250㎜의 높이를 말한다.

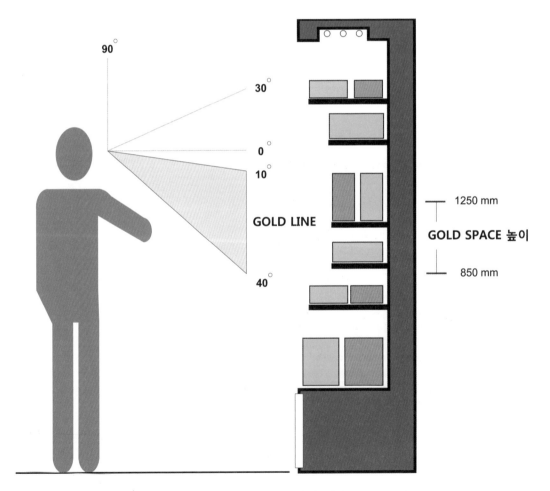

**GOLD LINE : 가장 편하게 상품을 바라볼 수 있는 시선의 범위**

**GOLD SPACE 높이 : 시선이 편하게 머물고 손으로 상품을 잡기에 가장 편한 상품 진열 높이**

## 상품 진열의 우선순위

아래의 그림은 상점에서 물품 구매자의 손이 닿기 쉬운 범위를 설명하는 것이다. 사람의 키높이에 따라서 차이는 있지만 일반적으로는 그림에서와 같이 손이 가장 닿기 편안한 높이는 1600mm에서 700mm 정도의 높이이기 때문에 그 위치에 가장 상품의 가치가 높은 기획 상품이나 고가의 상품, 신상품 등을 진열하는 것이 물품 구매자들에게 상품에 대한 접근성을 높일 수 있다.

진열대 상단의 1800mm에서 1600mm 높이 범위와 하단 700mm에서 400mm 높이 범위는 손이 닿기 불편하지는 않지만 가장 편안하게 상품에 접근할 수 있는 높이는 아니기 때문에 일반 상품을 진열하는 것이 좋다.

진열대 높이가 1800mm 이상의 최상단이나 진열대 하단의 수납장 부분에는 재고 물품이나 보충 상품을 진열하는 것이 좋겠다.

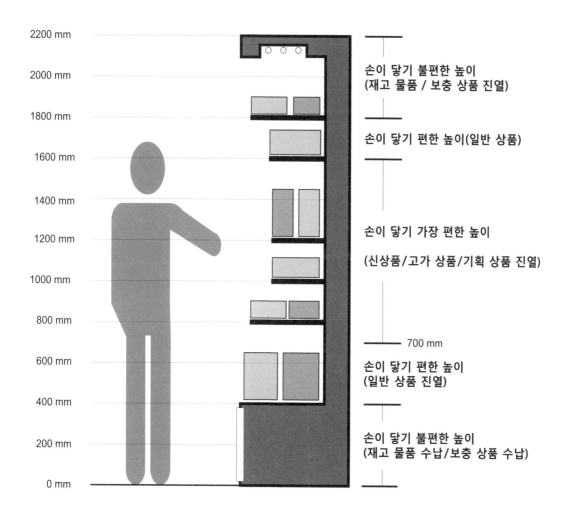

## SHOP DIMENSION

매장계획에 있어서 판매 영역과 상품 구매 영역, 복도폭, 상품진열대의 높이 등에 대한 기본적인 치수 개념을 아는 것은 중요하다. 기본적인 치수를 알지 못하면 평면도나 입면도 도면을 작성할 때 정확하게 도면을 그릴 수 없다.

판매 영역과 판매 영역 사이의 복도공간의 폭은 구매를 위하여 판매대 앞에서 물건을 고르고 상품에 대하여 직원들에게 문의를 하기 위해 잠시 멈추어 서 있는 상품 구매자나 대기자들의 구매 영역을 고려해야 한다. 이를 고려하지 않으면 다른 사람들의 이동을 방해하게 되기 때문에 이에 대한 충분한 복도폭을 설계에 반영하는 것이 좋다. 아래 그림은 구매 영역과 매장 복도의 일반적인 치수 범위이다.

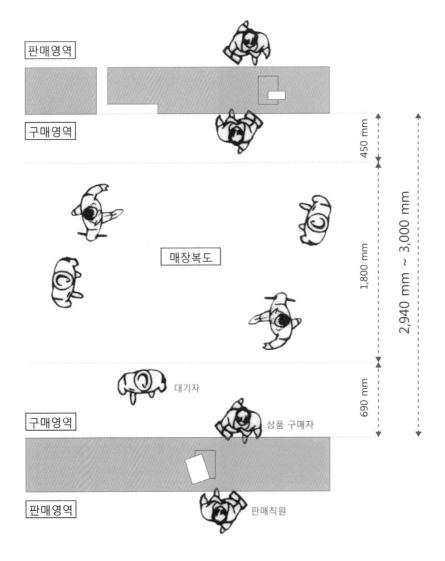

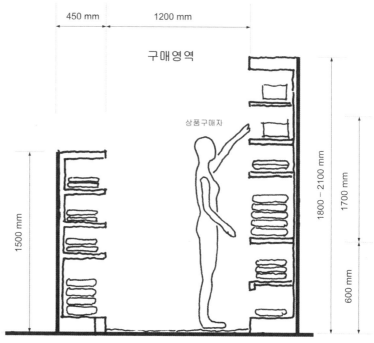

1950 mm

600 mm    450 mm    900 mm

판매영역          구매영역

상품구매자

판매직원

860 - 900 mm

1800 - 2100 mm

매장 기본 치수 ▶

450 mm        1200 mm

구매영역

상품구매자

1500 mm

1800 - 2100 mm

1700 mm

600 mm

의류매장 기본 치수 ▶

상점의 물품 진열 선반이나 물품 판매 진열장의 치수는 상품을 구매하고 구경
하는 사람들을 고려해야 하므로 너무 높게 설치된다거나 너무 낮게 설치되는 경
우 불편함을 초래하게 된다. 또한 고객이 가장 선호하는 상품이나 가장 잘 팔리
는 상품은 사람의 손이 잘 닿는 높이에 배치하는 것이 좋다.

# PROJECT WORK PROCESS

## 판매 상품 아이템 선정 + BRAND IDENTITY 조사

전문 매장 설계에 있어서 가장 먼저 고민해야 하는 것은 무엇을 판매할 것인가에 대한 문제이다. 이를 결정하기 위해서는 다양한 측면에서의 고려가 필요하지만, 우선적으로 내가 어떤 물품에 관심이 있는지, 평소에 관심 있게 구매하거나 평소에 친숙한 브랜드의 물품을 고려해 보는 것도 방법이다. 평소에 내가 관심 있는 상품이 없다면 현재나 미래에 트렌드가 될 만한 상품을 선정해 보는 것도 좋다. 판매 상품의 아이템 결정은 구체적인 것이 좋다. 소규모 매장을 계획하는 데 있어서 판매하려는 상품의 종류가 너무 많거나 다양하면 오히려 매장공간 디스플레이 디자인에 있어서 스스로 어려움에 직면하게 되는 원인이 된다. 따라서 판매물품을 선정할 때에는 매우 특화된 몇 가지 아이템을 판매하는 전문 매장의 성격으로 유도하는 것이 좋겠다.

아래의 그림에서와 같이 판매 물품의 선정 이유를 정리해 보고 판매 상품의 다양한 상품군을 정리해 나가면 어느 정도 매장의 성격과 매장의 아이템 결정에 대한 디자인 방향을 결정할 수 있다.

◀ 향초 전문 매장 디자인을 위한 상품 선정의 배경과 상품군을 정리한 PPT 사례

소규모 매장의 상품을 결정하였다면 매장의 구체적인 아이템 선정이 요구된다. 아이템 선정 작업은 전문 매장에 대한 특성과 성격을 부여하여 매장에서 판매하는 물품을 소비자들에게 다른 매장과의 차별화를 위한 요소가 된다.

특정 브랜드의 상품을 판매 물품으로 결정하였다면 브랜드의 가치나 역사, 브랜드의 특성, 상품의 특성 등을 상점의 특화 아이템으로 선정하는 것도 좋은 방법이다.

특정 브랜드를 가지고 있지 않은 상품을 판매 물품으로 결정하였다면 상품의 가치나 특별한 장점과 우수성, 친환경, 에너지 절약, 사용의 편리성, 상품 디자인에 대한 미적인 장점, 장인정신 등을 매장의 특화된 아이템으로 선정할 수 있다.

*YANKEE CANDLE이라는 향초 전문 매장의 아이템으로 명품 브랜드의 가치, 역사, 향초의 기능을 설정한 사례 ▶*

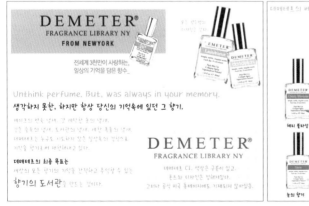

▲ *DEMETER 향수 전문 매장의 브랜드와 상품에 대한 조사 및 PPT 정리 사례*

## SELECTING SITE & ANALYSING SITE

판매 상품을 결정하였다면 그 다음 과정은 리모델링 대상 공간을 선정하는 것이다. 리모델링 대상 공간을 선정하기 위해서는 다음과 같은 여러 가지 조건을 검토해야 한다.

· 매장의 규모는 적절한가?

계획 요건에서 제시한 수준의 공간 규모이어야 한다.

· 판매 물품에 대한 목표 소비자층이 매장에 방문하기 쉬운 위치인가? 그리고 유동인구는 많은가?

대학가에 위치한 공간에 수천만 원을 호가하는 명품 매장을 생각할 경우 과연 얼마나 많은 소비자가 방문할 것인가를 고민해 본다면 답이 나온다. 오히려 대학문화나 젊은이들의 트렌드에 부합하는 매장을 계획하는 것이 좋겠다.

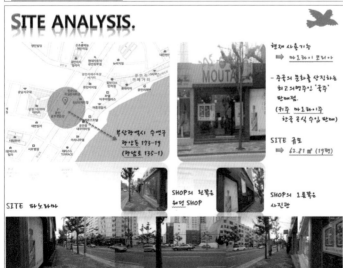

◀ 대상부지에 대한 조사 요약 PPT
대상부지에 대한 조사 요약을 위해서 왼쪽 그림에서와 같이 대상 공간의 위치와 주소, 주변 환경에 대한 사진촬영 자료, 공간 규모, 현재 사용되고 있는 기능 등을 정리해 본다.

- 인근에 판매하려는 상품과 유사한 제품을 판매하는 매장이 있는가?
  주변에 유사제품이나 동일한 제품을 판매하는 매장이 많다면 오히려 시너지 효과를 기대할 수 있다.
- 리모델링하려는 대상 공간의 주변 지역 상권은 무엇인가?
  수많은 음식점이 모여 있는 상가지역이나 먹거리 골목에 자신의 매장만 의류나 문구류 등을 판매한다면 그 매장은 결코 좋은 입지 조건을 갖추고 있다고 말하기는 어렵다.

리모델링 대상 공간을 선정하였다면 그 공간에 대한 현황 조사가 필요하다. 리모델링할 공간을 현장 방문하여 외부와 내부 사진을 촬영하고 층고, 건축 구조, 실측을 통한 매장공간의 치수 등에 대한 파악을 해야 한다.

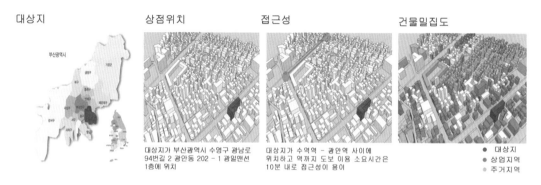

대상지

상점위치
대상지가 부산광역시 수영구 광남로 94번길 2 광안동 202 - 1 광일맨션 1층에 위치

접근성
대상지가 수역역 - 광안역 사이에 위치하고 역까지 도보 이용 소요시간은 10분 내로 접근성이 용이

건물밀집도
● 대상지
● 상업지역
● 주거지역

▲ 리모델링 대상 공간에 대한 SITE ANALYSIS
리모델링 대상 공간에 대한 조사·분석에서는 대상지 위치, 접근성, 인근 상권이나 지역에 대한 파악이 필요하다.

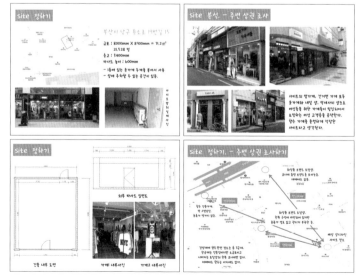

◀ 리모델링 대상 공간에 대한
SITE ANALYSIS 정리 사례

## 국내외 상점 사례 조사·분석

판매 상품과 리모델링 대상공간이 모두 정해지면, 판매 물품과 유사하거나 같은 상품들의 매장공간 사례를 조사하여 디스플레이 기법이나 상품 전시공간의 좋은 아이디어 구상을 위한 방향을 설정한다.

사례 조사는 다양성을 가지고 매장의 상품 전시를 위한 다양한 집기나 가구, 디스플레이 등에 대한 국내외의 좋은 디자인 사례를 검색(참고 서적이나 인터넷 등을 통하여)하고 이를 정리한다.

사례 조사와 분석 내용에 대한 정리는 아래의 그림에서와 같이 도면 자료와 공간의 이미지 사진, 간략한 디자인적 특성을 요약하여 진행하는 것이 좋다.

1. RAIN BOOTS & UMBRELLA SHOP

우산이 펼쳐지는 모습과 빗방울의 도트무늬를 테마로 브랜드의 이미지를 잘 살릴 수 있게 경쾌하고 활기차게 디자인 하였다.

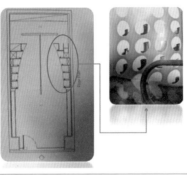

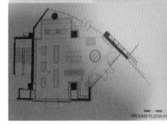

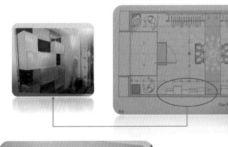

2. Fashion store

역동적으로 배열된 수납장. 백색의 재료들이 실내의 유리와 더불어 조명에 의해 빛나고, 미니 멀 하지만 화려한 느낌이 나는 필립 플레인의 패션 디자인과 조화를 이룬다.

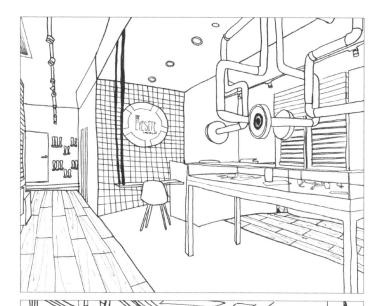

store for Francfranc.

과 기둥에 진열하였다

4. Flagship store

▲ 상점공간에 대한 스케치 스터디 사례

◀ 사례 조사·분석 내용 정리

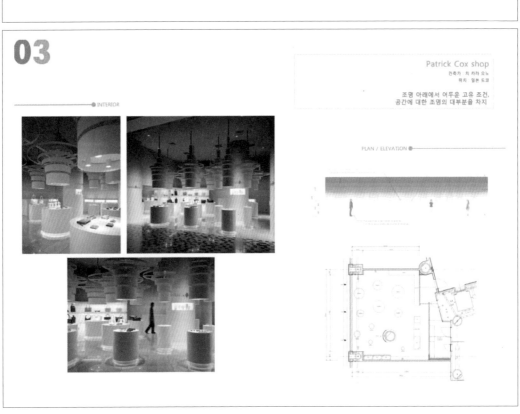

▲ 다양한 매장공간에 대한 해외 사례 조사·분석의 정리 사례

국내외 상점에 대한 사례 조사를 할 때 공간의 사진 이미지를 보면서 그 공간을 그대로 한 번 스케치로 그려 보는 작업은 공간을 이해하는 데 크게 도움이 된다.

다른 유명 디자이너의 공간을 자신만의 스케치로 따라 그려 보는 과정은 공간에 대한 이해도를 높일 수 있고 더불어 상점 디스플레이에 대한 접근성을 높일 수 있는 좋은 스터디 방법이다.

▲ 상점공간에 대한 스케치 스터디 사례

## 주제 선정 + 공간 개념 설정

실내건축공간 디자인에서 주제와 공간 개념의 설정은 매우 중요한 과정이다. 특히 숍 디자인의 경우, 매장공간의 이미지와 분위기, 컬러 등에 대한 시각적 표현이 중요한 공간 요소로 작용하기 때문에 매장공간의 성격을 규정 지을 주제의 선정이 매장공간 디자인 개념과 더불어 큰 의미를 갖는다.

주제는 공간의 전체적인 이미지와 공간에 대한 핵심 키워드로 구성된다. 주제를 정리할 때에는 아래의 그림에서와 같이 주제를 설명하기 위한 이미지 사진과 주요 키워드, 주제의 의미를 설명하기 위한 요약된 TEXT를 통하여 표현한다.

실내건축공간의 주제는 향후 디자인을 전개하기 위한 개념과 디자인 과정을 모두 수용할 수 있어야 하며 또한 최종적으로 디자인된 공간의 형태와 이미지 등에 명확하게 주제와 개념이 드러나도록 해야 한다.

아래의 이미지는 향초 매장을 디자인하기 위하여 RECOVER라는 주제어를 제시하고, 자연과 향과 공간을 통하여 몸과 마음을 회복하다라는 주제에 대한 내용을 정리한 것이다.

주제를 선정하기 위해서는 판매하려는 상품에 대한 조사와 그 상품을 담게 될 공간의 이미지와 형태, 감성 등에 대한 조사와 분석이 필요하다.

상점공간의 주제로 과연 어떤 주제어가 유효하며, 주제를 공간적으로 어떻게 표현할 것인가에 대한 개념과 아이디어의 전개에 따라 공간 전체에 대한 표현 방법과 디자인의 방향성은 달라지게 된다.

# 음악 감성의 시각화.

Surround by Music. 음악에 둘러 쌓이다.

음악이라는 추상적인 예술을 통하여 표출되는
인간내면의 감정의 감성을 공간에 표현하여,
음악을 눈으로 즐길 수 있는 공간을 만든다.

### KEYWORD

공간
Space

음악
Music

사람
Human

1 흥겨운 시간 Time-sensitive
음계의 밀도. 시간의 흐름에 따른 동선 유도.

2 활기찬 선율 Melody
선율의 반복성, 연속성, 동시성을 표현하여,
사용자의 동선을 자유롭게 한다.

3 경쾌한 리듬 Rythem
공간에 원을 반복적으로 나타내어,
시선을 자유롭게 이동시켜 리듬감을 나타낸다.

4 선명한 음색 Timbre
음악에서의 색채.

▲ 헤드셋 전문 매장 공간에 대한 주제의 전개

주제는 음악 감성의 시각화로 정하였고 이에 대한 내용을 주제어에 대한 설명, 사례 이미지 사
진, 개념 키워드(흥겨운 시간, 활기찬 선율, 경쾌한 리듬. 선명한 음색), 공간과 사람과 음악이라
는 주제의 배경에 대한 다이어그램 등을 통하여 정리하고 있다.

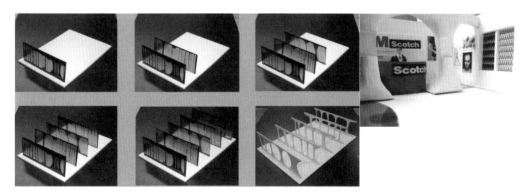

▲ 3M Scotch 사무용품 전문 매장공간에 대한 형태적 접근과 디자인의 전개

매장공간에 대한 주요한 개념은 접착력이다. 3M 접착제가 만들어내는 끈적끈적한 이미지를 형
상화하여 전체 공간의 주요한 형태 디자인 요소로 활용하였다. 다양한 실험을 통하여 접착제의
끈적끈적한 이미지를 사진으로 촬영하고 이를 하나의 벽면으로 만들어보았다. 이를 벽면의 연
속된 형태로 모형으로 제작하여 전체 공간의 형태를 결정해 나가는 과정을 표현한 사례이다.
오른쪽 사진은 최종 결과물에 대한 모형 사진이며 왼쪽은 공간의 형태 디자인을 위한 스터디
과정을 촬영하여 정리한 사진이다.

## 1.빛이 내리다

## 2.빛이 반사하다

◀ 안경 판매 상점에 대한 공간 디자인 개념과 공간 이미지를 표현한 사례

빛을 주요한 공간 개념으로 설정하고 이를 통하여 공간에 빛이 내리고 반사하고 투과되어 다양한 빛의 색을 나타내는 과정과 개념을 공간으로 표현한 사례이다.

간단한 다이어그램 스케치를 통하여 빛이 내리고 반사되는 이미지를 설명하고 이를 통하여 표현된 공간 이미지를 모형으로 제작하여 전체 공간의 이미지를 표현한 학생 작품 사례이다.

# 공간 및 매장 디스플레이에 대한 아이디어 스케치

공간에 대한 개념이 어느 정도 정리되면 내가 생각한 공간 개념에 따라 매장공간 구성과 매장 디스플레이에 대한 아이디어를 구상한다.

아이디어 스케치는 특별한 규칙이나 방법이 있는 것이 아니다. 자신의 생각을 간단한 투시도 스케치나 부분적인 매장공간 연출의 아이디어 스케치, 가구나 매장 디스플레이 집기 등에 대한 스케치, 평면이나 입면 스케치, 컴퓨터 프로그램에 의한 간단한 모델링 등 다양한 수단을 통하여 표현하면 된다.

중요한 것인 아이디어 구상 단계에서 표현하는 다양한 프리핸드 스케치나 도면이 결국 최종적인 공간 구상의 결과물의 완성도를 높여줄 뿐만 아니라, 개념에 대한 공간적 구체화의 과정에 대한 하나의 표현 수단이 되는 것이다.

아이디어 스케치는 계획하려고 하는 매장공간의 전체 공간이나 부분적인 공간에 대한 개념을 구체화하고 이를 통하여 개념 있는 설계를 진행하게 해주는 과정이다.

학생들은 자신이 스케치 실력이 없다거나 잘 못 그린다는 이유로 아이디어 스케치 과정을 힘들어 하는 경우가 많은데, 아이디어 스케치라는 것은 멋진 스케치를 통하여 다른 사람들에게 자신의 공간을 설명하면 가장 좋겠지만, 그렇지 못하더라도 자신의 공간에 대한 생각과 다양한 아이디어를 시각적으로 표현만 할 수 있다면 충분하다. 자신이 할 수 있는 모든 수단과 방법을 동원하여 자신의 아이디어를 간단한 스케치나 컴퓨터를 활용하여 시각적으로 표현하는 습관은 우리들에게 매우 중요하다.

## KEYWORD 1
감성 음악의 시각화

### 흥겨운 시간 음계의 밀도, 비례 되거나 비대칭적이다.
패턴 사이사이로 들어오는 빛과 그림자의 변화에 따라 공간의 분위기가 다양성을 가지게 된다.
패턴의 변화에 따라 밀도와 시간성을 느끼게 되며, 빛으로 시각을 자극하여, 진입할 수록 SHOP의 분위기에 집중 할 수 있도록 유도한다.

## ▋IDEA SKETCH

SHOWCASE

SHOWCASE

LOGO

상품 설명

SHOP 안으로 들어갈 수록 DP 때문에 공간이 어두워짐.
패턴의 변화로 인해 다양한 그림자가 생김.

유리의 투명성과 패턴을 통하여
외부에서 내부를 바라 볼 때 호기심을 유발한다.

## KEYWORD 2
감성 음악의 시각화

활기찬 선율 반복, 연속, 동시성.
선율의 반복,연속,동시성을 표현하여
전체적인 공간의 흐름을 잡아준다.

**IDEA SKETCH** HEADPHONE 체험ZONE

**시간 변화에 따른 감정의 변화 곡선**
(선율의 반복과 변화)

사용자의 동선에 제약을 주지않고,
자유롭게 헤드폰 체험이 가능하다.

## KEYWORD 3
감성 음악의 시각화

경쾌한 리듬 질서 있는 변화와 반복,통일,규칙
직선적인 공간에 원을 반복적으로 나타내어,
시선을 이동시켜 경쾌한 리듬감을 나타낸다.

**IDEA SKETCH**

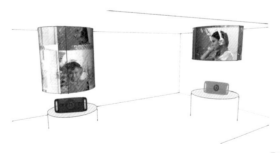

공간에 원을 반복적으로 나타냄으로써
시선을 자유롭게 이동시켜 공간에 리듬감을 부여하고,

DP요소에 경쾌한 DR.DRE A.d 등 다양한 미디어를
보여주어 더 경쾌한 공간을 표현한다.

▲ 헤드셋과 스피커 판매 전문 매장의 공간
   구상을 위한 개념과 아이디어 스케치를 정
   리한 사례

공간 디자인에 대한 아이디어 스케치 작업은 공간 주제와 개념에 부합하는 디자인을 시각적으로 표현해 나가는 과정이다. 공간에 대한 다양한 상상력과 디자인에 대한 접근성을 가지고 자신이 생각하고 있는 주제와 개념을 시각적으로 표현해내는 작업이라고 하겠다.

아이디어 스케치는 자신의 공간 주제와 개념을 시각적으로 표현하여 공간의 기능과 형태, 컬러, 패턴, 조형 등의 실내건축 언어로 정리하는 것이다.

종종 학생들은 자신이 스케치를 잘 하지 못한다는 이유만으로 아이디어를 표현하는 것을 두려워하는데, 실제로 아이디어 스케치 작업이라는 것은 공간에 대한 자신의 생각을 정리하여 시각적으로 표현하는 것이지 그림 대회나 스케치 잘 그리기 대회가 아니라는 점을 잊지 말아야 한다. 잘 그리지 못하더라도 공간에 대한 생각을 다른 사람들에게 설명하고 그것을 이해시킬 수 있는 정도의 수준이라면 충분하다. 생각을 표현해 보는 것에 중점을 두어 다양한 수단을 통하여 아이디어를 정리해 보자.

아래의 그림은 향초를 판매하는 상점에 대한 아이디어를 정리한 것이다. 자신이 생각하고 있는 공간의 이미지와 유사한 사례 공간의 사진, 부분적인 실내건축 요소의 사례 사진, 공간에 대한 스케치, 공간에 대한 설명 TEXT 등을 통하여 자신의 공간 주제와 개념을 정리하여 표현하고 있다.

아이디어 스케치를 통하여 자신의 디자인을 표현하는 방법은 매우 다양하다. 간단한 스케치와 컬러링을 통하여 실내공간의 전체 이미지를 표현해 볼 수도 있고, 부분적인 실내건축 요소를 그려볼 수도 있다. SKETCH-UP이나 3D-MAX라는 컴퓨터 프로그램을 통한 간단한 모델링을 하여 공간의 개념과 이미지를 표현해 볼 수도 있다. 자신이 잘하는 방법을 동원하여 자유롭게 아이디어를 표현해 보자.

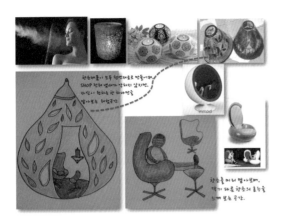

▲ 향초 판매 전문 매장의 공간 구상을
위한 다양한 아이디어 스케치를 정리
한 사례

◀ ENVIROSAX 판매 매장 설계를 위한 판
매공간 아이디어 스케치와 SKETCH-
UP PROGRAM을 활용하여 작성된 아이
소매트릭, 부분 실내 투시도 표현 사례

투시도 스케치는 마커를 이용한 컬러링을 하
여 보다 현실감 있고 공간의 감성적 이미지
를 잘 표현하고 있으며, SKETCH-UP으로 작
업한 전체 매장의 아이소매트릭은 가벽으로
매장을 분할하여 공간을 이분화한 구조를 잘
보여주고 있다.

▲ 한글을 디자인의 주요한 개념으로 사용한 매장공간
　아이디어 스케치 사례

벽면에 사용된 한글의 자음과 모음의 불규칙적인 배열과 선
반에 사용된 디자인, 한글의 다양한 형태를 매장의 연출 아
이디어로 표현한 스케치 사례이다.

▲ 아이디어 스케치는 공간에 대한 개념을 시각화시키고
　이를 통하여 공간 구성과 연출에 대한 계획을 구체화
　해 나가는 과정으로 이해하면 된다. 간단한 펜 스케치
　와 컬러링을 통하여 자신의 아이디어를 표현해 보자.

▲ 매장 연출 스케치
청바지 매장을 위한 아이디어 스케치 사례로 판매 물품에 대한 연출 개념과 공간 구성을 간략
한 스케치로 표현하고 있다.

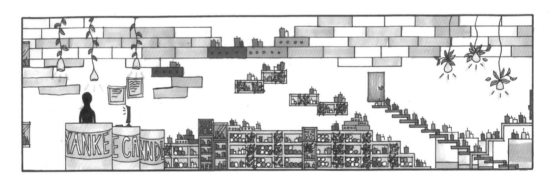

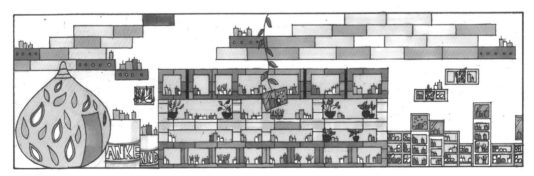

▲ 입면 디자인에 대한 아이디어 스케치
브랜드 로고, 판매 상품, 조명, 오브제, 벽면 패턴, 재료 등을 모두 표현

## 스터디 모형

▲ 스터디 모형 제작

공간에 대한 대략적인 디자인이 아이디어 스케치나 평면 스케치, 입면 스케치 등을 통하여 구체화되면 이를 스터디 모형을 통하여 3차원적인 공간감에 대한 검토 과정을 거치게 된다.

스터디 모형을 통해서는 공간 조형과 디자인에 대한 3차원적인 검토가 가능하다. 스터디 모형 제작의 과정이라는 것은 평면 스케치나 입면 스케치를 통하여 알지 못하였던 공간의 오류나 디자인에 대한 수정 작업이 필요한 부분을 검토하고 이를 최종 도면 작업에서 반영하기 위한 스터디의 과정이라 하겠다.

스터디 모형 작업은 우드락을 활용하여 제작 가능하며, 평면과 입면도 스케치에서 나타난 벽면, 바닥, 천장, 실내건축 조형 요소, 가구, 패턴 등을 표현해 보고 이와 함께 마커나 색지 등을 활용하여 공간의 컬러를 표현하여 전체적인 실내건축 디자인에 대한 전반적인 검토 작업을 수행한다.

스터디 모형 제작을 통하여 검토된 부분을 평면과 입면 등에 반영하고 이를 중심으로 최종 디자인을 확정해 나간다.

디자인이 확정되고 도면 작업을 수행하게 되면 최종 프레젠테이션을 위한 모형 작업을 수행하게 되는데 이때에는 스터디 모형에서보다는 보다 정교하고 재료나 패턴, 가구 등을 상세하게 표현한다.

왼쪽 사진은 스터디 모형, 아래 사진은 최종 모형인데, 최종 모형에서는 스터디 모형과 비교하여 보다 디테일한 실내건축 요소의 표현을 볼 수 있다. 스터디 모형의 과정을 통해서 최종 공간에 대한 보다 면밀한 검토가 가능한 것이다.

▲ 최종 모형 제작

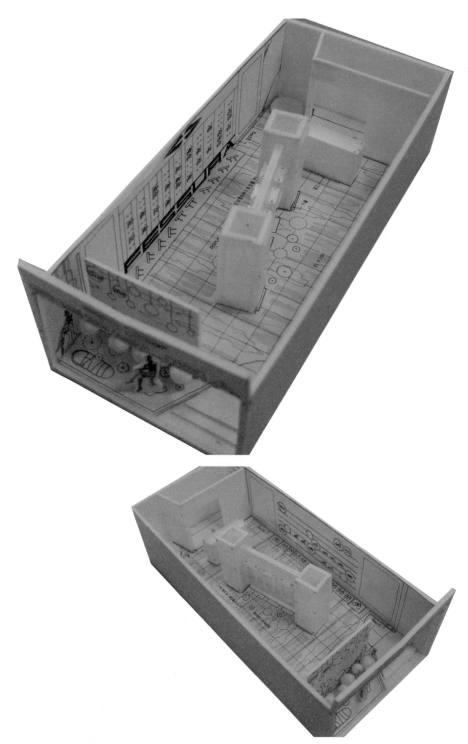

▲ *스터디 모형 제작에 의한 실내건축공간의 표현*

벽면과 공간 디자인 요소, 쇼윈도 등을 모형으로 제작하고 간단한 컬러링을 통하여 공간감을 표현하고 있다.
벽면의 일부분은 도면 스케치를 스케일에 맞도록 잘라 붙여 공간에 대한 이미지를 표현하고 있다.
바닥 부분은 스케치한 평면도를 복사하여 우드락에 붙여 공간의 배치와 기능을 알기 쉽게 제작하였다.
전체적인 공간감과 컬러, 상점의 디스플레이 연출 등을 중심으로 스터디 모형을 제작하도록 한다.

# 공간계획(평면 + 입면 / 동선, GRAPHIC IMAGE)

스터디 모형 작업까지 완성되면 최종적인 공간 디자인을 확정하고 이를 중심으로 캐드나 포토샵 등의 컴퓨터 프로그램을 통하여 평면, 입면, 천장도 등의 기본 도면 작성 작업을 수행하게 된다.

일반적으로 프레젠테이션 패널 작업에서는 도면에 간단한 컬러링을 하여 도면을 보다 부각되어 보이도록 한다. 도면은 최대한 도면 기호를 명확하게 표현하고, 실명이나 마감재료, 가구나 집기, 바닥 레벨, 실링 높이, 바닥 패턴, 상부 라인 등을 최대한 상세하게 표현하는 것이 매우 중요하다.

▼ *3M 문구류 판매 상점 디자인의 평면 표현 사례*

▼▼ *평면 표현 사례(평면은 디자이너의 개성과 스타일에 따라 다양하게 표현된다)*

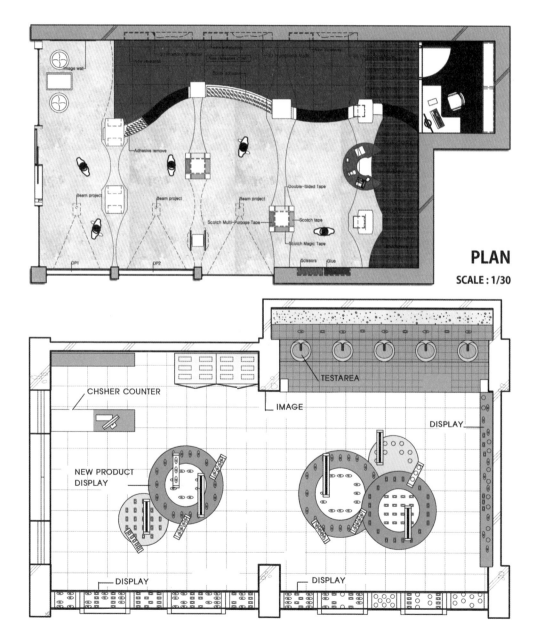

interior design process 2. RETAIL SHOP & ROAD SHOP **125**

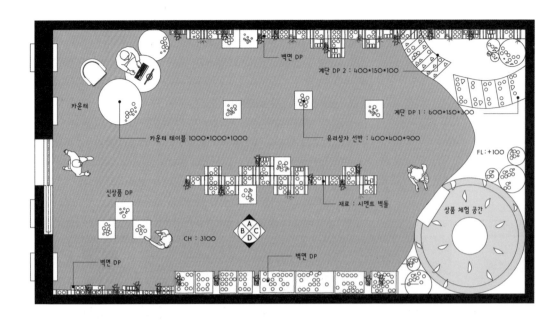

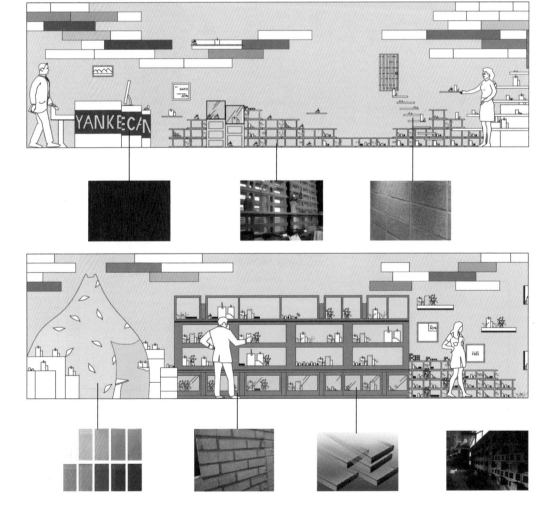

自전거 판매 매장 디자인의
평면 표현 사례 ▶

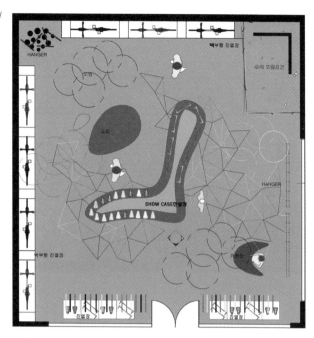

**PLAN** 1/30

라이터 판매 매장 디자인의
평면 표현 사례 ▶

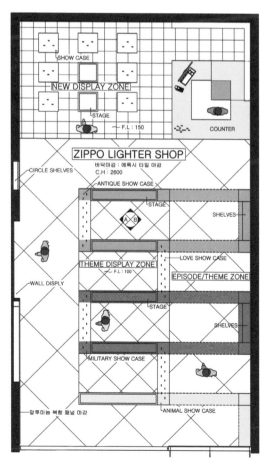

◀ 향초 판매 전문 상점 디자인의 평면 및
입면 계획

캐드로 도면을 작성하고 포토샵으로 간단하게
컬러링을 하였다. 입면도에는 사례 이미지나 마
감재료의 이미지를 함께 구성하여 공간계획의
완성도를 높였다.

노출 콘크리트 위 텍스처페인트 마감　조명박스　상부 수납장

바닥 투명 에펙트 마감　걸레받이　카운터

조명박스　노출 콘크리트 위 텍스처페인트 마감

바닥 투명 에펙트 마감

▲ 여성 구두 전문 매장 디자인의 입면 표현 사례

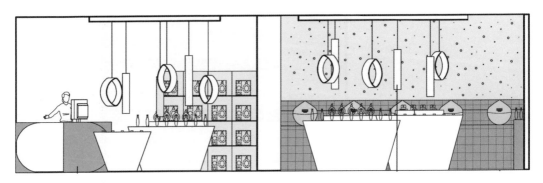

▲ 입면 표현 사례

입면도에서는 컬러와 패턴, 마감재료, 상품의 이미지, 진열 집기, 가구 등이 표현되도록 한다.

## COLOR & MATERIAL PLAN

실내건축공간에서 색채와 컬러의 개념 설정은 공간의 감성과 이미지 전달을 위하여 매우 중요한 작업이다.

공간에서의 컬러 개념을 결정하고 이를 표현하기 위하여 공간의 사례 이미지, 특정 컬러 사용에 대한 이유, 디자인하려는 공간의 감성과 분위기 등을 정리해 나가는 것이 좋다.

실내건축에서의 컬러 개념은 우선적으로 공간의 감성 키워드나 분위기를 키워드로 정의해 보고 이를 색으로 표현하여 공간의 이미지를 만들어나가는 것이 좋다. 공간의 컬러 개념이 결정되었다면 기본적으로 주조색, 보조색, 강조색으로 어떤 컬러를 사용할 것인지를 결정하고, 선택한 컬러들이 공간 감성과 이미지를 만들어낼 수 있도록 디자인에 반영해 나간다.

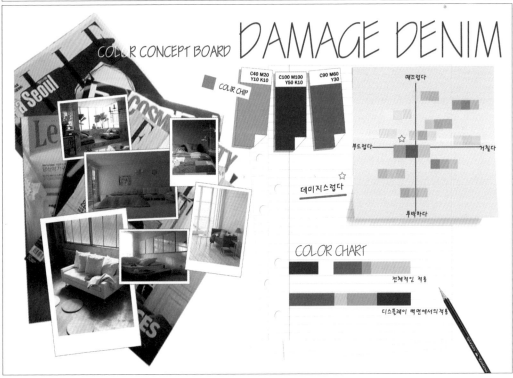

▲ 컬러 칩, 공간 이미지 사례, 배색 면적표,
이미지 컬러 등을 통하여 공간 디자인의
컬러 개념을 표현한 사례

# DESIGN PRESENTATION

SD-01. 누디진 전문 매장 _ 고은정 작품

## Background

상점 물품 : 힙합 빈티지 - 누디진(Nudie Jean)

힙합은 자유로우며 역동적이고 락이즈 스타일을 통합. 빈티지 의류는 낡은 듯한 느낌을 주기 위해 일부러 구김, 찢거나 워싱함. 단조로운 옷 같는 방식에 싫증을 느끼던 젊은 층 들이 자신의 개성을 살리기 위해 입음. (시대적 느낌표현)

누디진 '란 '애님에 대한 있는 그대로' 뜻 디자이너 nudie Cohen의 이름에서 따왔다. 누디의 매력은 자신함이 만드는 워싱이 3개월 동안 바지를 세탁하지 않으면 생활습관에 맞춰 물이 빠져 일부러 워싱을 내기 때문에 빈티지스러움을 연출

'이 유는 20대 대학생들은 나만의 개성, 스타일을 원하기 때문'이고 두번째 현재 경성대 거리에는 청바지만을 자는 매장 없을 뿐만 아니라 대부분 나이키 등 컬러 샵인 브랜드 매장'이다.

### Site

Full # 25 편의점
주소: 남구 대연동 58-1
위치 : 청교조 베어샵 앞
규모: 50.4405 ㎡ 15.2581평

## Concept

20대의 자유분방함이 스며들다

내가 생각하는 20대의 자유분방함'란 육적 의식'이 없이 자유롭게 행동, 청렬'이 되지 않음을 표현. 활동적으로 움직'이고 있는 선'이라 생각한다. '이유는 누디진은 입'이 입을수록 생활 할 수록 워싱'이 갑'이 생기며 자신의 삶의 방식과 생활패턴'이 서서히 자연스럽게 스며든다 누디진을 20대 대학생들에게 개성을 줄 수 있다.

Key word : 선, 움직임, 자유분방함, 스며들다

대학생들의 자유분방함을 선적인 요소로 표현 면, 형태 두도 규칙하면서 강합'이 있는 것과 반면에 선은 가볍고 활동적'이기 때문에 사선, 곡선을 선택하게 되었다.
지그재그와 선식 패턴 형태를 제시한다.
청바지의 구김 패턴을 조사가 벽 공통된 형태를 내부공간에 표현
스며 든다의 의미는 생각, 느낌, 생활'이 어디로 스며들다 '이다
20대 대학생의 생각, 생활'이 자유롭기 때문에 방향성 1, 2 그리고 상품을 벽, 천장 바닥 등에 스며들게 할 것'이다.

컬러를 제시한다
대부분의 청바지 컬러는 5PB 2.5/4. 자유분방한 활동성인 비비드 옐로우(5Y 8/12) (5Y 9/9)를 액센트로 쓰고 나머지 배경은 white 톤을, 차가운 청바지를 감추단을수 있도록 우드를 재료로 쓴다.

### Concept process1

누디진을 입는 사람의 걷는 모습을 형태요소로 사용

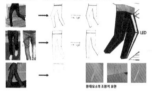

대학생들의 분방함을 표현하기위해 누디진의 구김의 지그재그 형태를 제시한다

### Concept process2

### Diagram

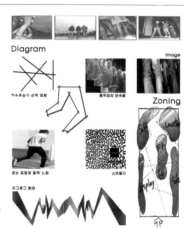

Image

자유로움의 선적 표현 / 움직임의 연속됨

Zoning

걷는 표정과 움직 느낌 / 스며들다

지그재그 형태

---

# FREE ACT (20대 남성를 위한 누디진매장)

SALE    COUNTER    Mirror    UP. DOWN    GLASS    FITTING    CH 2700    Iron    INFORMATION    Stainless    DISPLAY    SHOW WINDOW

RETAIL SHOP PLAN s:1/30    D-ELEVATION s:1/30

CEILING LIGHT - 3
PENDANT - 9
DOWN LIGHT - 10
SPOT LIGHT - 6

CILING PLAN s:1/50

### Concept process3

공간, 선, 컬러가 스며들다
Display : 공간'이 스며들다

Sale : 선, 컬러가 스며든 선식 컬러를 같은 톤으로 스며들도록 자연스러움

### Concept process4

color present

background color - White, zigzag color - wood color
process1 object color - bright yellow 5Y 9/9, process2
color - very pale yellow red 5YR 9/2, the rest - blue

### Concept process5

Facade design
내부 행거 선과 외부면을 이어서 디자인

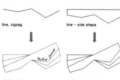

line, zigzag    line - side shape

signboard    angle - 12 degrees

BEFORE FACADE    FACADE s:1/50

---

WOOD STICK    STAINLESS

B-ELEVATION s:1/50

WOOD STICK IRON    FRP·설·유·강화유리

C-ELEVATION s:1/50    A-ELEVATION s:1/50

Retail shop 3D - B

Retail shop 3D - D

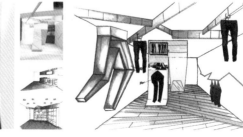

interior design process 2. RETAIL SHOP & ROAD SHOP   131

# Concept
## 기타의 연주기법 [기타학의 고교를 위해 필요한 연주 기법]

# Mission

**Mission 1. 기타의 코드**
기타 연주를 위한 다양한 코드와 그 코드를 잡는 손의 형태를 공간에 나타낸다.

기타의 코드를 잡을때의 손가락 모양이나
줄의 위치를 그려넣어 진열장이나 바닥의
패턴, 쇼케이스 등을 표현하였다.

**Mission 2. 기타의 스윙기법**
스윙을 할때의 가장 기본적인 기법들을 이용하여 디자인에 적용한다.
(스윙기법 : Three Fingers Arpeggio, Four Fingers Arpeggio, Stroking Execution)

-Process

기타의 코드를 잡을 때에 사용하는 손가락과 사용하지 않는 손가락을 이용하여 사용하는 손가락은 보이는 파티션으로,
사용하지 않는 손가락은 보이지 않는 파티션으로 처리했다.

**Mission 3. 피크의 화려함**
기타 피크의 여러가지 특징과 화려한 컬러를 이용하여 다양한 색상을 보여준다.

-Process

**Site**

부산시 남구 대연동 OZ 경성대 점
72.6㎡ (20 평)
대학생들의 보다 나은 취미 생활을 위하여 그 일부분인
음악에 관련된 상점을 디자인 하기로 했다.
사람이 많이 다니지 않고 소음이 적은 상점들이 있는 것
을 감안하여 파사드 전면 개방을 통해 보다 음악을 쉽게
접할 수 있도록 한다.

**Main Perspective**

**Perspective**

**Perspective**

**Model**

**Ceiling Plan**
1/50

다운라이트
17.5*18
타공 150파이
카운터 조명
선로갈 PD
(구형삼파장)
15W

**Plan** 1/30

*Sound Hole ♪*

출입도어
(Free Way)
600/75/2000
알루미늄

정면 파사드 1/30

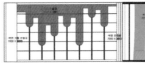

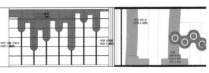

**A' Elevation**
1/30

**B' Elevation**
1/30

**C' Elevation**
1/30

**D' Elevation**
1/30

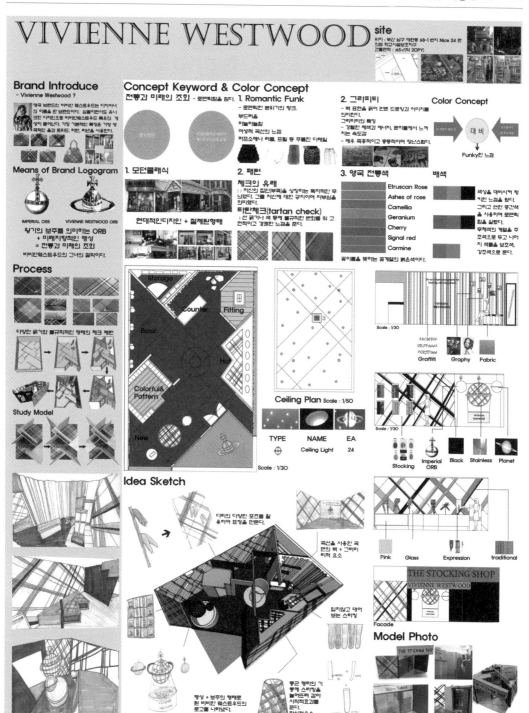

# 환경메세지를 담다

## BACKGROUND

ENVIROSAX®
SINCE 2004

친환경적인 에뷸을 많이 사용하면서 일회용 쇼핑백들을 통한 환경 오염으로 인하여 점점 더 많은 이들에 영향을 끼치게 가능이 가져온다 것이다. 나뭇잎 에뷸로 인한 친환경적인 디자인을 활용한 친환경적인 재사용 가방으로 되고 있다.

## CONCEPT

### Concept1. 로고의 의미를 디자인에 활용하다.
1. 나뭇잎은 친환경적인 백과 성장과 식물원을 상징한다.

나뭇잎 줄기에 에뷸 백 메세지를 넣어 나뭇잎과 같이 백 나뭇잎 처럼 친환경 적이라는 것을 알린다.

### Concept2. 기업이 추구하는 환경 메세지를 전달
1. 친환경

요즘같이 공기들이 탁기도 흐리지 되어 에뷸을 할 필요가 없음에 끼거나 이상 자라지 않아 끼리가 거의 없을 친환경 이용한다.

### Concept3. 친환경이 필요하다.
친환경을 했다 vs 친환경을 하지 않았다 부정적인 방향 긍정적인 방향

### 2. 나뭇잎 = 플라스틱 백과 모여들 동식 메세지가 담은 동식군
공간 안에를 생태에 볼 수가 여뷸에 나뭇 나비가 닿하는 플라스틱 백이되어가 된 공간이 상징이라고 생각하여 공간 속이 자유롭게 날아다니고 있는 나뷸 모습을 상징한다.

### 2. 생태계
공간을 나무 뒤라고 생각했다. 나무 뒤 부분을 작은 생태계라고 생각 하고 공간에 표현하여 공간에 고객들이 나무 사들들이 되다 작은 생태를 바꿀된 공간인 적 뒤리를 배치한 공간이 되었다.

### Concept4. Color Concept

## ITEM
* Graphic Series

* Organic Series    * Kids Series

친환경적인 백과을 20대 여성과 아이들 그리고 특별한 것 바꾸나를 원하는 주부들에게 인기 뷸이 좋다. 간편함과 실용성, 가벼움과 힙타적인 가격 때뷸에 더욱 선호도가 더욱 높아지고 있다.

### 1. 나비 = 플라스틱 백의 30가뷸을 메세지가 배운된 동식군

### 2. 빗자루 = 에뷸들

## SITE

cafe Oia

## IDEA SKETCH

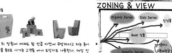

## ZONING & VIEW

Organic Series | Kids Series
Best 상뷸
Graphic Series

Organic Series | Kids Series
Best 상뷸
Graphic Series

## STUDY MODEL

## MODEL

## FACADE

Plastic Or Eco ?

Yet a plastic bag ?

## ELEVATION-A  SCALE:1/30

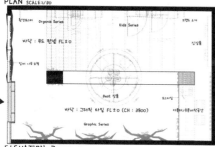

## PLAN  SCALE:1/30

Organic Series    Kids Series
바닥 : 우드 판넬 FL±0    신상뷸
Best 상뷸
바닥 : 그래픽 타일 FL±0 (CH : 3800)
Graphic Series

## ELEVATION-B  SCALE:1/30

## CELING PLAN  SCALE:1/60

| SYMBOL | NAME | QUAN. |
|---|---|---|
| | F/L 40W | 187 EA |
| | DOWN LIGHT | 6 EA |
| | PENDANT LIGHT | 1 EA |
| | CEILING LIGHT | 17 EA |

## ISOMETRIC & PERSPECTIVE

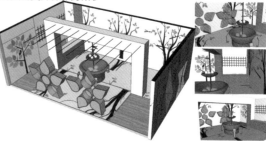

## BACKGROUND

현대인의 일상은 피곤함의 연속이다. 직장인들의 경우 많은 업무량과 잦은 야근 등으로 인함이고 학생들의 경우 이른 아침부터 늦은 밤까지의 지나친 학업의 연장 때문이다. 자신만의 휴식을 취할 시간이 없어 우피곤조한 삶을 살아가게 되는 사람들에게 잠깐의 요각을 입해줄 준다. 특히 우각은 그 어떤 감각보다 사람에게 민감한 영향을 미치는데, 향기 테라피를 이용하여 후각의 자극을 극대화시켜 지친 일상에 활기를 불어 넣는다.

## SITE

SITE 규모 : b2.81㎡ (19평)
SITE 위치 : 수영구 광안동173-19

현재 마오타이크라아종국문화를 상징하는 최고의 명주인 국주 판매점이 위치하고 있다.

## SITE ANALYSIS

광안리 바닷가는 패서로 찾아온 사람들도 있겠지만, 마음을 치유하기 위해 찾아온 사람들도 많다. 마음의 치유: 컬러 테라피 측면에서 바다의 색은 파란색으로, 불안한 마음을 안정시켜 주거나 편안한 분위기로 이끌어준다고 한다. 이 때문에 사람들은 힘이 들고 지칠 때 바다를 찾게됨으로서 치유할 수 있는 양키캔들을 유도한다.

## BRAND & ITEM YANKEE CANDLE

현재 미국 아로마 향초시장에 Yankee Candle 단일 브랜드로 b5%이상을 점유하고 있다. 모기업과 2개의 자회사의 시장 점유율 합산하면 미국 향초의 b0%이상의 점유율을 가진 세계 최대의 명품 브랜드이다. 양키 캔들은 악세서리까지 디자인되어 향의 아름다움을 더할 수 있다.

# RECOVER SPACE

## CONCEPT 1 옛 공간을 되찾다

양키 캔들 역사로 마이크가 '부모님의 크리스마스 선물을 위해, 자신의 집 지하실에서 향초를 만들게 되었고 양키 향들이의 불씨이다. 향초가 탁생하게 될' 이용하여, 양키 캔들이 만들어 지게 된 지하실의 분위기를 되찾아본다.

## CONCEPT 2 몸과 마음을 되찾다

생활 속 여러 가지 스트레스로 인해 현대인들은 항상 몸과 정신의 향상 피곤 속에 살고 있기 때문에, 만동안 휠링이 유행이 되었어. 몸과 마음을 강화시켜 주고 더불어 치유의 효과까지 누릴 수 있는 향초는 현대 생활 속에 다시 살아갈 에너지를 충전시켜주는 좋은 Healing 제품이며 볼 수 있다.

## CONCEPT 3 자연을 되찾다

나무, 숲, 들판, 씨앗, 그늘… 자연을 느낄 수 있는 천연재료로 만든 향초. 자연을 비료로 만든 향초는 향의 자연스럽고, 미세기가 아주 있음으로, 매일 맡아도 부담이 없으며, 제료에 스며들어 자신과 하나가 된다.

## CONCEPT 4 향을 되찾다

향은 우리의 코에 바로 닿고, 코는 뇌에 나는 심장에 직접 반응을 일으킨다. 향이 우리의 코로 들어오면, 코의 식물, 나는 심장을 자극해 두근두근 팩밴이 고동치게 된다. 좋은 향은 좀더 대단히 사람의 헌정 사람을 착각시키게 한다.

## FACADE

파사드 일부에 향초를 디스플레이하여 펀칭메탈로 뚫고 돌출시켜 향을 맡고, 입구의 형태는 백들의 돌출된 불규칙적인 느낌에 마치 지하로 들어가는 듯한 느낌을 주고 있다. 파사드에 향초에 대한 시각, 후각의 감각 모두를 살린 디자인으로 펀칭메탈을 사용하여, 향초의 향으로 소비자로로 하여금 매장 내로 유도한다.

## CELLING PLAN SCALE : 1/b0

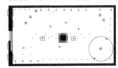
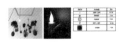

## FLOOR PLAN SCALE : 1/30

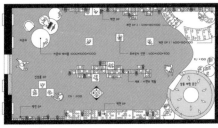

## PERSPECTIVE

## COLOR CONCEPT

주조색   보조색   강조색

후퇴색인 GRAY 바탕에 진출색이면서, 주목성이 강한 YELLOW를 사용하여 상품을 돋보이게 하였다.

## IDEA SKETCH

## ELEVATION SCALE : 1/30

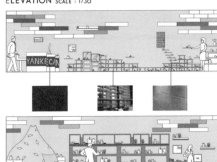

YANKECA

## MODEL

음악에 둘러 쌓이다.

# SURROUND BY MUSIC

## SITE

부산광역시 남구 대연동
56-7 에뛰드빌 1층
ETUDE HOUSE
66㎡ ( 10000 X 6600 )
20.0 PY

## BACKGROUND

스마트 시대를 걷고있는 지금, 스마트폰 시장의 활성화와 맞물려 전자제품 엑세서리가 급격히 증가했으며 그 중에서도 **고성능 + 디자인** 헤드폰이 나만의 개성을 살리며, 디자인을 중시하는 패션 아이템으로 인기를 끌고 있다.

## CONCEPT

1. 흥거운 시간
패턴 사이사이로 들어오는 빛과 그림자의 변화에 따라 공간의 분위기가 다양성을 가지게 된다. 패턴의 변화에 따라 밀도와 시간성을 느끼게 되며, 빛으로 시각을 자극하여 진입할수록 SHOP의 분위기에 집중 할 수 있도록 유도한다.

2. 활기찬 선율
선율의 반복, 연속, 동시성을 공간에 표현하여 전체적인 공간의 흐름을 잡아준다. 사용자의 동선에 제약을 주지 않고 자유로운 헤드폰 체험이 가능하다.

3. 경쾌한 리듬
직선적인 공간에 원을 반복적으로 나타내어, 시선을 이동시켜 경쾌한 리듬감을 나타낸다.

## ABOUT STORE

미국 힙합 가수 DR.DRE가 헤드폰과 스피커 사운드의 폴 스펙트럼을 재현.
PRICE : 20만원 ~ 50만원대
PRO, STUDIO, SOLO, MIXER

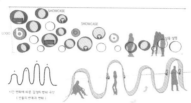

BEATS BY DR.DRE

## IDEA SKETCH

## COLOR CONCEPT

4. 선명한 음색
DR.DRE는 선명한 음표현과, 예리한 저음표현이 특징인 헤드폰이다. 음악에서의 선명한 음색은 고명도를, 예리한음색은 고채도를 나타낸다.

활기찬, 경쾌한

## THEME

## 음악감성의 시각화

음악이라는 추상적인 예술을 통하여 표출되는 인간 내면 감성의 감성을 공간에 표현하여 음악을 눈으로 즐길 수 있는 공간을 만든다.

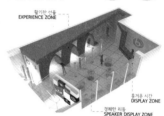

## PLAN 1/30

## CEILING

1/100

## FACADE 1/50

## ELEVATION 1/30

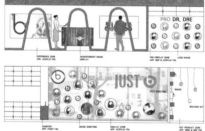

## MODEL

# FRAGRNACE LIBRARY
## 향기의 도서관

## SITE

위치 : 남구 용소로 19번길 15
규모 : 8m X 8.9m = 71.2㎡
　　　(21,528 평)
층고 : 2.6m
파사드 높이 : 1,000mm
1층의 옷가게 2개를 붙임.
앞에 주차하는 공간 있음.
거의 정사각형의 너비를 가짐

## SITE ANALYSIS

주변 80m 이내에 향수 취급점이 없고
음식점이 근처에 없어 향이 섞이지 않고
주변 상권이 여성상품위주라 소비자층을
끌어들이기 쉬우며 접근성이 좋다.

## BACKGROUND

향기는 사람들에게 이제 만들어진다.
소비자들은 수 많은 향수 속에서
자신의 것을 찾는 것에 즐거움을 느낀다.
특히 20~30대의 경제활동을 하는
소비자에게 있어 향수는 단순한
취미나 재미만으로가 아니라 옷과 같이
자신을 표현할 수 있는 하나의 방법이자
간단한 필수품이 되어가고 있다.

## BRAND INTRODUCE

Unthink perfume.
But, was always in your memory.
생각하지 못한, 하지만 항상 당신의 기억속에 있면 그 향기.
온라인 선호도 1위를 차지하고 있는 미국의 향수 브랜드 데메테르.
심플하고 독특한 하나의 병에 350여가지의 독특한 향수를 담는다.
그 누구도 도전하지 않았던.
기억을 재현하는 향기를 만들어 내는 것을
브랜드가 목표로 잡고 있다.

**DEMETER**
FRAGRANCE LIBRARY

## PLAN

SCALE : 1/30

## ZONING

## ITME

(FLOWER)　　(LOVE)　　(MEMORY)

## CEILING PLAN

SCALE : 1/35

## TEMA

### 향기의 도서관, 세 가지 이야기

데메테르는 엄청나게 많은 종류의 향수를 가지고 있다.
브랜드 목표와 같이 이들 데메테르의 향수는
한가지씩의 기억과 이야기를 담는다.
데메테르의 베스트 셀러 테마 3가지를 가지고
향수를 이야기 하는 향기의 도서관을 지어 보자.

## CONCEPT 1

### 꽃 향기의 이야기

데이지는 꽃망울 모여 예쁜 꽃입니다.
꽃다발의 형태로 향기의 꽃탑을 만듭니다.

## CONCEPT 2

### 사랑의향기 이야기

사랑은 저마다 색도 크기도 다릅니다.
사랑은 많은 기억과 추억을 가집니다.
하트로 관한 이야기를 하나하나 모읍니다.

## CONCEPT 3

### 기억속 향기 이야기

비오는 날 속에,
당신은 어떤 이야기를 가지고 있나요?
빗방울과 우산으로 표현합니다.

## CONCEPT 4

### 도서관

도서관에 책장이 꽉 찬 모습.
펼쳐진 책이나 책이 쌓인 모습.
도서관의 형태를 가져옵니다.

## COLOR & MATERIAL

## FACADE

### 이야기를 펼치다

데메테르에는 수많은 향수가 있고 수많은 이야기가 있다.
향기의 도서관에서 책을 한 권 펼쳐보면 어떤 이야기가 있을까?

## PERSPECTIVE

## ELEVATION A

SCALE : 1/30

## ELEVATION B

SCALE : 1/30

## ISOMETRIC

SCALE : 1/50

## MODEL PHOTO

## STUDY MODEL

interior design process 3

음식을 담는 공간은 즐거움이다

# RESTAURANT DESIGN

# PROGRAM & REQUIREMENT

## 주제가 있는 전문 음식점

· 레스토랑은 기본적으로 음식을 주문하고 먹고 마시면서 즐기기 위한 공간
  이다.
· 식사를 위한 음식점 공간 디자인에서는 한식당, 일식당, 중식당 등과 같이 레
  스토랑에서 판매할 음식의 종류에 따라 디자인 방향을 결정하고 주제를 가
  진 전문 음식점으로 계획하는 것이 좋다.
· 레스토랑 디자인의 주제는 음식 종류와 공간의 분위기, 주요 고객층을 고려
  하여 결정하는 것이 좋다.
· 레스토랑 디자인은 운영 방식, 서빙 방식, 공간의 분위기와 수용 가능 좌석 수
  등도 공간계획의 중요한 요소가 되기 때문에 이에 대한 고려가 필요하다.
· 현대의 레스토랑은 단지 음식을 즐기는 공간이 아닌 음식과 다양한 문화가
  접목된 공간의 경향을 보이고 있는데, 예를 들어 어린이 놀이터가 마련된 레
  스토랑이나 음악 연주 공연을 볼 수 있는 레스토랑 등이 있다.

## 설계 요건 검토

· 리모델링으로 진행하는 경우, 대상공간에 대한 내부공간 실측과 촬영을 위한
  답사는 꼭 필수 요소이다.
· 건축 기본도면(평면도, 단면도, 입면도)에 대한 캐드 파일 확보가 가능하다면
  매우 중요한 기초 자료가 된다.
· 콘셉트에 부합하는 공간 디자인 및 가구 배치를 포함하며 주제를 선정하여
  진행하는 것이 좋다.
· 소요 시설은 메인 공간(식사 공간), 키친, 부속 시설(휴식 공간), PANTRY,
  PUBLIC SPACE(홀, 화장실, 대기 공간) 등 기능적으로 필요한 소요 공간을
  설정한다.
· 기능 공간의 배치와 동선, 가구 배치 다양성 등을 충분히 고려하여 계획한다.
· 일식, 중식, 프랑스식, 한식 등의 전통적 레스토랑, 특정 음식에 대한 전문식
  당 개념의 접근이 가능하다.
· 주방공간은 음식의 종류에 따라 설비나 주방 기기를 선정하여 계획하고 전체
  면적의 30% 이하로 설정한다.
· 어떤 음식을 판매하는 공간인가에 대한 결정이 전체 디자인에 매우 중요한
  요소가 된다.

- OPEN KITCHEN 개념의 디자인 접근도 가능하며 손님들의 시선 처리를 고려한 테이블 배치를 고려한다.
- 음식점에서 판매하는 음식의 종류와 공간의 주제 설정에 따른 실내공간 이미지 연출과 낮시간대와 밤시간대의 공간 분위기 연출을 모두 고려한 디자인이 필요하다.

# DESIGN THEORY & ELEMENTS STUDY

## 레스토랑 계획의 기본 요건

최근의 레스토랑 디자인은 다양한 음식을 대상으로 하여 먹는 즐거움이라는 요소와 함께 공간의 개성과 기능이 조화된 형태로 진화되고 있다. 단지 음식을 먹는 장소로서가 아닌 맛을 즐기고, 문화를 즐기고, 공간을 즐기는 장소로서 변모되고 있는 것이다. 레스토랑을 찾는 손님들의 다양한 요구에 대응하기 위해서 기능 또한 다양하게 변화되고 있는데, 예를 들어 패밀리 레스토랑이나 뷔페 레스토랑에 아이들의 놀이공간을 구성한다거나 이탈리아 음식점에서 이탈리아 도시의 풍경이나 문화 감상을 위한 갤러리를 마련하는 경우도 있다.

레스토랑은 요리와 음식의 종류에 따라서 구분되며 가장 보편적인 종류에는 한식, 일본식, 중국식, 양식 등이 있다. 하지만 현대의 음식점은 다양성 있고 전문화된 음식을 하나의 문화로 다루고 있으며 또한 퓨전 형식의 음식을 주요한 메뉴로 하고 있는 음식점도 점차 증가되어 가는 추세이다.

레스토랑 계획에서의 가장 중요한 고려사항은 판매하는 음식의 종류이다. 음식의 종류에 따라서 기능적인 부분도 달라지며 서비스 방식이나, 테이블 배치, 운영 방식 등이 다르게 계획되어야 한다.

레스토랑의 공간 구성은 크게 영업 및 공용 부분, 관리 부분, 주방 부분, 객석 부분으로 나뉜다. 각 부분별로 일반적인 소요실은 아래와 같이 정리할 수 있다.

- 영업 및 공용 부분 : 로비 홀, 카운터 및 프런트 데스크, 손님 대기석(waiting room), 화장실
- 관리 부분 : 사무실, 종업원실(휴게실을 겸하는 경우도 있다), 종업원 라커룸
- 주방 부분 : 주방(키친 / open kitchen), 배선실(pantry & hatch), 창고, 냉동 및 냉장고, 식기 세척실
- 객석 부분 : 가장 큰 면적을 차지하는 영역으로 고객들이 식사를 하는 테이블과 의자가 배치되는 공간

레스토랑에서 배선실(pantry)은 주방에서 나오는 음식을 종업원이 받아서 객석의 손님들에게 가지고 나가기 위한 중간 공간이다. 배선실은 중규모 이상의 레스토랑에서는 필요한 공간이며 주방-배선실-객석의 순서로 공간이 배치되어야 한다. 배선실에는 음식 서빙을 하는 종업원들의 대기공간과 냅킨, 수저, 간단한 조미료, 보조식기 등을 보관할 수 있는 수납공간이 마련되는 것이 좋다. 주방에서 배선실의 종업원에게 음식이 전달되는 음식의 출구를 해치(hatch)라고 한다.

레스토랑 평면계획에서 고려해야 하는 몇 가지 내용을 정리해 보면 다음과 같다.
- 레스토랑에서 일반적인 주방 면적은 전체 면적의 25-30% 수준으로 계획.

- 레스토랑에서 일반적인 객석 수의 산정은 객석 면적 1.2–1.5㎡/1인 수준으로 계획.
- 레스토랑에서 테이블의 높이는 일반적으로 700–750㎜, 의자 높이는 450㎜ 정도로 계획.
- 셀프서비스 레스토랑의 음식 카운터 길이는 배선될 음식의 종류에 따라 다르게 계획.
- 객석 테이블의 배치는 다양한 유형으로 하는 것이 공간의 단조로움을 피할 수 있는 방법이 된다.
- 레스토랑의 주요 통로 계획은 일반적으로 1200–1500㎜ 이상으로 여유 있게 하는 것이 좋다.
- 레스토랑에서 동선 계획은 기본적으로 손님의 동선과 관리자 및 종업원의 동선을 분리하는 것이 좋고, 가급적이면 바닥의 단 차이를 두지 않는 것이 음식의 서빙과 손님들의 이동을 위해서 바람직하다. 특히, 고객의 출입과 음식의 배선 순위, 객석으로 이르는 동선의 계획이 중요.

## 레스토랑 디자인을 위한 기본 치수

레스토랑 계획에서 객석 부분의 테이블 치수를 아는 것은 매우 중요하다. 기본적인 테이블의 치수를 알아야 전체 음식점의 배치계획이 가능하며 이를 통하여 음식점에서 수용 가능한 전체 객석 수를 알 수 있게 된다.
객석의 테이블 크기는 음식의 종류에 따라서 달라지지만 일반적으로 활용되는 객석 테이블의 치수는 아래 그림과 같다.

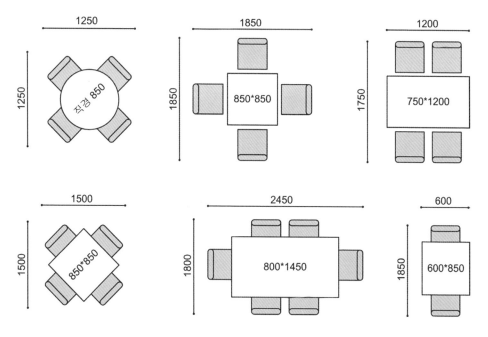

양단에 의자가 배치되는 8인석 식탁 테이블의 크기는 일반적으로 800×2100 mm 정도이다.

두 테이블 사이의 공간폭은 650~680mm 이상으로 하는 것이 좋다.

객석 테이블 사이의 복도폭은 900~1200mm 정도로 여유 있게 하는 것이 좋으며, 카트와 같은 것을 사용하여 음식을 서빙하는 경우는 복도폭을 1500mm 이상으로 계획하는 것이 좋다.

테이블의 기본적인 치수 개념과 더불어 서빙을 위한 복도폭을 고려한 여유 있는 계획이 필요하다.

## 레스토랑 테이블의 5가지 배치 유형

레스토랑 공간계획에서 기본적인 테이블 배치 유형은 크게 5가지 정도로 구분할 수 있다. 다양한 배치 유형을 적당하게 분산하여 계획하면 조닝의 구분도 보다 명확해지고 단조로운 식당의 테이블 배치를 하지 않을 수 있다. 아래 그림은 일반적으로 활용되는 레스토랑의 테이블 배치 유형이다.

**기차형 테이블 배치 (세로배치형)**

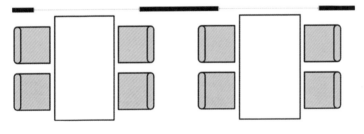

◀ *기차형 테이블 배치*
세로 배치 유형이라고도 하며 사람들의 시선 처리가 자유롭고 측면에서의 음식 서비스가 용이한 장점이 있다. 하지만 배치와 공간 구성이 단조로운 단점이 있다.

**가로형 테이블 배치**

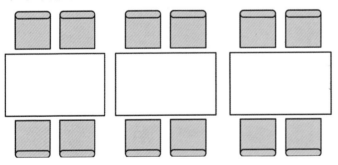

◀ *가로형 테이블 배치*
테이블과 의자를 병렬로 구성하는 유형으로 테이블과 테이블 사이에 칸막이 벽이나 스크린, 화분 등을 배치하여 구성하는 경우도 있다.

## 점재형 테이블 배치

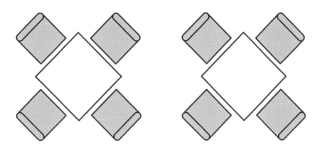

**점재형 테이블 배치 ▶**
비교적 면적당 좌석 수가 적기 때문에 동일한 면적 조건에서는 좌석 수 확보에 불리하나, 여유 면적이 충분한 고급 레스토랑에서 좌석을 자유롭게 배치하는 경우 많이 사용된다.

## 지하철형 테이블 배치

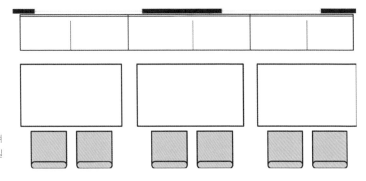

**지하철형 테이블 배치 ▶**
수용 가능 인원수의 변화와 확장이 용이하며 종업원과 손님의 시선 처리가 다소 산만해 질 수 있다는 단점이 있다.

## 부스형 테이블 배치

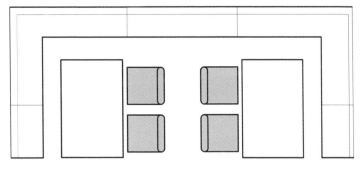

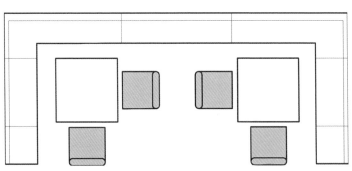

**부스형 테이블 배치 ▶**
일반적으로 3면 정도를 소파나 벤치 형태의 의자로 구성하고 그 영역 내에서 테이블을 구성하는 유형이다. 좌석 구성의 변화가 가능하고 칸막이를 구성하여 테이블과 테이블의 영역을 확보하여 공간을 연출함으로써 배치에 변화를 줄 수 있다. 단체석의 구성에 유효하며, 반 개방형의 공간 구성으로 식사 분위기를 보다 안락하게 유도할 수 있다.

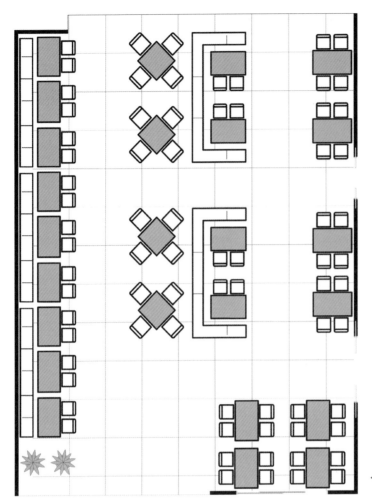

◀ 다양한 테이블 배치 유형이 적용된 레
스토랑 계획

레스토랑의 디자인 계획에서 중요한 기능 요소의 하나는 객석 부분의 테이블 배
치이다. 테이블의 배치 조건이나 배치의 방식에 따라서 객석 부분의 계획이 완성
되며 전체 수용 가능 인원수가 확정된다.

레스토랑의 배치에서는 공간의 활용도는 높이고 가능한 범위에서 많은 수의 테
이블을 수용하는 방향으로 계획하는 것이 좋지만 공간 디자인의 측면에서는 지
루한 공간 구성이 되는 경우가 많다. 따라서 테이블 배치 유형에 다양성을 부여
하면 단조로운 공간 구성을 조금이나마 피할 수 있게 된다.

위에서 언급한 5가지의 일반적인 레스토랑의 테이블 배치 유형은 계획하려는 공
간의 영역이나 규모 등을 고려하여 다양성 있게 배치하여 조화를 이루는 것이 좋
다. 예를 들어 같은 레스토랑 공간이지만 특정 부분은 지하철 유형의 테이블 배
치로 구성하고 또 다른 부분은 가로형 테이블 배치 유형으로 구성한다면 좀 더
변화 있고 지루하지 않은 레스토랑 실내건축 계획이 가능하다.

# 레스토랑의 조명계획

레스토랑의 조명은 빛의 심리적인 영향으로 인하여 다양한 연출과 분위기 조성이 가능하다. 밝은 기능적인 조명도 중요하지만 야간에 은은한 조명을 통하여 분위기를 낼 수 있는 조명이 레스토랑 디자인에서는 필요한 요소라 하겠다. 조명의 연출은 온화함, 쾌적함, 편안함, 즐거움 등의 다양한 이미지 표현과 연출을 가능하게 하는 실내건축에서의 매우 중요한 요소이며, 특히 레스토랑에서는 조금 밝은 분위기에서의 식사가 음식 고유의 색감을 살릴 수 있기 때문에 어둡지 않은 조명을 선호하는 경향이 있다. 하지만 종종 조명 효과를 통해서 공간의 입체감을 살린 조형적인 느낌이나 다소 어두운 분위기에서의 식사를 적절하게 유도하여 분위기 좋은 감성 레스토랑을 추구하는 경우도 많다.

레스토랑에서의 조명은 기능적인 부분과 감성적인 부분을 모두 충족할 수 있는 디자인적인 방법을 찾아 공간의 조도를 충분하게 확보함과 동시에 장식적인 요소로서의 역할도 동시에 하는 것이 좋다. 이를 위해서 조명계획은 다양한 측면에서의 검토가 필요하며 레스토랑 전체의 조도 확보를 위한 조명과 분위기 창출을 위한 간접 조명을 모두 고려하는 것이 좋다.

조명은 공간의 포인트적인 연출 효과를 쉽게 만들어낼 수 있는 요소이며, 다양한 조명의 혼용은 공간의 적절한 기능적 역할과 심미적·조형적 역할을 모두 기대할 수 있다.

조명계획은 반드시 천장 공간의 디자인과 함께 검토되어야 하는데 천장의 형태와 디자인을 고려하여 조명을 선택해야 한다. 천장도를 그리면서 가장 실수를 많이 하게 되는 경우는 조명의 간격과 조명의 위치인데 조명기구의 램프 유형과 밝기 수준을 고려하여 조명을 계획한다.

▼ *레스토랑 조명계획*
다양한 조명의 선택과 배치를 위한 천장도 (ceiling plan) 초기 스케치 도면

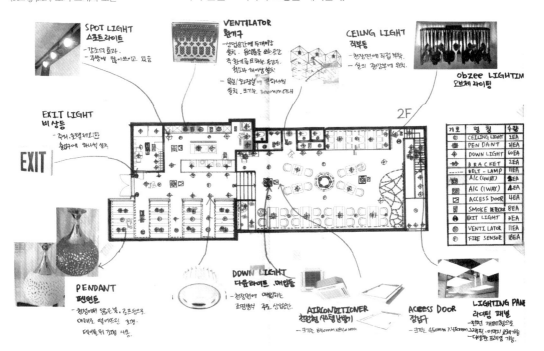

# PROJECT DESIGN PROCESS

## 음식점의 종류 결정 : 어떤 음식을 판매할 것인가?

레스토랑 설계에서 음식의 종류에 따라서 음식점의 개념과 주요 고객층, 운영 방식, 음식의 주요 메뉴 등이 달라지며, 이를 설계 단계에서 반영하기 위한 기획 작업이 요구된다.

음식의 종류를 결정하고 나면 왜 이 음식을 선정하였는가에 대한 이유를 배경으로 설명하고 유사한 음식점 사례 등을 통하여 운영 방식이나 주요 고객층에 대한 간략한 사전 조사, 레스토랑에서 실제로 판매하게 될 음식 메뉴 등에 대한 자료 수집과 정리가 기획 단계에서 필요하다.

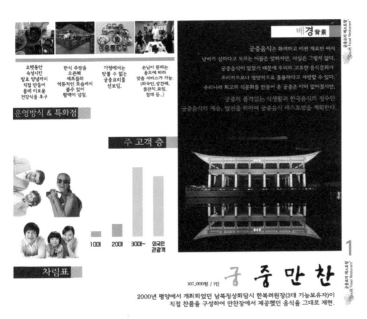

음식의 종류는 실로 매우 다양하지만 내가 설계하게 될 장소의 주변 환경을 고려한다면 어떤 음식점이 가장 좋을 것인가에 대해 판단할 수 있게 된다. 예를 들어 대학이 위치하는 대학가에 레스토랑을 계획한다면 비싸고 고급스러운 전통음식보다는 가벼운 퓨전음식이나 젊은이들의 취향에 부합되는 음식을 선정하는 것이 좋다. 하지만 풍경이 좋은 장소이거나, 직장인이나 중장년을 주요 고객층으로 할 수 있는 위치적 환경을 가지고 있다면 품격 있고 특별한 음식으로 선정해 보는 것도 좋겠다.

음식을 선정하고 나면 유사한 음식점을 직접 방문해서 음식을 먹어보는 일도 설계에 크게 도움이 된다.(실제로 필자는 학생들에게 레스토랑 과제를 부여하면서 학생들이 선택한 음식과 유사하거나 같은 종류의 레스토랑 중에서 디자인이 좋은 곳을 정하여 방문하고 음식을 먹어 보도록 하는 과제를 부여하고 있다) 또한 레스토랑에서 판매하게 될 음식 메뉴에 대한 고민도 설계 과정에서 동선이나 서빙의 방식, 테이블의 구성 등에 영향을 줄 수 있기 때문에 이에 대한 면밀한 조사가 필요하다.

메인 메뉴를 먼저 선정하고 이와 함께 먹거나 즐길 수 있는 사이드 메뉴를 함께 선정하여 전체 레스토랑에서 판매할 음식 종류를 결정하는 것도 좋은 방법이다.

아래 그림은 면 요리를 전문적으로 판매하는 레스토랑에 대한 메뉴 선정 작업을 정리한 사례이다.

쫄면과 국수, 우동을 메인 메뉴로 선정하고 이와 함께 즐길 수 있는 롤이나 튀김, 순대, 김밥 등의 분식을 사이드 메뉴로 구성하였다. 간단한 이미지와 함께 구체적으로 판매할 음식 종류를 나열하여 정리해 보는 것이 좋다. 너무 많은 메뉴를 선정해 버리면 레스토랑의 전문성이 떨어질 수 있기 때문에 너무 많은 메뉴 선정보다는 전문성을 가질 수 있는 특화된 메뉴를 중심으로 결정하는 것이 좋겠다.

매뉴 : 쫄면, 국수, 우동, 칼국수, 롤, 튀김, 떡볶이,
순대, 어묵꼬치, 손만두

# SELECTING SITE & ANALYSING SITE

리모델링 대상 공간의 선정에 있어서는 음식 종류도 중요하지만 인근 상권과 접근성 등에 대한 분석과 검토가 필요하다. 인근 지역에 상권은 어떻게 형성이 되어 있는지, 도로나 교통 등의 접근성이 좋은 위치인지를 파악하여 정리해 둘 필요가 있다. 또한 리모델링을 하게 될 공간의 건축 평면이나 인테리어 도면을 통하여 면적과 출입구와 창문의 위치 등에 대한 파악이 기획 단계에서 선행되어야 한다.

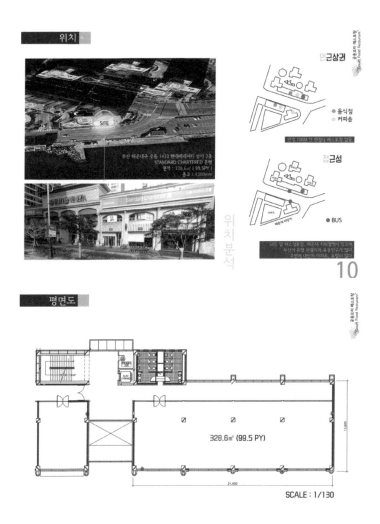

328.6㎡ (99.5 PY)

SCALE : 1/130

아래 그림은 리모델링 대상 공간에 대한 위치, 주변 사진, 면적, 주변 상권에 대한 정리 사례이다.

부지에 대한 정보를 요약하여 시각적으로 표현한 작업으로 부지 분석 다이어그램을 통하여 부지 인근 지역의 유동인구 분포나 유사한 음식점 분포, 교통 편리성 등의 접근성 등을 표현하였다.

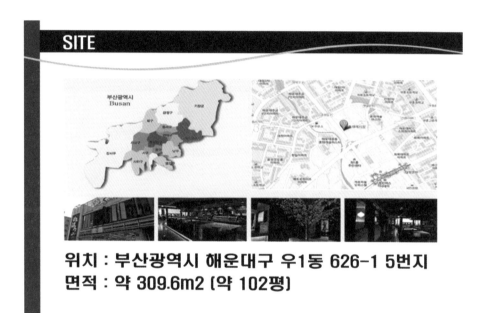

# 음식점 주제 선정

모든 공간 디자인에서 주제를 정한다는 것은 그리 쉽지 않은 작업이다. 하지만 주제를 정하고 주제와 연관되는 키워드를 추출하여 설계에 적용하여 이를 하나의 공간 디자인으로 표현하는 작업이 실내건축 작업에서는 꼭 필요한 작업이다.

레스토랑 설계에서의 주제를 결정하는 작업을 너무 막연하고 어렵게 접근하는 것보다는, 음식을 판매하는 공간이라는 점과 사람들이 즐겁게 맛을 즐기는 공간이라는 점, 그리고 사람들이 모여 시간을 보내는 장소라는 점을 잊지 않는 다면 레스토랑의 주제 결정에 조금 더 가깝게 다가갈 수 있다.

레스토랑의 주제는 판매하는 음식과의 연계성이나 주요 고객층의 선호도, 이미지로 연출하려는 공간의 개념을 모두 수용할 수 있는 것이 좋겠다.

한국 음식점을 디자인한다고 해서 꼭 한국적인 전통의 실내건축 요소를 가지고 올 필요는 없지만 전통과 관련된 주제를 정하는 것도 그리 나쁘지는 않다는 것이다. 하지만 중국 음식점의 주제로 한국의 전통성을 정해야 하는 이유는 없다는 것이다.

레스토랑 설계 단계에서 주제를 정한다는 것은 공간의 개념과 이미지에 가장 큰 영향 요소이기 때문에 신중하게 결정해야 하며, 앞에서 언급한 바와 같이 음식, 주요 고객, 공간의 이미지를 고려하여 결정하는 것이 좋다. 아래 이미지는 전통 한식당의 주제에 대한 키워드, 내용 설명, 이미지 표현 사례이다.

**주제 主題**

## 옛 선인들의 풍류
선인들의 즐김의 미학

옛 선인들은 일상생활을 벗어나 자연 속에서 휴식하고,
벗과 경치 좋은 곳에서 시와 노래로 친목을 다졌다.
'풍류를 즐긴다.' 는 것을 말한다.
우리도 바쁜 일생생활에서 잠시 떠나
미더운 분들과 자연 속 에서 하루를 속되지 않으면서
운치있게 보낼 수 있는 공간을 만든다.

자연 속에서
벗들과 가야금을 연주하며 즐김.

김홍도 - 풍류도

**핵심어**

**1** 풍류, 음악을 만나다.

옛 선인들이 마음을 다스리고자
모여즐기던 노래.
자연의 정취와 풍류를
같이 즐겨야
양반다운 것으로 여겨짐.

풍류음악의 대표곡
영산회상

**2** 풍류, 자연과 하나되다.

풍류는 자연의 흐름새이며
자연과 하나가
되는 것 이다.

시조 - 말업슨청산이오
청산 유수 청풍 명월

**3** 풍류, 벗과 함께하다.

운치있는 자연,
흥이 있는 노래 속에 있을 때
항상 벗과 함께였다.

15

# 디자인 전개 과정 사례 1
## : 궁중음식 레스토랑 _ 김지수 작품

공간 디자인의 개념은 주제와의 연관성이 있어야 하며 크게 공간의 형태와 관련
된 공간 개념 키워드, 공간의 이미지 연출과 관련된 개념 키워드, 공간의 컬러 코
디네이션을 구현하기 위한 감성 키워드를 중심으로 개념을 결정해 나가는 것이
좋다. 단 하나의 개념어만으로 전체 공간을 모두 디자인적으로 만족시키기에는
한계가 있으므로 위에서 이야기한 세 가지 정도의 개념어를 선정하여 진행한다.

**개념**

## 1 풍류, 음악을 만나다.

풍류 속의 음악은 음악을 듣는 사람과, 연주하는 사람의 마음의 만남을 말한다.
풍류음악의 대표곡인 영산회상의 악보를 공간화 하여,
풍류음악 자체가 공간이 되어 레스토랑을 찾는 사람과 공간의 만남을 담는다.

### METHOD

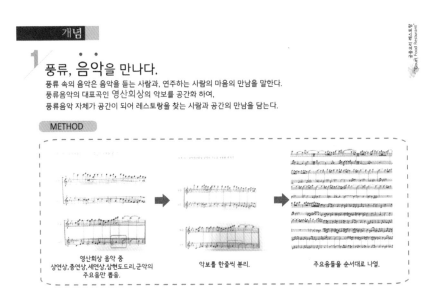

영산회상 음악 중
상연상, 총연상, 세연상, 삼현도드리, 군악의
주요음만 뽑음.

악보를 한줄씩 분리.

주요음들을 순서대로 나열.

**개념**

## 1 풍류, 음악을 만나다.

### PROCESS

| STEP 1 | STEP 2 | STEP 3 | STEP 4 | STEP 5 |
|---|---|---|---|---|

## 개념

**?** **풍류, 자연과 하나되다.**

말 업슨 청산 이오 태 업슨 유수 로다.
갑 업슨 청풍 이오 임 업슨 명월 이로다.
이 듕에 병 업슨 이 몸이 근심 업시 늘그리라.
말업슨 청산이오. - 성혼

**청산** 풀과 나무가 무성한 푸른 산

청산의 자연스러움을
표현해주는 자연재료를
사용하여 친근함을 준다.

TIMBER

TIMBER

STONE

GRAY BRICK

PANTONE W GRAY5    PANTONE 1685 C
네츄럴한, 편안한, 자연적인

**유수** 흐르는 물

흐르는 물의 깨끗함을
화이트, 블루 색채의
벽돌과 대리석으로
표현한다.

WHITE BRICK

WHITE MARBLE

BLUE MARBLE

PANTONE 2905 C    PANTONE WHITE
맑은, 깨끗한, 부드러운

**청풍** 부드럽고 맑은 바람

천연염색을 한 천을 이용해
바람의 부드러움과
가벼움을 표현한다.

WHITE FABRIC

BLUE FABRIC

PANTONE 2905 C    PANTONE WHITE
맑은, 깨끗한, 부드러운

**명월** 밝은 달

달의 차가움, 선명함
그리고 영롱함을
조명과, 메탈재료로
표현한다.

LIGHTING

TITANIUM

MASH

METAL

**19**

---

## 개념

**?** **풍류, 자연과 하나되다.**

말 업슨 청산 이오 태 업슨 유수 로다.
갑 업슨 청풍 이오 임 업슨 명월 이로다.
이 듕에 병 업슨 이 몸이 근심 업시 늘그리라.
말업슨 청산이오. - 성혼

궁중요리 레스토랑 "Court Food Resturant"

**청산** 풀과 나무가 무성한 푸른 산

**유수** 흐르는 물

**청풍** 부드럽고 맑은 바람

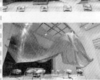

**명월** 밝은 달

**20**

궁중요리 레스토랑 'Court Food Restaurant'

## 개념

### 풍류, 벗과 함께하다.

운치 있는 자연, 흥이 있는 음악 속엔 항상 벗과 였다.
공간이 자연, 음악이 되며 레스토랑을 찾는 손님들이 벗이 된다.

**다양한 룸**

❶ 세미나,이벤트 룸

최고의 음향,영상시스템이
갖춰진 공간을 제공하여
식사 뿐만 아니라 세미나(미팅),
이벤트 등이 가능한 룸을 만들어
폭 넓은 벗과 함께 찾을 수 있도록 한다.

**공간배치**

시각적인 투명성을 확보하는 재료를 통해 룸 형식이 아닌
반개방성 효과를 주어 공간의 분리와 연결의 매개체로
활용하며 동시에 손님들의 친밀도를 높여 준다.

## ZONING

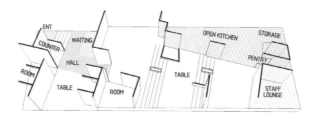

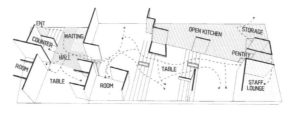

● 손님동선
● 직원동선

음악의 악보를 공간의 형태 요소로 활용하여 명료한 공간 디자인을 도출하였고, 자연의 요소를
공간에 대한 마감재료와 컬러를 해결하기 위한 하나의 개념으로 전개하고 있다. 벗과 함께 한다
는 개념은 다양한 기능 공간의 수용으로 디자인적인 해결 방안을 제시하였다.

● MATERIAR

PUNCHING METAL

CHIFFON FABRIC

ARTIFICIAL TURF

GRAVEL

● FURNITURE

DOWN LIGHT

METAL LIGHTING

WOOD TABLE

바람의 부드러움과 영롱한 달의 감성

| N8 |
| N9.5 |
| PB/VP |
| G/V |

MAIN DINING

## PLAN 1 / 60

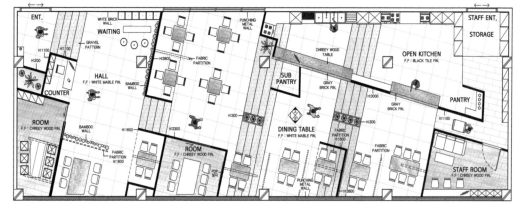

공간의 형태에 대한 디자인 프로세스가 매우 명확하게 드러나고 이를 통해 자연을 담은 작품이다.

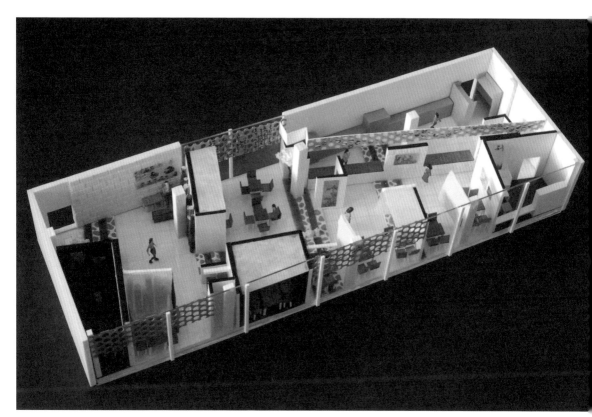

공간의 디자인을 모형(위 사진)을 통해 표현하고 있다. 마감재료에 대한 표현과 벽면의 이미지, 가구의 배치와 바닥의 패턴 등을 모형으로 상세하게 표현하였다.

아래의 모형 사진을 자세히 살펴보면 천장 부분을 아크릴로 제작한 것을 알 수 있다. 아크릴 위에 레이저커팅 장비를 활용해 천장도를 새겨 넣고 이를 모형의 천장 부분으로 활용하였다. 천장 부분의 조명, 에어컨 등에 대한 배치를 모형에서도 표현한 사례이다.

# 디자인 전개 과정 사례 2 : 쌀국수 전문점

_ 김수정 작품

지친 직장인들의 눈에게
35분
Healing을 전달한다

## Contents

1 Background
2 Theme Concept
3 Keyword1 Light & Shadow

4 Keyword2 Nature
5 Keyword3 Green
6 Keyword4 Void
7 Plan Elevation

8 Perspective
9 Perspective2

Don't You need a Healing in your eyes?
## Eye Healing Restaurant
부산시 금정구 구서동에 위치한 쌀국수 레스토랑

Site
구서동 194-7번지 도미노피자

---

 **Theme**

## 공간이 눈에게 줄 수 있는 Healing 은 뭐가 있을까?

problem

장시간 근무에 의한 눈 피로

과도한 스마트기기 이용에 의한 피로

과도한 색사용에 의한 눈피로

눈이 가지는 피로는 다양 합니다
그 중 공간이 치유 해줄 수 있는
피로의 종류를 찾아 방안을 찾고
고객에게 healing을 전달합니다.

공간이 눈에게 줄 수 있는 4가지의 healing 방안을 제시한다

 **concept**

 **Light & Shadow 재미**

공간에 생긴 패턴의 다양함으로 눈의 즐거움을 준다

 **Nature 평온**

자연으로 눈의 자극을 평온하게 해 준다

 **Green Color 안정**

초록으로 눈의 긴장을 풀어준다

 **Void 다양성**

벽면의 조건에 따라 view가 달라진다

힐링이라는 주제를 가지고 4가지 개념 키워드를 중심으로 디자인을 전개하였다. 빛과 그림자의 관계를 실험으로 탐색하고 이를 통하여 공간의 이미지에 대한 접근성을 확보하였다. 전체적으로 공간의 형태적 개념이 명확하지는 않지만 다양한 스케치를 통하여 공간을 완성해 나간다.

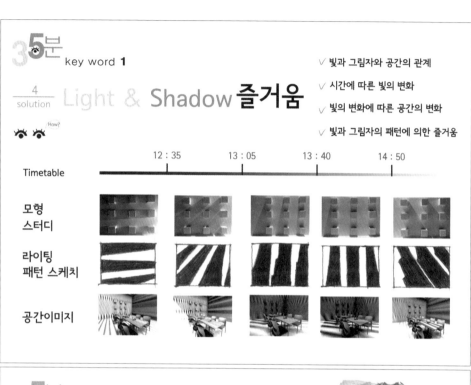

**3 5 분** key word **1**

∨ 빛과 그림자와 공간의 관계
∨ 시간에 따른 빛의 변화
∨ 빛의 변화에 따른 공간의 변화
∨ 빛과 그림자의 패턴에 의한 즐거움

4 / solution    Light & Shadow **즐거움**

How?

Timetable   12 : 35   13 : 05   13 : 40   14 : 50

모형
스터디

라이팅
패턴 스케치

공간이미지

**3 5 분** key word **2**

1 / solution   Nature   **평온함**

미디어 기기에 의해 자극 받는 눈의 피로
어떤 방법으로 healing 받을 수 있을까?

자극 받은 눈을 자연 요소로 해결 방안을 제시한다

How?

천정과 바닥을 자연 마감재로 마감하고
조명,의자등은 베트남의 특성을 살린다

공간에 자연의 요소와 그린 컬러로 색을 입히고 'void'라는 개념 키워드를 통하여 사람의 시선과 움직임, 그리고 벽면의 관계를 다양한 관점에서 공간적으로 표현하려고 한 작품이다.

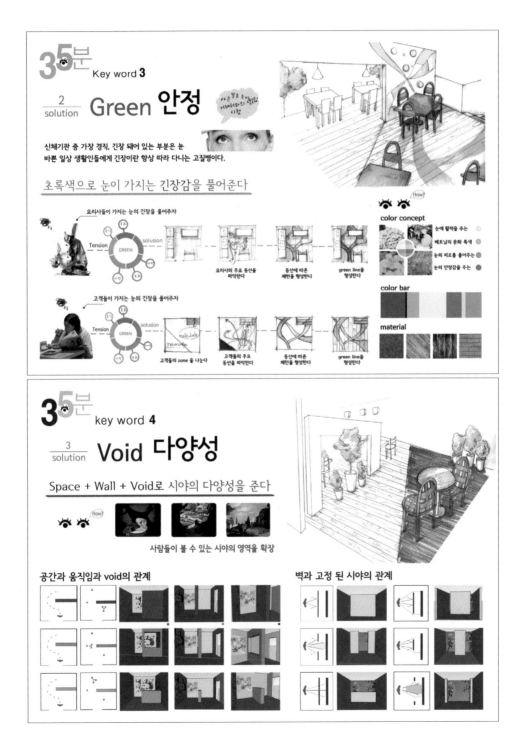

시간의 변화에 따라 다르게 나타나는 빛과 그림자의 연출이 공간감을 풍부하게 하고 자연이라는 요소를 그린으로 컬러화하고 패턴화하여 실내건축을 완성해 나간 작업의 결과물이다.

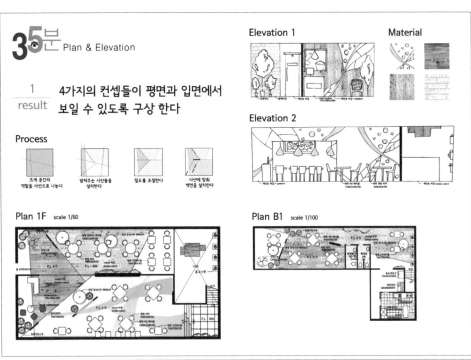

# 디자인 전개 과정 사례 3 : 웰빙 사찰음식 전문점

_ 조수진·김가람 작품

한국의 4계절 특성을 공간 디자인의 주요 개념으로 설정하고 이를 통하여 레스토랑을 제안하였다. 찬늘봄, 흰여울 등의 키워드를 통해서 공간 연출의 이미지를 표현하고 마감재료와 컬러를 통해서 공간을 완성해 나간 작품이다. 사찰음식의 자연주의적 특성을 계절이라는 요소를 통해 구현한 작품이다.

공간의 주제는 美(아름다움)와 味(음식의 맛)로 설정하였고 전체 레스토랑 공간에 4가지의 각기 다른 공간 이미지를 가지도록 의도적으로 디자인하였다. 주제어를 중심으로 공간 개념으로 설정한 4개의 키워드를 통해서 공간의 감성과 이미지 연출을 시도한 작품이다.

_ 김건현·임영민 작품

## BACKGROUND

### "인스턴트 음식이다" "비만을 유발한다" "건강에 해롭다"

이탈리아 전통 방식의 화덕 피자는 수 십년이 지난 지금도 전통의 방식을 고집하고 재료 또 한 지역 특색에 맞는 신선한 재료들만을 사용함으로써 기름기가 없고 건강에도 좋은 헬빙음식으로 떠오르고있다. 이탈리아 화덕피자가 고집하는 전통적인방식 이라는 점과 지역적 다양한 특색이라는 점을 눈과 맛과 피부로 느끼고 즐길 수 있는 공간을 마련한다.

## SITE

### 부산광역시 수영구 광안2동 200-1
GUESS WHO RESTAURANT
면적 : 352㎡ (106.5PY)

**주변 상권 분포**
광안리의 대표적인 외국인 상권들이 SITE주변으로 분포 되어 있으며 주변 상권들로 인한 시너지 효과를 일으키고 분포 되어 있으므로, 식사를 위해 인근 레스토랑을 찾는 외국인 관광객 또 한 많이 분포 할 것이다.

**외국인 거주 지역**
광안리의 대표 상권들 주변으로 외국인 거주 지역이 많이 되어 있으므로, 외국인 거주 지역 및 국내 관광객들이 많이 있다.

## TARGET

**MAIN TARGET 〉 외국인 주거민, 외국인 관광객**

**SUB TARGET 〉 국내 관광객**

광안리는 외국인들이 많이 모이는 관광지 중에 하나이며 주변 상권들 또 한 외국인들이 즐겨 모이는 펍과 레스토랑 위주의 상권들이 모여있어 많은 외국인들이 유동인구의 큰 부분을 차지하고 있다. 국내 관광객을 또 한 즐겨 찾고 유사 상권들의 분포로 인해 발길이 잦은 곳이다.

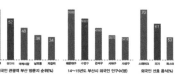

# RETRO
# MARKETING.

복고풍의 세련된 미. 과거의 제품이나 광고,서비스 등을 현재의 소비자들로 하여금 취향에 맞게 재창조하고, 마음속에 남아있는 경험과 추억에 대한 향수를 자극하여, 아날로그적 감성을 일깨움으로써 거부감 없이 받아들일 수 있도록 하는 것이다. 공간의 분위기, 컬러, 마감재부터, 전통적인 이탈리아 피자까지 메뉴 또 한 레트로 하면서도 현대의 세련됨으로 다가오는 공간을 계획한다.

레스토랑 부지에 대한 SITE 분석과 주요 고객에 대한 타깃 설정이 명료하며 복고라는 주제를 통하여 전체적인 공간의 개념을 잡아나갔다. 연금술, 미의 본질 등다소 미학적인 추상적 개념을 통하여 디자인에 접근하고 있지만 개념에 대한 의미 해석을 통해 컬러와 공간 감성의 디자인적 해법을 제시하였다.

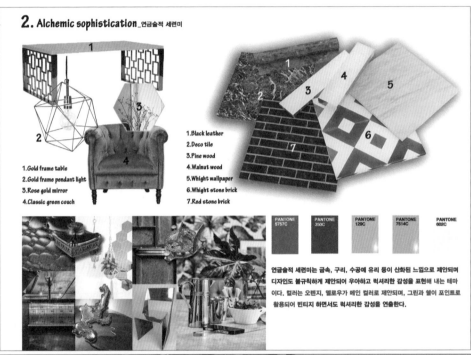

## 3. Divine essence _미의 본질적 신성함

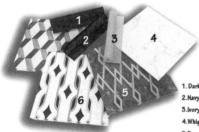

1. Dark burgundy velvet
2. Navy velvet
3. Ivory silk
4. Whight marble
5. Deco mable tile
6. Whight deco tile
7. Deco wallpaper

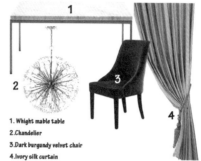

1. Whight mable table
2. Chandelier
3. Dark burgundy velvet chair
4. Ivory silk curtain

과거에 중요하지 않게 여기었던 사물 혹은 일상의 유물들에 신성한 의미를 부과시키는데에 초점을 둔다. 이런 과정을 통해 일상의 사물들은 본질적이면서도 영원한 미로 표현된다. 고대 이집트 인들이 아름다움을 신성시 하는 신념을 반영하여 탄생시킨 스킨케어 도구 컬렉션 등이 대표적 사례이다. 아이보리,다크한 버건디,네이비의 클래식한 컬러들이 기본을 이루며, 오래된 골드 빛의 탠 컬러가 고급스러움을 더한다.

## 3. Divine essence _미의 본질적 신성함

# PANEL LAYOUT & PRESENTATION RESOURCE

일반적으로 실내건축의 최종 결과물에 대한 정리와 패널 작업은 컴퓨터를 통하여 완성하게 된다. 실내건축 분야에서 주로 사용하는 컴퓨터 프로그램으로는 캐드나 맥스, 스케치업, 일러스트레이션, 포토샵 등이 있다. 컴퓨터 작업이라는 것이 매우 정교하고 수정 작업이 수작업과 비교하여 빠르게 진행될 수 있다는 장점은 가지고 있는 반면, 모니터를 통하여 작업을 진행하게 되기 때문에 실제 패널 크기로 출력이 되었을 때, 글자의 크기나 이미지의 크기 등을 가늠하기가 쉽지 않다. 물론 경험이 많은 사람이라면 실제 크기로 출력되었을 때의 크기를 예상할 수 있겠지만, 작업 경험이 많지 않은 학생들의 경우에는 패널의 크기에 따라 매우 혼란을 겪게 된다.

실내건축의 프레젠테이션을 위한 출력물의 크기는 매우 다양하지만 일반적으로 사용되는 A3, A2 크기나 600×900mm 크기, 900×1200mm 크기, 900×1800mm 크기 등이 많이 활용된다.

실제 크기로 출력을 하기 전까지 학생들은 주로 모니터를 통하여 작업의 결과물을 정리하고 글자 크기나 이미지의 크기를 조정하게 되는데 이 과정에서 실제 출력 크기로 출력을 하였을 때의 이미지나 글자 등의 크기를 예측하기 쉽지 않다는 것이다. 또한 크기뿐만이 아니고 내가 작업한 디자인 작업의 결과물(평면도, 입면도, 이미지 사진, 모형 사진, 다이어그램, 배경이나 이미지 설명을 위한 텍스트 등)의 레이아웃을 결정하는 것이 결코 만만하지 않은 작업이다.

처음 패널을 작업하는 학생들은 평면도를 패널의 어디에 어떤 크기로 배치하여야 하는지, 모형 사진을 패널의 어디에 어떤 크기로 몇 장이나 배치해야 하는지가 매우 난감해진다.

모니터로 수많은 작업의 결과물을 패널 위에 무작정 올려놓다 보면 전체적으로 패널의 레이아웃이 매우 산만해지고 또한 디자인 소스들의 크기에 문제가 생기게 된다. 그렇기 때문에 최종적인 결과물 제작을 위한 패널 작업을 하기 전에 반드시 미리 패널 레이아웃에 대한 검토 과정을 거치는 것이 좋다.

패널 레이아웃을 미리 검토하는 가장 좋은 방법은 자신이 가지고 있는 작품과 관련된 모든 자료(패널 소스)들을 출력하여 내가 만들어야 하는 종이 크기 위에 붙여 보는 방법이다.

다음 페이지의 사례에서처럼 컴퓨터 작업을 하기 전, 미리 패널 레이아웃에 대한 가편집을 해본다고 생각하면 좋다. 내가 최종적으로 작성해야 하는 패널의 크기가 900×1800mm 크기라면 실제로 켄트지나 트레이싱지를 이어 붙여서 900×1800mm 크기로 만들어 벽면에 부착해 두고 그 위에 내가 작성한 평면도, 입면도, 개념 다이어그램, 투시도 등을 출력하여 잘라 붙여 보는 작업이다.

물론 평면도나 입면도와 같은 도면은 적당한 크기의 스케일을 정해서 출력하고 나머지 패널 요소들은 패널 전체의 크기에 맞게 조각조각 붙여 보면서 전체적으로 패널이 산만하지 않고 잘 정리될 수 있도록 작업을 해보는 것이다.

패널 레이아웃이라는 것은 그리 어려운 개념이 아니다. 전체 패널에서 작은 면을 만드는 과정이라고 생각하면 좋겠다.

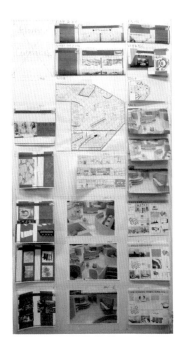

크기가 큰 패널이든 작은 크기의 패널이든 결국 작은 면과 면이 모여서 하나의 전체 면을 만드는 것이기 때문에 이에 대한 이해만 있다면 좋은 레이아웃의 패널을 누구나 작성할 수 있다.

우선 크게 면을 만들어 본 다음에 작은 면들을 만들어 나가면 된다. 각각의 면들이 생성된 다음에는 자신이 가지고 있는 패널 소스를 만들어진 면에 잘 배치하기만 하면 되는 것이다.

패널 레이아웃의 순서는 다음과 같다.

① 내가 가지고 있는 패널 자료 중에서 가장 큰 도면과 이미지가 무엇인지를 생각하여, 가장 우선적으로 실제 패널 크기의 종이 위에 배치하여 자리를 잡아본다.

② 다음으로는 아래의 사례와 같이 크게 면을 구성해 보고 패널 자료들을 면을 구성한 라인 안쪽으로 종이 위에 배치해 보는 방법으로 가패널을 만들어나간다.

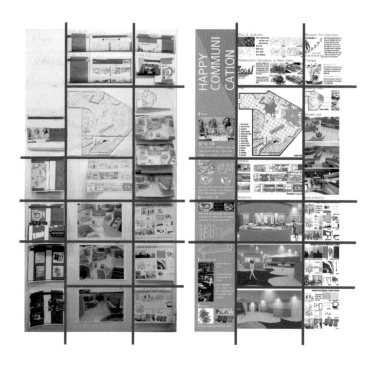

③ 패널 전체에 자료를 모두 붙여 빈공간이 생기지 않을 때까지 작업을 수행하여 레이아웃을 결정한다.

패널 레이아웃이라는 것은 결국 내가 가지고 있는 패널 자료들을 가지고 면 조각 맞추기 퍼즐을 한다고 생각하면 쉽다.

내가 가지고 있는 패널 자료를 종이 위에 붙여 나가면서 면과 면의 구성을 조금만 생각한다면 좋은 패널 레이아웃을 할 수 있게 될 것이다.

아래 그림의 사례는 패널 레이아웃을 컴퓨터로 작업하기 이전에 수작업을 통하여 자신의 작업 결과물을 어디에 어떤 크기로 배치할 것인가에 대한 문제를 검토한 아날로그 가패널과 컴퓨터 작업을 통해 최종 결과물로 출력한 최종 디지털 패널을 서로 비교한 것이다. 거의 같은 레이아웃을 보이고 있다.

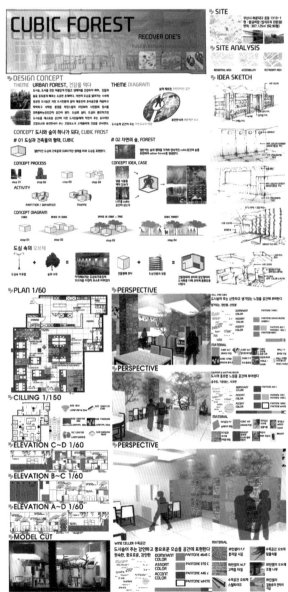

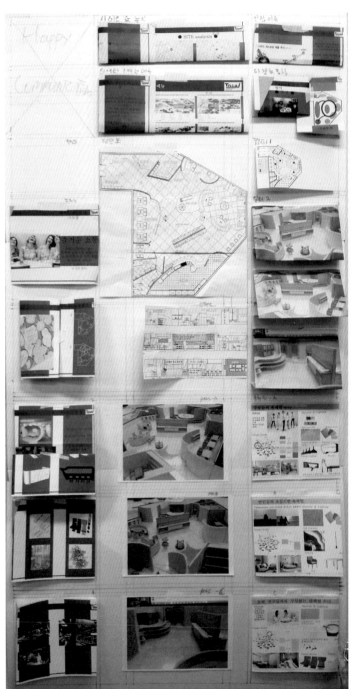

◀ 패널 레이아웃 검토(A 학생 작품 사례)

자신이 실내건축설계 작업 과정에서 표현하려는 다양한 작업의 결과물을 출력하여 실제 패널 제작을 위하여 배치해 보고 크기나 위치를 결정하기 위한 과정이다.

실제 패널의 크기와 같은 켄트지나 우드락 등을 활용하여 자신의 디자인 과정에서 표현하였던 다양한 소스를 모두 모아 출력하고 이를 잘라서 크기와 위치를 결정해 본다. 이를 통하여 컴퓨터로 최종 패널의 레이아웃을 확정하고 검토하는 일련의 작업이 필요하다. 학생들의 입장에서는 조금 번거로운 작업일지 모르지만 실제로 이와 같은 작업을 하고 나서 컴퓨터로 작업을 하는 것이 결과적으로는 작업 시간 단축에 매우 효과적이다.

왼쪽 레이아웃 검토 패널을 다음 페이지에 있는 최종 결과물로 출력된 패널과 비교하여 보면 레이아웃이 거의 일치하고 있다는 것을 확인할 수 있다.

▼ *최종 패널 레이아웃(A 학생 작품 사례)*

수작업으로 패널의 레이아웃을 결정하고, 이를 컴퓨터 작업을 통하여 완성시켜 나간다. 패널 레이아웃 검토 작업을 통하여 매우 빠른 시간에 패널의 완성도를 높이고 패널 레이아웃에 대한 오류를 줄여 나갈 수 있다. 패널 레이아웃 검토 작업을 통하여 좀 더 쉽고 빠르게 컴퓨터로 패널 작업을 수행할 수 있게 된다.

◀ 패널 레이아웃 검토(B 학생 작품 사례)

최종 패널 레이아웃(B 학생 작품 사례) ▶

# 풍류 이곳에 머물다.
궁중요리 레스토랑

## BACKGROUND

궁중음식은 화려하고 비싼 재료만 써서 낭비가 심하다고 모르는 이들을 말하지만, 사실은 그렇지 않다. 우리나라 최고의 식문화를 만들어 온 궁중은 이미 없어졌지만, 궁중의 품격있는 식생활과 한국음식의 정수인 궁중음식의 계승, 발전을 위하여 궁중음식 레스토랑을 계획 한다.

## SITE

## MATERIAR

## FURNITURE

청산의 자연스러움과 흐르는물의 온은한 감성

**HALL**

## THEME
### 옛 선인들의 풍류

옛 선인들은 일상생활을 벗어나 자연 속에서 휴식하고, 벗과 경치 좋은 곳에서 시와 노래로 친목을 다졌다.
'풍류를 즐긴다.' 는 것을 말한다.

우리도 바쁜 일상생활에서 잠시 떠나 미더운 분들과 자연 속에서 하루를 속되지 않으면서 운치있게 보낼 수 있는 공간을 만든다.

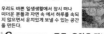

## CONCEPT 1 - 풍류, 음악을 만나다.

풍류 속의 음악은 음악을 듣는 사람과, 연주하는 사람의 마음을 만남을 말한다. 풍류음악의 대표곡인 '영산회상'의 악보를 공간화 하여 풍류음악 자체가 공간이 되어, 레스토랑을 찾는 사람과 공간간의 만남을 담았다.

## MATERIAR

## FURNITURE

바람의 부드러움과 영롱한 달의 감성

**MAIN DINING**

## CONCEPT 2 - 풍류, 자연과 하나되다.

말 없는 청산 이오 태 없는 유수 로다. 값 없는 청풍 이오 임 임 없는 명월 이로다.
이 중에 병 없는 이 몸이 근심 없이 늘그리라.

| 청산 | 유수 | 청풍 | 명월 |
|------|------|------|------|
| 청산의 자연스러움을 표현하는 자연 재료를 사용하여 친근감을 준다. | 흐르는 물의 깨끗함을 화이트 색채의 재료와 대표색으로 표현한다. | 천연염색의 천을 이용해 바람의 부드러움과 가벼움을 표현한다. | 달의 차가움, 선명함 그리고 영롱함을 조명과, 매탈재로로 표현한다. |
| WOOD | WHITE BRICK | WHITE FABRIC | METAL LIGHTING |
| BAMBOO | | | METAL |
| GRAVEL / ARTIFICIAL TURF | WHITE MARBLE | BLUE FABRIC | PUNCHING METAL |
| GRAY BRICK | | | |

## MATERIAR

## FURNITURE

한국의 고풍스러운 감성

**ROOM**

## CONCEPT 3 - 풍류, 벗과 함께하다.

운치있는 자연, 흥이 있는 음악 속엔 항상 벗과 함께 였다.
공간이 자연, 음악이 되어 레스토랑을 찾는 손님들을 벗의 의미를 둔다.

음향, 영상시스템이 강화된 룸을 제공하여 세미나, 이벤트 등이 가능하게 하여 특별한 벗과 함께 할 수 있도록 한다.

시각적인 투명성을 확보하는 재료로 개방성 효과를 주어 공간의 분리, 연결에 매개체로 활용하며, 손님들의 친밀도를 높인다.

## PLAN 1/60

## CEILING PLAN 1/100

## ELEVATION A 1/60

## MODEL CUT

## ELEVATION B 1/60

# DESIGN PRESENTATION

## RD-01. HOT & COOL 분식 레스토랑 _ 한정윤·박영언 작품

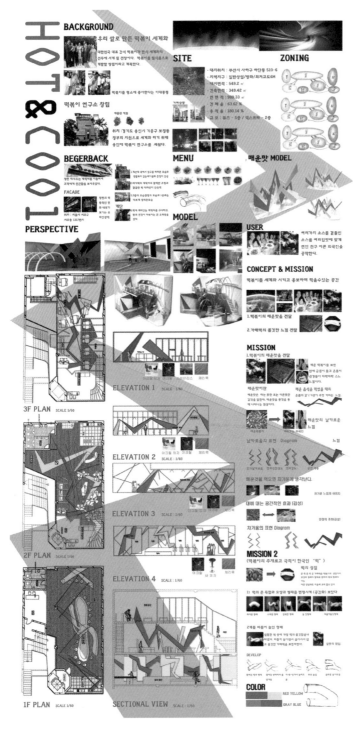

레스토랑의 주요 메뉴를 분식으로 설정하였으며 매운 맛에 대한 형태적인 접근과 해석을 통하여 디자인한 작품이다. 떡볶이라는 분식을 세계화하고 이를 통하여 외국인들에게 친근한 분식을 판매한다는 레스토랑의 배경 설정도 매우 학생다움이 묻어난다. 매운 맛이라는 미각을 사선과 붉은 컬러를 활용하여 공간 디자인을 전개하였다.

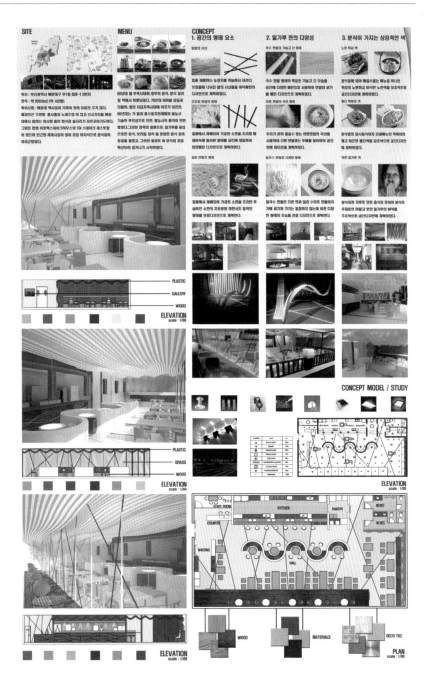

국수 전문 레스토랑으로 공간의 형태적 개념 요소는 국수의 면발이라는 아주 간결하면서도 쉽게 접근하였다. 전체적인 공간 디자인의 과정과 공간에 대한 국수 면발의 해석과 표현이 돋보이는 작품이다.

철판 위의 Performance!

## BACKGRUOND

철판아키는 손님의 앞에서 쇼를 보여주는 일본 전통 퓨전요리이다. 간단한 솔만으로 취급받는 철판아키를 제대로 된 코스요리와 고급화하면서 손님앞에서 요리하는 일본데판야키의 특징을 살리는 레스토랑을 계획한다.

## CUSTOMER

고급스러움과 새로움을 찾는 30대.
단순한 입가심용인 철판요리를 새로움과 고급화를 시켜서 직장인과 젊은 부부 등의 30대를 타겟으로 잡는다.

## THEME
### 철판 위의 PERFORMANCE!

데판야키의 제일 큰 특징이자 가장 큰 볼거리는 역시, 철판 위에서, 손님 바로 앞에서 펼쳐지는 볼쇼!
여러가지 요리가 섞이고 요리가 움직이고 관객은 몰린다!
그야말로 관객과 소통하는 일본 데판야키의 커다란 이벤트!

## WHAT RESTAURNAT

〈체험하는 레스토랑〉
데판야키로 뿐 아니라 일본의 전통적인 의상인 유카타를 입어보거나 일본식 정원을 체험할 수 있도록 공간을 계획한다.

## TEPPANYAKI MENU

## SITE

해운대구 중1동 991-23
(부산시 해운대구 달맞이길 120)

사이트 면적 : 353.38㎡(106.89평)
층고 : 4000mm
·달맞이 고개에 위치.
·바다가 바로 보이는 전망을 가짐.
·건물 1층에 위치.
·건물 전체가 레스토랑을 운영한다.

## SITE ANAYIST

관광지인 달맞이길은 전망이 좋아 사람들이 많이 찾는 지역이다.
레스토랑과 카페가 많지만 인근에 값든 음식을 파는 곳은 없다.
지역 특성상 가격대를 높게 30대를 타겟으로 잡은 것은 적절하다.

## CONCEPT
### CONCEPT 1. 요리사의 퍼포먼스
불판 위에서 움직이는 요리사의 바쁜 움직임을 공간 전체에 형태적으로 반영한다.

형태화

요소

STEP

기능

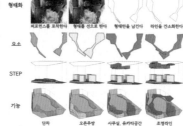

단차    오른주방    사무실, 유카타공간    조명라인

### CONCEPT 2. 불꽃
철판 위에서 피어나는 불꽃의 형태를 반영하여 메인테이블과 조형물을 만든다.

메인
쇼테이블

데판야키를 하는 불판 앞의 붉은색 테이블 라인이 천장까지 타고 올라가 불꽃이 된다.

## PLAN

1 ENT
2 카운터
3 Waiting Room
4 정원A
5 객석쇼
6 테이블쇼/더블
7 도큰주방
8 보조주방
9 바카운터
10 사무실
11 탈의실
12 불꽃창호
13 유카타 체험공간/드레스루움
14 화장실
15 객실
16 객석
17 단차쇼
18 정원B

SCALE : 1/60

## ELEVATION

SCALE : 1/60

## CEILING PLAN

SCALE : 1/130

## SPACE PROGRAM
### 유카타 체험공간

일본 전통 의상 중 하나인 유카타를 체험하고 한다. 유카타를 갈아입을 탈의실과 포토존을 공간에 배치한다.

## MODEL PHOTO

## COLOR&METARIAL 메인 홀
〈다이나믹한〉
적용공간 : 메인홀
불꽃의 다이나믹함을 표현한다.

PANT 40SC
PANT 38SA
PANT 23SC
PANT 107C

## COLOR&METARIAL 객석
〈편안한〉
적용공간 : 객석
목신하고 편안한 분위기를 만든다.

PANT 40SC
PANT 79SC
PANT 23SC
PANT 873C
PANT 150SC

## COLOR&METARIAL 대기실
〈돋보이는〉
적용공간 : 웨이팅룸
정원을 동보일 수 있게한다.

## PERSPECTIVE 마을속에서 메인홀을 보는 뷰

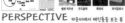

## PERSPECTIVE 들어서서 객석을 바라보는 뷰

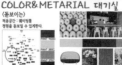

## PERSPECTIVE 주방에서 대기실을 보는 뷰

이 작품은 동남아의 음식 문화를 알리고 외국 현지의 맛을 한국 사람들에게 재현하기 위한 레스토랑의 공간 디자인이다. 동남아 3개국의 지역적인 특색과 풍경의 아름다움을 공간에 담고, 더불어 음식 재료가 가지는 고유의 색과 감성을 표현하려고 하였다. 또한 동남아 현지의 언어를 공간에 그래픽적인 요소로 활용하여 보다 이국적인 느낌을 살려 색다른 느낌을 부여하였다.

레스토랑 공간의 형태적인 접근은 동남아 음식의 근본이 되는 계단식 논의 형태를 조형적으로 해석하고 이를 통하여 레스토랑의 디자인에 가미하였다. 동남아 요리를 맛보는 공간과 더불어 간단한 요리를 배우고 체험할 수 있는 공간도 마련하였다. 1층 공간의 구성은 정갈하고 최대한 많은 인원을 수용할 수 있도록 테이블을 구성하였는데, 다양한 테이블 배치 방법을 수용하여 공간에 다양성을 부여하였다. 2층 공간의 구성은 중앙의 sit-on-table을 배치하여 공간에 중심성을 부여하고, 이를 중심으로 홀과 대기 공간, 테이블 등을 배치하였다. 가구의 디자인과 컬러, 마감재료 선정 등에 있어서도 동남아 국가들의 지역적 특성을 살렸다.

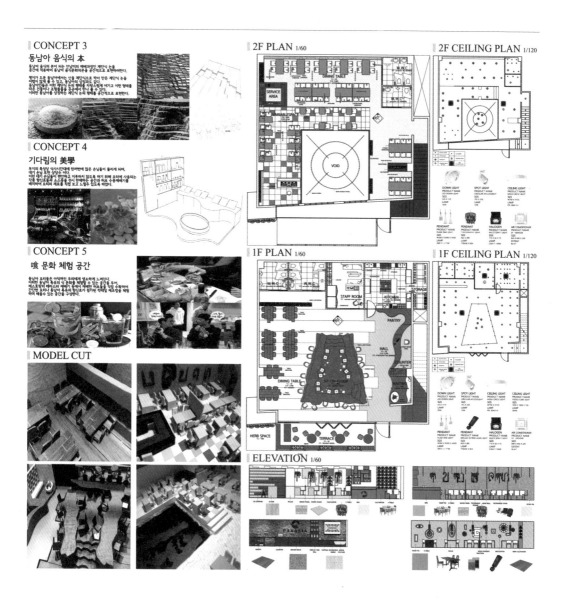

# CONCEPT 3

## 동남아 음식의 本

# CONCEPT 4

## 기다림의 美學

# CONCEPT 5

## 喰 문화 체험 공간

# MODEL CUT

## 2F PLAN 1/60

## 2F CEILING PLAN 1/120

## 1F PLAN 1/60

## 1F CEILING PLAN 1/120

## ELEVATION 1/60

이탈리아 전통 피자를 전문으로 판매하는 레스토랑 디자인이다. 이탈리아 전통 피자에 대한 메뉴 정보 검색과 이탈리아의 지역 정보에 대한 조사 과정을 통하여 공간 디자인에 대한 깊이 있는 접근성을 확보하였다. 또한 전반적인 공간 컬러의 선택과 공간 디자인에 대한 가구 선정 등에 있어서도 이탈리아라는 국가가 가진 다양성 있는 문화적 특성을 고려하였다.

실내건축공간 디자인에 대한 개념으로 이탈리아 전통춤의 하나인 tarantell의 박자와 리듬감 요소를 형태적으로 벽면과 공간에 활용하고, retro chic라는 느낌을 공간의 감성으로 활용하여 디자인에 접근하였다. 마감재료와 재질감의 표현을 통하여 감성을 도출해내고 레스토랑이라는 공간에 표현한 작품이다. 평면을 보면 중앙 부분 홀을 중심으로 삼각 형태의 테이블을 배치하여 공간에 포인트를 주고, 이를 중심으로 측면에 잘 정돈된 테이블 배치를 통하여 전체적인 공간에 안정감을 부여하였다. 천장 디자인 또한 분절된 느낌의 이미지로 공간 볼륨에 입체감을 부여하고 원색적인 가구 컬러를 통하여 포인트를 주고 있다.

**COLOR WOOD** **FIRE WOOD** **METAL** **WHITE BRICK**

**FIRE SPOT** **MARBLE** **POLYCABONATE**

가장 안쪽의 단체석에서 전체적인 레스토랑 중앙 MAIN HALL을 바라본 투시도이다. 천정에 분절의 느낌을 주어 컨셉을 강조하였다.

**WHITE TILE** **GREEN TILE**

**BLUE TILE** **BLACK TILE** **LEATHER** **WOOD PALLET** **FOLDING DOOR**

가장 아랫쪽 단의 MAIN HALL에서 가장 안쪽의 단체석 방향을 바라본 투시도이다. 개비온 형식의 개비온을 이용하여 화덕피자 레스토랑의 이미지를 강조하였다.

## PLAN 1/60

STORAGE
STAFF
KITCHEN
MAIN HALL APP.BLUE TILE FIN (500 X 500)
MAIN HALL APP. EPOXY.FIN
MAIN HALL APP.WHITE TILE. FIN (500 X 500)
TOILET
APP.EPOXY.FIN
COUNTER APP.WHITE TILE.FIN (500 X 500)
MAIN HALL APP.WHITE TILE.FIN (500 X 500)
WAITNG

## CEILING PLAN 1/100

**Halogen** **Rail light** **Pendant**

**Ceiling light** **Down light** **Chandelier**

## CIRCULATION

직원 동선
손님 동선

ZONING

STEFF
STEFF
KITCHEN
MAIN HALL
SERVICE
MAIN HALL
SERVICE
MAIN HALL & COUNTER

## ELEVATION-A 1/60

## ELEVATION-B 1/60

대리석 테이블

## ELEVATION-C 1/60

형제 의자

## PERSPECTIVE

## ELEVATION-D 1/60 | FACADE

전시공간은 메시지와 정보다

# EXHIBITION DESIGN

# PROGRAM & REQUIREMENT

## EXHIBITION SPACE 개념

· 전문적인 성격의 특화된 전시관, 박물관, 홍보관, 기념관 등이 모두 전시공간
  의 범주에 포함된다.
· 전시공간은 문화공간으로서 사람들의 커뮤니티 형성과 다양한 체험 및 흥
  미 요소가 필요하다.
· 전시 디자인은 다양한 전시 매체 활용으로 전시공간과 전시 연출 중심의 표
  현에 주안점을 둔다.
· 전시 시나리오, 전시 연출 방법, 전시 매체에 대한 접근성을 중심으로 전시
  공간을 디자인한다.
· 전시공간은 주요 관람객 대상층에 따라 디자인의 방향이 달라진다. 예를 들
  어 어린이를 위한 전시공간과 청소년을 위한 전시공간은 계획의 방향과 디자
  인 접근 방법이 다르다.

## 설계 진행의 포인트

· 용도는 미술관, 박물관, 홍보관, 기념관 등에 대한 전시공간 및 부속 기능 공
  간을 수용한다.
· 대지는 문화 시설로서 가치를 극대화할 수 있는 장소로 선정하는 것이 좋다.
· 소요 시설은 다음 표에 사례로 제시된 주어진 스페이스 프로그램을 참고하
  여 설정한다.
· 공간 개념과 주제에 부합하는 전시 쇼케이스 배치와 디스플레이를 포함하여
  계획의 방향을 설정한다.
· 전시 주제와 개념에 부합하는 독창적인 공간계획이 요구되며, 전시 배치, 평
  면, 입면, 전시 연출, 전시 시나리오, 관람 동선 계획 등을 모두 포함하여 계
  획을 진행한다.
· 전시공간 디자인은 공간의 형태적인 부분보다 전시 내용에 대한 연출에 주
  안점을 두어 진행한다.
· 전시 설계는 전시 매체와 전시 연출 기법에 대한 기초적인 지식을 반드시 숙
  지하여 진행한다.
· 전시 대상에 대한 밀도 있는 조사와 검토가 좋은 전시 기획을 만든다는 사
  실을 꼭 기억하자.

## SPACE PROGRAM

| 영역 구분 | SPACE PROGRAM(단위 : m²) |
|---|---|
| O. 야외 전시 영역 및 옥외 시설 계획 | 야외 전시 영역을 일부 포함할 수 있다(전체 면적에 포함) |
| E. 전시 영역 | 195 |
| E10. 제1전시실 | 90 |
| E20. 제2전시실 | 60 |
| E30. 특별 전시실 | 45 |
| P. 공공·편의 영역 | 110 |
| P10. 중앙홀/ 인포메이션 / 티케팅 / 화장실 등 | 50 |
| P20. 뮤지엄 숍 | 30 |
| P30. 카페테리아 | 30 |
| H. 기타 영역(복도, 창고 등) | 25 |
| 총계(전시공간과 공공 편의 영역) | 330m²(100평) |

상기 내용은 일반적인 전시공간의 스페이스 프로그램 사례이며 공간 기능을 추가적으로 설정하여 계획하여도 좋다. 또한 제1전시실과 제2전시실 규모를 합쳐 전시공간을 하나로 계획하는 방안도 가능하다.

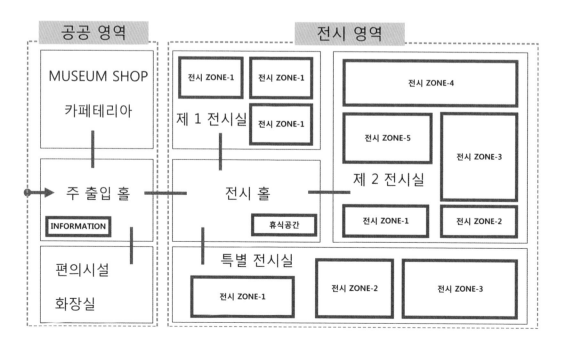

# DESIGN THEORY & ELEMENTS STUDY

## MUSEUM 기능과 SPACE PROGRAM

### 박물관의 전시 기능

박물관에서의 가장 중요한 기능은 전시 기능과 보존 기능이라 할 수 있으나 이 외에도 관리 운영, 교육, 공공 편의 등을 위한 공간 기능이 요구된다. 종종 수장 기능이 존재하지 않는 기획 전시 위주의 박물관이나 미술관도 존재하지만 일반적으로는 전시 자료를 지속적으로 보존하기 위한 수장공간을 가지고 있다.

박물관의 다양한 기능공간 중에서도 특히 전시 기능은 관의 성격을 결정하는 가장 중요한 요건이 되며 전시 자료의 유형과 특성에 따라 그 공간적인 규모가 결정된다. 단순하게 생각하면 전시공간이라는 것이 관람자들에게 전시 자료를 보여주는 기능만을 수행하는 것처럼 보이지만 관람자적인 측면 이외에 전시 자료, 관리자적인 측면에서 보면 보다 복합적인 기능을 지니고 있다. 따라서 공간을 디자인하는 계획자는 이들 기능이 모두 수용될 수 있도록 고려해야 한다.

박물관에서 전시공간의 기능을 살펴보면 다음과 같은 요소들의 구성에 의해 결정된다.

▼ 전시공간의 기능 결정 요소

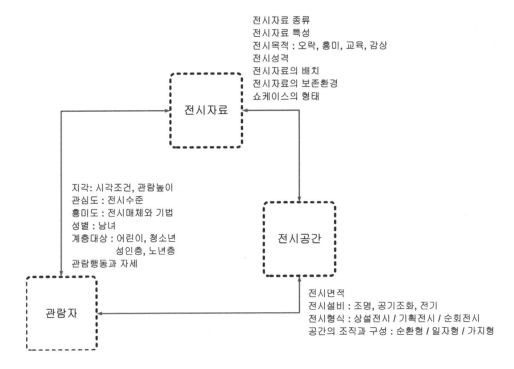

전시자료 종류
전시자료 특성
전시목적 : 오락, 흥미, 교육, 감상
전시성격
전시자료의 배치
전시자료의 보존환경
쇼케이스의 형태

전시자료

전시공간

지각: 시각조건, 관람높이
관심도 : 전시수준
흥미도 : 전시매체와 기법
성별 : 남녀
계층대상 : 어린이, 청소년
　　　　성인층, 노년층
관람행동과 자세

관람자

전시면적
전시설비 : 조명, 공기조화, 전기
전시형식 : 상설전시 / 기획전시 / 순회전시
공간의 조직과 구성 : 순환형 / 일자형 / 가지형

## SPACE PROGRAM 사례

박물관에서 요구되는 기능공간은 관의 성격과 전시 자료의 종류 및 특성에 따라 다르게 나타나지만 일반적으로 다음과 같은 소요실들이 필요하다. 또한 각 소요 실들은 적당한 공간적 규모 수준을 유지할 수 있어야 한다.

다음은 소규모 박물관의 경우 일반적인 스페이스 프로그램 사례이다.

| 영역 구분 및 소요실 | SPACE PROGRAM |
|---|---|
| O. 야외 전시 영역 및 옥외 시설 계획 | 야외 전시 영역을 포함할 수 있다. |
| E. 전시 영역 | 전체 연면적 규모의 20–30% 수준. |
| E10. 제1전시실 | 전시 준비실을 포함하는 경우도 있다. |
| E20. 제2전시실 | |
| E40. 특별 전시실 | |
| P. 공공·편의영역 | |
| P10. 중앙홀 / 인포메이션 / | 라커 : 0.5㎡/1개 |
| 티케팅 / 화장실 / 라커룸 등 | 안내 카운터 : 5㎡/1인 |
| P20. 뮤지엄 숍 | |
| P30. 카페테리아 / 식당 | 1.5㎡/1인 |
| E. 교육·연구 영역 / 유지·관리 영역 | |
| E10. 학예연구실 / 일반 사무실 / 관장실 | 사무실 : 7㎡/1인 |
| E20. 도서관 / 강당 / 세미나실 / 강의실 | 강의실, 세미나실 : 2㎡/1인 |
| S. 수장 영역 | 전체 연면적 규모의 7–12% 수준. |
| S10. 수장고 / 임시 수장고 | |
| S50. 기타 지원 시설 | 포장 해체실, 사진촬영실, 창고 등. |
| H. 공공 영역 | |
| H10. 변전실 / 기계실 | |
| H20. 중앙통제실 | |
| H30. 창고 등 공용 공간 | |

전시공간의 스페이스 프로그램은 전체적인 전시 주제와 조닝에 따라 구분될 수 있으며, 전시 준비실을 포함하는 경우도 있다. 특히 특별 전시실이나 기획 전시 실을 계획하는 경우에는 기획 전시나 특별 전시의 전시 자료 교체를 위해 임시 적으로 일반 관람객의 출입을 금지하는 경우도 있기 때문에 다른 상설 전시실과 는 영역과 동선상 구분하여 독립적으로 설치하는 것이 좋다.
전시공간에 특별한 교육적 체험공간이나 독립 부스 형식의 공간이 요구되는 경 우에는 이를 스페이스 프로그램으로 설정하여 운영할 수 있다.

## ZONING & 공간 구성 체계

### 박물관의 조닝과 공간 구성 체계

박물관의 공간 구성은 일반 관람객들의 접근이 가능한 공공공간(general public space)과 일반 관람객의 접근이 불가능한 비공공공간(non-public space)으로 크게 구분할 수 있다. 공공공간에는 전시공간, 중앙홀, 휴게공간, 뮤지엄 숍, 레스토랑, 강의실, 화장실, 라커룸 등이며, 비공공공간에는 수장고, 학예원실, 중앙통제실, 관리실 등이 있다.

박물관의 공간 구성은 실제로 매우 복잡한 메커니즘으로 구성되지만 매우 기본적인 기능공간의 구성과 영역을 살펴보면 아래 그림과 같다.(자료출처: 최준혁, 《EXHIBITION DESIGN GUIDE OF MUSEUM》, p.31 재인용)

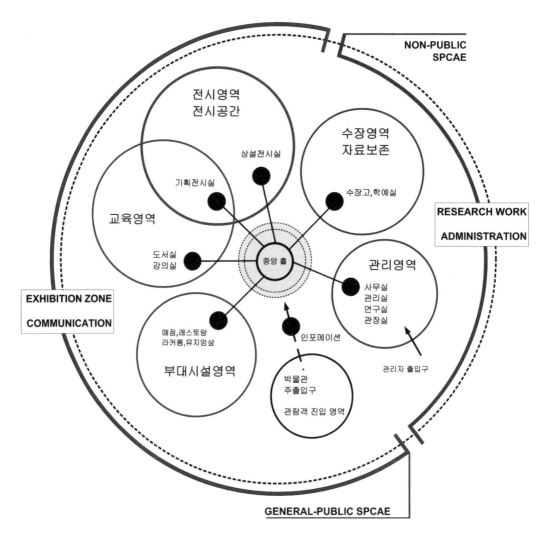

# 전시 레이아웃 지표
## : 전시 자료의 배치(시각 조건, 쇼케이스 배치 방식 등)

### 시각 조건 : 관람자의 감상 조건과 전시실 폭

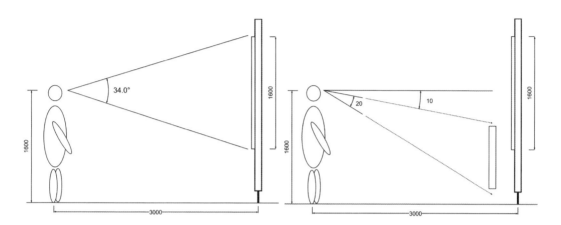

▲ *일반적인 시각 조건*

사람의 눈높이를 1.6m로 보았을 때 1.6m 크기의 전시 자료를 감상하기 위해서는 3m 정도의 폭이 요구된다.(0.8m 크기 자료인 경우는 최소한 1.5m의 전시실 폭이 필요)

참고 : 작품 대각선 길이의 1.5배 정도를 적정 감상 거리로 보는 경우도 있다.

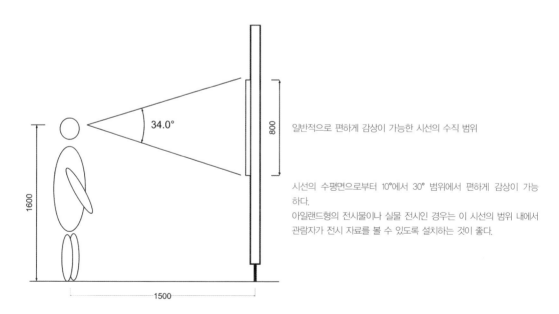

일반적으로 편하게 감상이 가능한 시선의 수직 범위

시선의 수평면으로부터 10°에서 30° 범위에서 편하게 감상이 가능하다.
아일랜드형의 전시물이나 실물 전시인 경우는 이 시선의 범위 내에서 관람자가 전시 자료를 볼 수 있도록 설치하는 것이 좋다.

관람자가 일반적으로 가지는 시선의 시각은 전시 자료의 크기와도 관련이 있으며 자료의 크기가 커질수록 감상을 위한 전시실의 폭도 커져야 한다. 따라서 전시 자료의 크기를 고려하여 전시실의 폭을 결정하는 것이 바람직하다.

## 쇼케이스 배치 방식

전시공간의 레이아웃에 영향을 주는 요소로는 쇼케이스의 배치 조건이 있다. 현재 전시공간에 사용되는 쇼케이스는 그 유형과 형태가 매우 다양하지만, 궁극적으로 쇼케이스를 전시공간의 어느 장소에 위치시키는가에 따라 관람객의 동선과 평면 디자인의 대략적인 윤곽이 드러나게 된다. 쇼케이스의 위치 선정은 관람객의 동선과 전시 내용, 전시공간의 조닝 등에 따라 결정해야 하며, 이러한 쇼케이스의 배치 방식은 관람객이 전시 자료의 전모를 자연스럽게 볼 수 있도록 하는 중요한 열쇠가 된다.

쇼케이스의 배치를 살펴보면 일반적으로 아래 그림과 같은 유형으로 구분이 가능하며 전시공간 디자인에 있어서 관람객들의 이동 방향이나 관람의 순서를 결정하기 위한 조건으로 매우 중요하다.

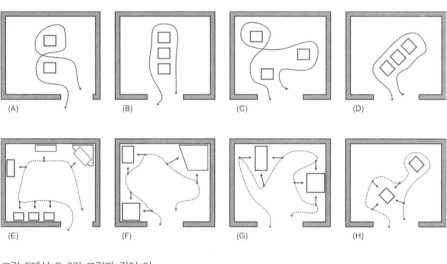

그림 E에서 G-2의 그림과 같이 아일랜드형 쇼케이스를 전시공간에 배치하는 것은 관람객에게 시각적인 흥미로움을 전달할 수 있고, 특별한 전시 자료를 다른 전시 자료와 차별화하기 위한 방안으로 매우 적절한 수법이다. 하지만 전시 관람객의 동선에 혼란을 주고 다른 전시 자료를 관람객이 보지 않고 지나쳐 버리는 경우가 빈번하게 나타나기 때문에 이를 배치할 경우에는 공간의 규모와 벽면의 다른 전시 쇼케이스와의 배치를 모두 고려하여 결정해야 한다.(자료출처: 최준혁, 《EXHIBITION DESIGN GUIDE OF MUSEUM》, p.90-91 재인용)

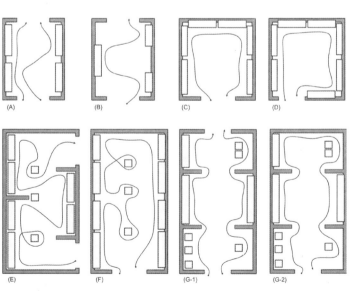

## 관람 행태와 동선 체계 : 전시공간에서 관람객의 이동

### 입구와 출구의 개수와 위치에 따른 동선

아래 그림에서 보면 A는 입구가 1개인 경우이며 B에서 G는 출입구가 2개소, H의
경우는 출입구가 3개소인 경우이다. B에서 G와 같이 출입구가 2개소인 경우라도
그 위치에 따라서 관람객의 움직임과 동선이 모두 다르게 나타나기 때문에 이를
공간계획에 고려하여야 한다. 특히 좁은 공간에서 그림 H와 같이 출입구가 많아
지면 관람객의 동선에 혼란이 발생될 수 있고 다음 전시공간으로의 이동이나 들
어오고 나가는 다른 관람자와의 혼잡이 발생할 수 있기 때문에 전시공간의 동선
계획에서 입구·출구의 개수와 위치는 매우 중요한 요소가 된다.

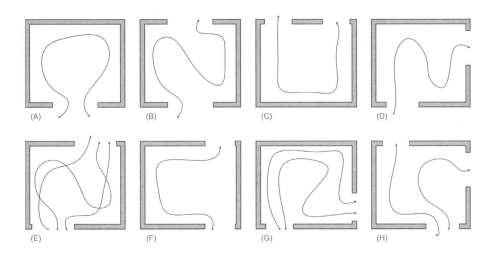

### 공간구성에 따른 동선

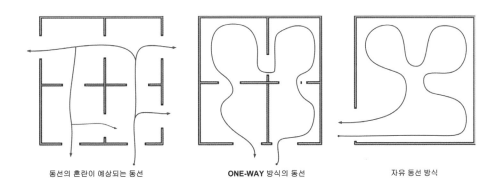

동선의 혼란이 예상되는 동선          **ONE-WAY** 방식의 동선          자유 동선 방식

## 관람객의 관람 행태와 동선

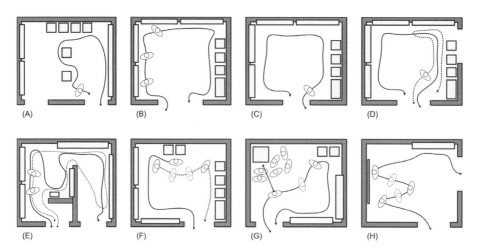

(A)   (B)   (C)   (D)

(E)   (F)   (G)   (H)

- (A)는 들어왔던 입구로 다시 되돌아 나가는 행동이다. 관람자는 자신이 들어 왔던 입구를 통해서 다시 나가는 행동의 특성을 보인다.
- (B)는 앞에서 전시를 관람하는 다른 사람을 무작정 따라가면서 자신도 관람 을 하는 행동이다.
- (C)는 일반적으로 관람자는 입구에서 반시계방향으로 회전하며 전시를 관람 하는 경우가 많다.
- (D)는 전시공간에 있는 전시물을 모두 관람하지 않고 중간에 관람을 포기하 는 행동이다.
- (E)는 관에서 정해 놓은 관람의 순서와 반대로 역행하여 움직이는 행동이다.
- (F)는 다른 관람자가 특정의 전시물 앞에 서서 오랜 시간 상세하게 관람을 하 고 있는 경우 자신은 그 전시물을 보기 위해 기다리거나 머무르지 않고 그대 로 지나쳐 버리는 행동이다.
- (G)는 단체 관람객 등이 입장하여 전시물을 관람하고 있는 경우에 자신은 멀 리서만 전시물을 대충 보고 지나쳐서 다른 전시물로 가버리는 행동이다.
- (H)는 대형 그림이나 조각 등은 가까이에서도 관람을 하고 또 멀리 물러나서 도 관람을 하게 되는 관람자들의 행동이다. 이러한 경우는 전시실의 폭이 충 분하게 마련되지 못하면 관람자들 사이에서 동선이 마구 크로스되는 현상이 발생되어 전시실 내에 혼잡이 발생한다.

관람자들의 행태를 전시공간계획에 반영한다면 관람자가 전시물을 보다 자연스 럽게 볼 수 있도록 전시 연출을 할 수 있게 되고, 더불어 전시물들의 레이아웃에 대한 계획상의 가이드라인을 명확하게 할 수 있다.

## 자연채광과 조명

### 자연채광 활용 사례

아래 제시된 자연채광 방식은 가장 일반적으로 활용되는 사례이다. 자연채광이 풍부한 공간이 좋은 공간이지만 전시 자료의 속성에 따라서는 자연채광을 적극적으로 활용하는 것이 좋은 공간과 그렇지 않은 공간을 구분하여 디자인에 반영해야 한다. 예를 들어 유화나 수묵담채화, 고서적 등의 전시 자료는 자연채광이 작품에 좋지 못한 영향(변색이나 탈색 등)을 주기 때문에 자연채광을 최소화하는 것이 좋다.

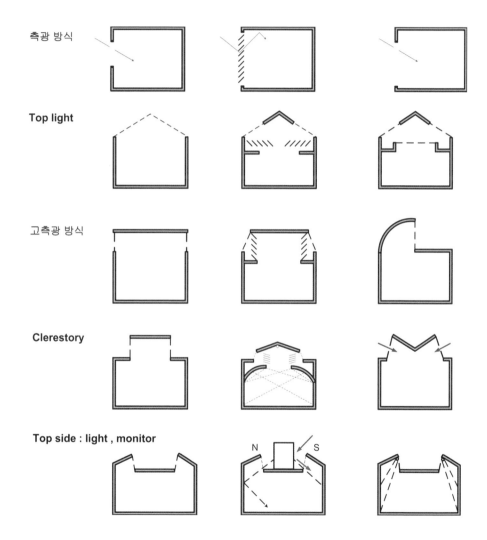

측광 방식

Top light

고측광 방식

Clerestory

Top side : light , monitor

## 전시공간의 조명 사례와 종류

· Spot light

일반적으로 전시공간에 가장 많이 사용되는 조명의 유형이다. 조명 라인을
천장에 설치하여 조명의 위치를 자유롭게 조절할 수 있다.

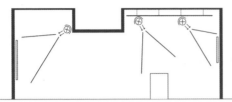

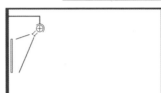

Spot light

· Showcase light

쇼케이스 내부 조명 방식. 전시물을 위한 조명으로 쇼케이스 내부에 조명을 설
치하는 방식이다.

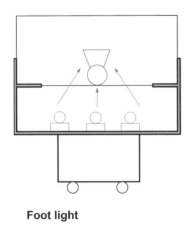

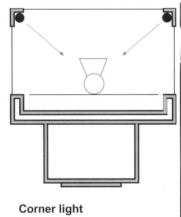

**Foot light**          **Corner light**

# 전시 매체의 종류

쇼케이스 : 일반적으로 가장 많이 활용되는 전시 매체로 독립적으로 제작된 형태의 전시대

· 아일랜드형 쇼케이스(독립 진열대) 사례

· 아일랜드형 쇼케이스 + 벽부형 쇼케이스 활용 사례(부산박물관)

## 사진 및 그래픽 패널 : 활용도가 가장 많은 전시 매체로 그래픽 이미지나 사진을 활용한 패널 형태

사진과 그래픽 패널은 가장 일반적인 전시 매체이지만 다른 매체와의 혼용으로 좋은 전시 연출을 할 수 있다.

· 사진과 그래픽 패널을 활용한 연출(부산근대역사관)

· 그래픽 패널과 모형을 활용한 연출(동경미래관)

· 그래픽 패널과 모형을 활용한 전시 연출(과천국립과학관)

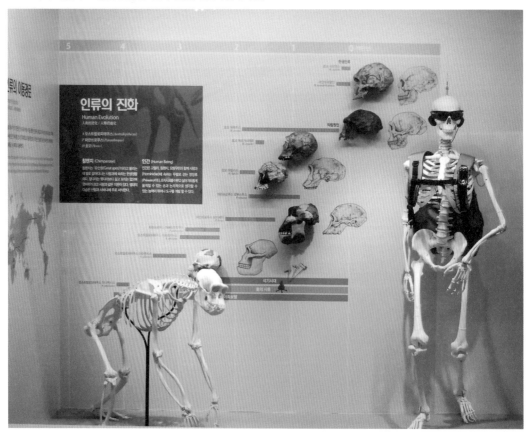

# 첨단 전시 장치(영상, 터치스크린, 특수 전시 매체 등)

· 영상 매체 활용(빔프로젝터 사용 : 동대문역사문화공원홍보관)

· 영상 매체 활용(LCD 모니터 사용 : 부산상공회의소 홍보관)

· 터치스크린(관람자가 화면을 터치하여 다양한 정보를 검색하는 방식으로 구성된 디지털 전시 매체)

*벽면형 터치스크린 매체 활용 ▶*
*(유엔평화기념관)*

*터치스크린 키오스크 매체 활용 ▶▶*
*(과천국립과학관)*

*터치스크린 키오스크 매체 활용 ▶*
*(대한민국역사박물관 홀에 설치되어*
*박물관의 건축 개념 등의 정보를*
*알려준다)*

· 특수 전시 매체

▲ 슬라이딩 비전(관람자가 테이블에서 지역을 선택하면 비전이 움직이며 지역의 산업 정보를 상세하게 알려준다)

▲ 크로마키 시스템(울산박물관 해울이관)
(영상합성시스템으로 BLUE SCREEN에 의상을 입고 관람자가 서서 바닥의 동그란 선택 버튼을 눌러 배경을 선택하면 배경 속에 관람자 자신이 나타나도록 영상이 구성되고 사진촬영을 할 수 있도록 연출하는 전시 매체)

# 전시 연출 기법

## 실물 / 모형 / 표본 전시

실물이나 모형, 표본 등을 직접 활용하여 전시를 연출하는 전시 기법이다.
전시의 리얼리티를 살릴 수 있는 좋은 연출이다. 실제 크기의 제작 모형이나 전시 자료의 보존 조건과 가치에 따라서는 실물을 그대로 전시하는 경우도 있다.
관람객이 전시물을 만져 볼 수 있도록 하는 전시 연출은 흥미도를 높일 수 있지만 전시물의 가치가 높은 경우에는 전시물을 보호하기 위한 가이드라인을 설치해야 한다.

▲ 작품을 전시대에 실물로 연출한 전시
　사례

모형을 통하여 연출된 사례 ▶
(한성백제박물관)

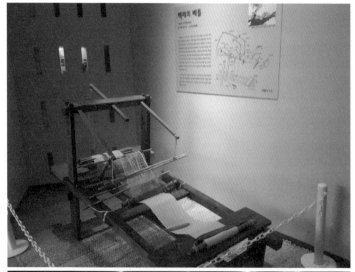

◀ 백제시대의 베틀을 실제 크기의 모형으로 연출한 전시 사례(한성백제박물관)

◀ 동물 박제와 식물 표본을 활용하여 생태계를 연출한 사례(목포자연사박물관)

◀ 마을의 건축물을 모형으로 재현하여 연출한 사례(오사카역사박물관)

# 아일랜드형 전시 기법

전시실 바닥공간을 활용하여 독립적으로 전시 자료를 설치하는 전시 연출 방법

▲ 자동차 체험모형을 전시실 바닥 중간에 배치하는 방식의 아일랜드형 전시 연출(해울이관)

▲ 우물 모형을 전시실 바닥 중간에 배치하는 방식으로 아일랜드형 전시 연출(국립경주박물관)

▲ 독립형 쇼케이스를 전시실의 바닥 중간에 배치하는 방식으로 아일랜드형 전시 연출(증권박물관)

## 디오라마 전시 기법

배경이 되는 이미지와 모형, 설명 패널 등을 복합적으로 활용하여 연출하는 전시 방법이다.

◀ 디오라마 기법을 통하여 연출된 구석기
시대 사람들의 생활상(한성백제박물관)

◀ 디오라마 기법을 통하여 연출된 생태계
의 모습(국립생물자원관)

## 하모니카 전시 기법

하모니카 전시는 동일한 형태의 전시공간을 연속적으로 배치하여 동질감 있는 공간을 구성할 수 있는 연출 방법이다. 공간 구성이 단조롭게 보일 수 있으나 전체적으로는 통일감이 있고 조화로운 전시공간 구성이 가능한 연출 방법이다.

## 파노라마 전시 기법

연속성을 가지는 주제의 전시 자료나 모형, 그래픽 패널 등을 배치한 전시 연
출 방법

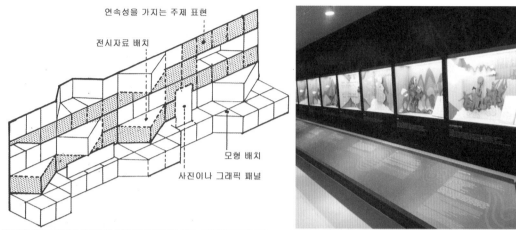

연속성을 가지는 주제 표현
전시자료 배치
모형 배치
사진이나 그래픽 패널

▲ 파노라마 전시는 하나의 전시 주제를 다양한 전시 매체를
통하여 연출함으로써 전시의 흐름과 연속성을 강조한 전시
방법이다. 특정 시대의 전시나 하나의 주제 안에서 연속된
시대 순서로 전시 연출하는 경우 유효한 전시 방법이다. 예
를 들어 1940년대의 생활상을 하나의 주제로 하여 가전제
품, 사람들의 일상생활 모습, 그 시대의 교통수단 등을 연
속적으로 구성하여 연출하는 방법이다.

## 체험 전시 기법

관람자가 직접 전시물을 조작하거나 만지면서 체험할 수 있도록 전시를 연출하는 방법

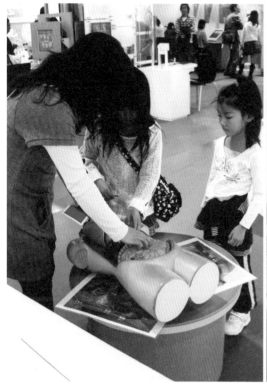

▲ 인체 내부 모습을 모형을 통해 만지면서 체험

▲ 과학 원리를 모형을 통해 조작해보면서 체험

우리나라의 다양한 전통 국악기들의
소리를 귀로 들어 볼 수 있도록
연출한 체험 전시 ▶

# PROJECT DESIGN PROCESS

## 전시공간의 개념 변화와 박물관 분류에 대한 이해

전시공간을 디자인하기에 앞서 우선적으로 전시공간 개념의 변화와 전시공간의 다양한 유형을 알 필요가 있다.

전시공간에 대한 기본적인 이해도 없이 디자인을 한다는 것은 매우 어려운 일이며, 전시공간을 디자인하는 작업 자체도 그리 쉽고 편한 작업이 결코 아니다. 기본을 충실하게 학습해야만 좋은 전시 디자인을 할 수 있는 것이다.

### 박물관과 전시의 개념 변화

전시공간의 개념은 다양한 변화 과정을 거치면서 고래로부터 현재에 이르고 있다. 원시시대부터 인간들은 무엇인가를 모아두는 공간을 만들기 시작하였고 이러한 저장 창고나 보존 장소로서의 개념이 박물관의 시초라 하겠다.

보존 장소로서의 개념에서 벗어나 유럽 귀족들이 예술 작품(그림이나 조각 등)의 수집이나 귀중품들을 보관하거나 수집품들의 자랑을 위해 나무 상자나 유리 케이스에 진열하는 형태로 개념의 변화가 나타났고, 이것이 전시라는 공간 개념의 시작이라 해도 과언은 아닐 것이다. 예술 작품이나 귀중품을 안전하게 보관하고 보존하며 이를 감상하기 위한 진열 공간을 만드는 행위를 시작함으로써 현대적 개념의 박물관의 가장 주요한 공간 기능인 수장 개념과 전시 개념이 공존하는 공간이 나타나게 된 것이다.

18세기 이후 대중들의 목소리가 높아지고 점차 대중이 사회문화의 모든 분야를 점유하게 되면서 귀족이나 부유층 사회 인사들의 개인적인 과시와 감상을 위해 보존되고 진열되던 것들이 대중들에게 공개되기 시작하고, 현대적 의미의 박물관 개념이 나타나게 되면서 전시라는 개념이 적극적으로 대중들에게 보여주기 위한 공간으로서의 의미를 갖게 된다. 1753년 대영박물관이 대중들에게 공개되면서 이러한 개념은 점차 확대되어 나가기 시작한다.

현대의 박물관 개념은 관람자들과 함께 호흡하고 다양한 체험과 즐거움을 선사하는 문화와 교육 시설로서 자리매김하고 있으며, 전시공간의 개념 또한 다양한 전시 매체와 첨단의 기술력을 바탕으로 하여 관람자들에게 전시 자료가 가지고 있는 정보를 보다 효과적으로 전달하는 데 주력하고 있다. 또한 전시 자료와 관람자 그리고 전시공간이 상호교류하며 단순한 보존과 전시가 아닌 교육과 휴식, 삶과 문화의 일부로서 진화해 나가고 있는 것이다.

현재의 전시공간은 자료를 잘 보여주고 이들의 정보를 관람자에게 전달하는 곳이 아니라, 관람자들과 함께 상호작용을 위한 전시공간 환경을 창출하는 것이다. 관람자가 전시 자료와 소통하고 전시를 단순하게 바라보는 것이 아닌 관람자가 전시에 적극적으로 참여하고 이를 통하여 교육과 문화라는 두 가지 가치를 만들어나가는 것이다.

현대 전시공간의 개념은 디지털이라는 전시 매체의 도움으로 매우 빠르게 진화되고 있다. 하지만 적당한 디지털과 아날로그 매체의 조화가 이루어져야 하며 이를 통해 감동이 있고 이야기가 있는 전시 연출의 개념으로 점차 진화되고 있는 것이 현실이다.

## 박물관 전시의 유형 분류

박물관의 전시는 다양한 기준에 따라 그 유형의 구분이 가능하다. 일반적으로 지구상의 모든 문물과 자연이 전시공간의 전시 대상으로 존재할 수 있기 때문에 어떻게 보면 전시의 유형을 구분한다는 것 자체가 무의미한 작업일 수도 있다. 하지만 박물관에서의 전시 대상에 대한 보편화된 구분을 이해한다면 전시공간에 대한 접근성 증진에 다소 도움이 되리라 생각된다.

전시 자료의 종류와 유형에 따라서 전시공간 디자인 요소는 매우 다른 접근 방식을 가지게 될 수밖에 없는데, 예를 들어 똑같은 자연사계열의 박물관에서도 공룡 전시와 나비를 전시하는 공간은 그 규모적인 측면과 전시 연출적인 측면에서 디자인 결과물이 매우 다르게 나타나게 된다.

박물관 전시공간의 유형을 구분한다는 것은 여러 가지 의미가 있겠지만 궁극적으로는 전시공간에 자리하게 되는 전시 자료에 대한 이해와 디자인적인 접근 방법 검토에 유효하다 하겠다.

박물관의 성격과 특성은 가장 중요한 기능공간인 전시공간에 의해 그 맥락이 결정된다 해도 과언이 아니다. 그렇기 때문에 박물관의 유형을 구분한다는 것은 전시공간의 전시 자료들에 의해 그 유형이 결정되는 것이다.

일본의 아라이주조(新井重三)는 전시 자료의 계열과 유형에 따라 박물관을 다음과 같이 구분하고 있는데, 이는 가장 일반적인 박물관의 유형 분류에 속한다 하겠다.

▲ 역사계 박물관(서울역사박물관)  ▲ 미술계 박물관(Nagoya City Art Museum)

| 전시 자료 분류 단계 Ⅰ단계 | Ⅱ 단계 | Ⅲ 단계 | Ⅳ 단계 | 전시 자료에 따른 박물관 종류 |
|---|---|---|---|---|
| 인문과학계 박물관 | 미술계 박물관 (ART MUSEUM) | 미술박물관 (미술관) | 고미술박물관 서양미술박물관 근대미술박물관 | 회화박물관, 조각박물관 공예박물관, 연극박물관 건축박물관, 근대미술관 등 |
| | 역사계 박물관 (HISTORY MUSEUM) | 역사박물관 (역사자료관) | 역사박물관 | 문화사박물관, 고대사박물관 고문서박물관, 민족사박물관 |
| | | | 민속학·인류학박물관 | 민속마을전시관, 민속학박물관 |
| | | | 고고학박물관 | 패총박물관, 고분박물관 등 |
| 자연과학계 박물관 | 자연사박물관 (NATURE MUSEUM) | 자연사박물관 | 지질박물관 | 화석박물관, 광물박물관 등 |
| | | | 동물박물관 | 곤충박물관, 공룡전시관 등 |
| | | | 식물박물관 | 식물전시관 등 |
| | | 사육제배 | 동물원 | 멍키 센터, 동물원 등 |
| | | | 식물원 | 식물원, 온실 등 |
| | | | 수족관 | 어류관, 수족관, 아쿠아리움 등 |
| | 이공계 박물관 (SCIENCE MUSEUM) | 이공학박물관 (과학기술박물관) | 산업박물관 | 농업박물관, 자동차박물관 |
| | | | 과학박물관 | IT 박물관, 하수도 박물관 등 |
| | | 천문박물관 | 천체박물관 | 천체관, 우주관, 사이언스 센터 |

## 무엇을 전시 대상으로 선정할 것인가?
## 어디에 전시공간을 마련할 것인가?

전시공간을 디자인하기 전에 무엇보다도 우선적으로 결정해야 할 사항은 과연 공간을 무엇으로 채워나갈 것인가를 정하는 일이다. 이것은 전시 대상을 선정하는 일련의 작업이며 이 작업 과정을 통해 전시공간에 전시하게 되는 전시 자료의 속성과 성격 등을 포함한 내용적인 정보를 탐색하는 작업이라 하겠다.

그럼 과연 어떤 전시 자료를 선택할 것인가?

이 문제는 학생들이 고민하고 심각해 하는 중요한 선택의 문제를 가져오지만 실제로는 몇 가지 노하우만 있다면 쉽게 접근할 수 있다.

**전시할 전시 대상을 선정하기 위해 고려해야 하는 몇 가지 내용을 요약하면 다음과 같다.**

**① 평소에 내가 좋아하는 것은 무엇일까? 관심이 있는 분야는 어떤 것일까? 이것을 고민해 보자!**

종종 학생들은 전시 대상을 결정하면서 무척 고급스럽고 특이하며, 특별하고 남들이 하지 않을 것 같은 것을 정하기 위해 시간을 허비한다. 하지만 그보다는 내가 현재 잘 알고 있고 관심이 있었던 것들을 생각해 보면서 대상을 좁혀 나가는 것이 좋다.

왜냐하면 전시 대상이라는 것은 지구상의 모든 문화와 자연, 만물이 그 대상으로 가능하기 때문에 고민을 하면 할수록 시간만 보내게 되기 때문이다. 또한 전시 대상도 전시공간 디자인에서 매우 중요한 요소이지만, 결국 전시공간 디자인의 질적인 부분을 충족시켜주는 것은 전시 연출 개념과 반짝 반짝하는 아이디어이기 때문이다. 예를 들어, 일단 관심 분야는 연예, 문화, 종교, 교육 등 조금 크게 범주를 결정해도 된다.

**② 전시공간을 찾는 관람객들에게 흥미를 줄 수 있는 전시 자료는 무엇일까?**

대략적인 관심 분야를 선정하고 나서는 해당 분야와 관련된 수많은 자료를 검색하기 시작한다. 하지만 자료의 양이 너무 방대하여 전시 자료의 범위를 좁히기가 여간 어렵지 않을 것이다. 신문에서 볼 수 있는 시사성 있는 기사나 대중들에게 많이 알려지거나 역사성이 있는 사건 등을 검색해 본다.

예를 들어, 관심 분야를 문화로 잡았다면 음식 문화와 관련된 김치 정도로 그 대상을 조금 더 한정지어 본다. 김치도 그 종류가 수백 가지다. 그래도 아직 막연하다는 이야기다.

**③ 전시 자료의 범주를 좁혀 명확하고 세분화된 전문 테마 전시공간으로 기획하는 것이 좋다.**

전시 대상은 명확한 것이 좋다. 내가 정한 전시 대상을 자연이라고 말하기보다는 한국 철새의 생태라고 말하는 것이 좋고, 한국 철새의 생태라고 말하는 것보다는 한국 겨울철 철새의 대표라 할 수 있는 기러기의 생태라고 말하는 것이 더 좋다는 이야기다. 세분화된 전시 대상을 정한다고 전시할 자료가 줄어드는 것은 결코 아니다.

**④ 전시공간의 규모를 고려하여 전시 자료의 범주와 주제를 축소시킨다.**

예를 들어 전시공간이 수천 평, 수만 평이라면 김치의 역사, 김치의 종류, 김치를 만드는 과정, 김치의 주요한 재료들, 김치의 다양한 맛, 각 지역별 김치, 해외에 소개된 김치, 김치의 브랜드화, 건강식품으로서의 김치 등 김치와 관련된 모든 전시 자료를 수용해도 되겠지만, 100–200여 평 수준의 소규모나 1000평 이하 중규모 정도의 공간이 주어진다면 전시 대상은 보다 신중하게 결정해야 한다. 모든 것을 전시하기에는 공간이 너무 협소하기 때문이다. 결론적으로 말해서 종합 박물관 형식으로는 하기 힘들다는 것이다. 따라서 공간 규모의 한계를 인식하고 관람객들에게 과연 어떠한 주제를 보여주는 것이 관심과 흥미를 끌 수 있을 것인가를 생각해야 한다. 또한 전시공간의 지침이나 큰 전시 연출 개념이 미리 정해 졌다면 그 개념과 관련된 주제들과 전시 대상으로 전시 자료 범위를 함축하여 나가면 된다.

**⑤ 구체적인 전시 아이템(item=전시 자료=전시물)을 선정한다.**

전시 대상과 전시 주제가 어느 정도 결정되면 전시 주제와 연관하여 전시물의 범위를 계속 축소해 나간다. 전시 주제를 잘 표현할 수 있고 전시 내용이 흥미로우며, 정보 전달을 위한 구체적인 자료가 존재하는 대상물을 구체적으로 검색하여 이를 중심으로 최종적인 전시물(전시 아이템)을 선정한다.


결론적으로 상기한 전시 대상 선정의 과정을 간략하게 정리하면 다음과 같다.

**분야 선정 → 관심과 흥미도 고려 → 전시 범주의 세분화 → 전시 주제 선정 → 전시 아이템 선정**

## 그럼 어디에 전시해야 하는가?

이것은 결국 적당한 장소를 찾는 작업이다. 여기에도 몇 가지 원칙은 있다. 다음의 사항을 고려하여 장소(대상 공간=Site)를 결정해 본다.

### ① 전시 대상이 위치하면 유리한 장소를 선택

예를 들어 내가 디자인하게 될 전시 대상이 영화 포스터라면 영화제가 열리거나 영화관들이 밀접해 있는 지역을 선택하는 것이 시너지 효과를 낼 수 있기 때문에 유리하다. 또한 전시공간이나 문화 공간들이 밀집하여 있는 지역을 선택하는 것도 좋은 방법이다. 전시는 결국 관람자들을 불러 모을 수 있어야 하고 이를 위해서는 좋은 전시 디자인도 중요하지만 좋은 장소에 위치시키는 것도 중요하다.

### ② 의미가 있는 장소나 공공적 성격이 강한 장소를 활용

예를 들어 역사적으로 혹은 사회적 시사성이 강한 지역이나 장소가 있다면 전시공간으로 활용하기 좋다. 위인이 태어난 장소, 특정한 역사적 사건이 일어났던 장소 등도 전시공간이 위치하기에 적당하다. 또한 공원이나 유원지 등도 문화 시설인 전시공간이 위치하기에 좋은 장소이다.

### ③ 다수의 사람들이 쉽게 접근할 수 있는 대중교통 편의성이 높은 공간과 지역의 특성을 반영

시내 중심가나 사람들이 많이 왕래하는 지하철역 주변 등도 전시공간이 위치하기에 좋은 장소이며, 그 지역에서 주로 활동하는 연령층이나 대중들의 관심사를 동시에 고려해야 한다. 예를 들어 주로 대학생들로 인산인해를 이루는 대학로 중심에 노인들의 건강 보조 식품을 전시하는 공간은 적당하지 않다는 이야기다. 시내 중심가에 위치하더라도 하천과 생태 등의 전시 주제는 어울리지 않는다. 차라리 대중문화와 밀접한 전시 대상(디자인, 예술, 상업, 패션, 음식 등) 선정이 더 좋다.

### ④ 교통 접근성이 좋고 자연의 경치와 풍경이 수려한 장소

버스노선도 없고 지하철조차 다니지 않는 장소는 전시공간으로 활용하기에는 최악의 조건이다. 대중교통 여건이 좋다면 수려한 자연 조건을 지닌 바닷가 주변이나 호수, 강, 공원, 산 등을 고려하는 것도 좋다. 꼭 대중교통 편리성이 아니더라도 승용차로의 접근성이 좋은 곳도 좋다.

### ⑤ 현재 사용하지 않는 역사적 건축물이나 버려진 시설물 등의 실내 공간을 전용하여 활용

역사적으로 가치가 있는 건축물을 활용하는 것은 역사적 의미가 있기 때문에 전시 대상만 적절하게 선정한다면 역사적 건축물을 리모델링해 보는 것도 좋다. 영국 런던의 테이트 미술관처럼 버려진 발전소를 미술관으로 활용한 사례나 버려진 컨테이너 하역장, 폐교(지금은 운영하지 않는 초등학교나 중학교 등) 등을 활용하여 해당 지역의 활성화에 기여하는 방안 모색도 좋은 장소 선택이라 하겠다.

# 유사 사례를 통한 전시 디자인의 동향 파악

전시 대상을 선정하고 나면 그 다음으로는 전시공간 사례에 대한 정보 검색과 자료 수집이 필요하다.

국내나 해외의 좋은 전시공간 사례를 통하여 연출 방법과 매체에 대한 다양한 정보를 수집하고 전시공간 디자인에 대한 방향 설정과 아이디어를 얻을 수 있다. 그럼 과연 디자인을 진행하는 데 있어서 필요한 사례는 무엇인가? 물론 정답은 없지만 필요한 정보와 사례를 찾는다는 것은 매우 어려운 일일 것이다. 특히 전시공간의 경우 좋은 정보와 사진 자료 등을 얻기가 쉽지 않다.

---

### TIP. 나에게 필요한 사례를 수집하는 방법

- 제일 좋은 방법 중 하나는 도서관을 이용하는 것이다. 물론 필요한 한 장의 사례를 찾기 위해 수없이 많은 서적을 뒤적거려야 한다는 단점은 있지만 좋은 정보를 얻을 수 있다.
- 박물관과 관련된 사이트를 인터넷으로 검색하여 박물관의 홈페이지를 통하여 전시공간을 살펴보는 것도 방법 중에 하나이다. 요즘에는 가상 박물관 시스템이 발달하여서 홈페이지에서 전시 자료와 공간을 볼 수 있도록 정보를 제공하는 박물관도 많다. 이런 정보를 활용하는 것도 좋은 사례 조사 방법이다
- 사례 수집을 위한 가장 좋은 방법은 직접 방문하는 것이다. 국내도 이미 해외 전시공간과 비견할 만한 좋은 전시공간이 많이 있다. 최근에 완성된 전시공간을 자신이 직접 방문하여 전시 매체와 전시 연출의 방법, 전시 주제와 공간의 구성을 조사하고 사진 촬영도 하여 자료를 수집한다면 그보다 더 좋은 사례 조사 방법은 없을 것이다.

---

### TIP. 전시공간 사례 조사 항목을 알아보자!

유사 사례 조사를 할 때는 아래와 같은 항목들을 중심으로 정보를 수집하자.
- 관명(전시공간의 정확한 한글 명칭과 영문 명칭을 모두 조사)
- 전시공간의 면적 규모(전시관 전체 연면적, 각 층별 면적, 전시 영역별 면적, 층고)
- 각 층별, 영역별 전시공간의 구성 현황 : 평면 구성 및 전시 자료의 레이아웃 현황 조사(전시 소개 책자, 관람 안내 브로슈어, 잡지에 개재된 전시 도면 등을 활용)
- 전시 영역별 전시 주제와 전시 연출 방법, 전시 매체의 유형, 전시 아이템별 전시 내용에 대한 조사(전시 매체 : 그래픽 패널, 사진, 쇼케이스, 영상, 홀로그램, 실물, 표본, 모형 등으로 구분하여 조사)
- 전시 기법(바닥 전시, 천장 전시, 벽면 전시, 디오라마, 아일랜드, 체험 등으로 구분) 조사
- 관에서 제시하는 관람객의 동선(전시 관람 안내 브로슈어를 참조하거나 관계자에게 물어본다)
- 존별 전시공간 촬영+각 전시 아이템별 전시 연출 촬영/건물 외관 사진
- 바닥, 벽면, 천장에 사용된 주요 마감재료 조사
- 자연채광 활용 현황과 조명 방식에 대한 조사(주로 사용한 조명의 유형과 방식)

---

창원 과학 체험관

층별 소개

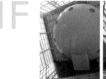

**1F**

위치 › 창원시 의창구 충혼로 74번길 16(두대동)
대지 면적 › 31,565m2
연면적 › 8,122m2
구조 › 지하1층, 지상3층
지하1층 › 로비, 다목적강당, 카페테리아
1층 › 기획전시실, 중앙통제실, 기계실
2층 › 상설전시관, 수장고, 기계실
3층 › 상설전시관, 4D 영상관, 플라네타리움, 전망데크
관람시간 › 10:00 ~ 18:00

로비
매표소
편의점

---

층별 소개

**2F**

상설 전시관
기초과학 ZONE

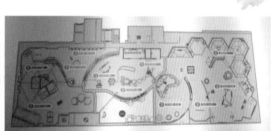

전시매체

전시관 입구

LED 라이팅 패널

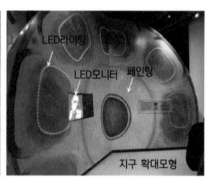

LED라이팅
LED모니터  페인팅
지구 확대모형

---

층별 소개

**2F**

상설 전시관
기초과학 ZONE

위치 안내 사인

층별 소개

**2F**

상설 전시관
기초과학 ZONE

펜던트 조명

만능실험실 이라고
하는 전시 부스이다.
원래 계획은 사람이
시간마다 나와
실험을 보여주는
전시 였지만
예산비용이 맞지 않아
실행되지 않고 있다.

자전거를 통해
그림을 빛에 나가는
체험 부스이다.

색깔별로 연결된 관을
통해 서로의 말 소리를
주고 받을 수 있다.

스크린 빔 프로젝트를
활용해 축구공을 차면 인식해서
반응하는 방식의 체험부스이다.

입체 패널로
일반 그래픽 시트 패널보다
입체감이 살아있다.

농구를
체험할 수
있는 체험
부스 이다.

PDP 모니터와
좌우로 움직이는 기계를
통해 스키를 체험 할 수 있는
체험 부스 이다.

▲ 창원과학체험관 답사 및 사례 조사 PPT 발표 자료 사례

## 국가기록원이란?

현행·준현행 기록관리 → 비현행 기록관리

국가기록원은 기록물의 생산과 관리에 관한 기본 정책을 결정하고 제도를 확립하며
국가기관, 지방자치단체, 공공기관 및 민간에서 생산한 중요 기록물을 수집, 보존하여
국민에게 다양한 기록정보 서비스를 제공하기 위해 설립된
중앙기록물관리 기관이다.
기록의 수집, 분류, 전시, 보존과 함께 공개하고 활용하기 위한
전시, 설명, 문화행사 등의 기록정보 서비스를 확대하여 제공하는 것을 목표로 한다.

## 부산 국가기록원 소개

**〈국가기록원 부산지원〉**
위치 : 부산광역시 연제구 경기장로 28
면적 : 123,892m²
건물 : 21,668m² / 지상 2층, 지하 4층
관람시간 : 월~금 09:00 ~ 18:00 / 토,일 휴관
관람료 : 무료
- 국가기록원 입장 시 신분증 확인이 필요함

**〈역사전시관〉**
- 기록원 내 1층에 위치
- 2006년 기록정보 서비스 홀 개관
- 2007년 역사기록관으로 변경 후 개관
- 기록문화전시관 / 조선왕조실록실 나뉨
- 탁본 체험, 기록문화교실
  조선왕조실록 아카데미동의 행사를 매년 진행함

---

# 1존〉 기록, 빛으로 나타내다.

기록의 처음.
기록문화의 발전과정을 소개함과
동시에 시대가 변하면서
기록이 어떠한 발전을 거쳐 왔는지 그
변천사의 과정을 설명합니다.
간단한 영상과 패널 전시, 실물, 모형,
등이 소개 되어 있습니다.
전시 테마의 빛을 나타내기 위하여 천장
에 별빛 같은 조명효과를 주었습니다.
전체적인 동선 유도를 위해 전시장의 끝
까지 천장에 라인이 이어집니다.

## 2존〉 기록, 시대를 비추다.

기록이 이어져 지금까지의 시대를
비추는 테마를 가진 전시 존 입니다.
시대별로 나온 '우리나라의 기록'에 대한
자료 실물, 사진을 전시하고
그 시절의 영상과 음악을 듣고 체험 할 수
있도록 꾸며져 있습니다.
선사시대 부터 일제 강점기를 지나
지금 이 시대까지, 동선을 위한 천장의 조
명이 이어지고 벽의 배선 이어지는 시대에
따라 시대의 모습을 타고 변하게 됩니다.

## 3존〉 기록, 나라를 밝히다.

우리나라의 기록의 변천사를 지나
기록이 나라를 밝힌다는 테마를 가지는
존 입니다. 대한민국에 대한 전체적인
영상을 보여줄니다 영상과 함께
우리나라가 기록의 부분에 대하여
간단한 글 설명을 볼 수 있습니다.
시대를 지나 디지털까지 확대되는 기록
에 대한 자료를 전시합니다.

▲ 기록문화전시실 답사 및 사례 조사 PPT 발표 자료 사례

## 전시 주제와 스토리라인 설정
## : 전시 주제 및 공간 디자인의 흐름을 설정

사례 조사와 분석의 과정이 끝나면 다음으로는 전시 주제를 결정하고 이에 따른 스토리라인을 설정하는 작업을 수행하게 된다. 여기서 스토리라인이라는 용어 개념은 전시 연출의 순서와 공간의 흐름이라고 생각하면 된다.

### 그럼 전시 주제와 공간 개념은 어떻게 접근해야 하는가?

전시 주제는 전시 대상과 연계성이 있어야 하며 전시 대상을 가장 잘 표현하기 위한 의미 있는 키워드나 문장, 이미지 등으로 표현해 본다. 전시 주제에 따라서 전시 연출의 모든 방향성이 달라지기 때문에 주제를 선정하는 작업은 신중하게 결정해야 한다. 예를 들어 전시 대상을 조선시대의 전통 도자기라고 정하더라도 전시 주제를 한국의 미로 결정하는 경우와 선조들의 지혜라고 결정하는 경우는 전시 연출의 방향과 전시 콘텐츠의 방향이 매우 달라진다. 따라서 전시 디자인에서 주제를 결정하는 것은 매우 신중하고 중요한 일이라 하겠다. 같은 전시 대상이라도 관람자들에게 하나의 메시지로 전달하려는 정보가 무엇인가를 고민하고 전시 주제로 결정하는 것이 좋겠다.

▼ 바닷가의 모래를 전시 대상으로 하여, 만들 수 있고 만질 수 있다는 의미의 전시 주제와 스토리라인을 표현한 사례
바닷가의 모래를 관람자가 만지고 모래로 만들 수 있는 다양한 체험이 가능한 전시공간으로 연출하겠다는 디자이너의 의도를 표현한 것이다.

▲ 다문화에 대한 이해를 높이고 다문화 가정 청소년들의 계몽과 인식 전환을 목적으로 한 전시 주제와 스토리라인

▲ 관람객에게 안용복에 대한 이해를 높이고 독도의 소중함을 부산을 중심으로 이야기하기 위한 전시 주제 선정

## 스토리라인은 무엇인가?

전시공간 디자인에서 스토리라인의 전개는 중요하다. 하나의 대주제를 여러 개의 중주제, 혹은 소주제로 구분하여 세분화하고 이를 관람자들에게 어떤 순서로 보여줄 것인가를 정하는 것이기 때문이다. 스토리라인은 큰 주제를 좀 더 세분화하는 작업이고 공간에서 어떤 순서로 펼쳐나갈 것인가를 결정하는 문제이다. 각 층별, 각 영역별로 세분화한 중주제나 소주제를 어떤 흐름으로 연결해 나가고 관람자들에게 어떤 순서로 보도록 할 것인가가 스토리라인에 의해 결정되는 것이다.

# 07 STORY LINE
## 전시구상

**우리땅을 그리다**
- 우리땅 독도
- 독도의 진실
- 독도는 우리땅

**독도를 바라보다**
- 독도의 이야기
- 렌즈 속 독도
- 여기는 독도입니다
- 독도여행

1F

2F

**안용복을 만나다**
- 독도와 안용복
- 안용복의 이야기
- 안용복을 기리다

**독도를 알리다**
- 독도알리기 캠페인
- 안용복과 함께하다
- 기념품 판매공간

## 안용복과 함께 떠나는 독도 알리기 캠페인

▲ 안용복과 부산, 그리고 독도를 홍보하는 전시공간의 스토리라인 전개 사례 1층에는 '우리 땅을 그리다'와 '안용복을 만나다' 전시 영역을 배치하고, 2층에는 '독도를 바라보다'와 '독도를 알리다' 전시 영역으로 구성하였다. '우리 땅을 그리다' 전시 영역에서는 우리 땅 독도, 독도의 진실, 독도는 우리 땅이라는 소주제로 구성하여 스토리라인을 전개하고 있다.

전시공간에서 스토리라인의 전개는 각 층별 구성과 전시 영역의 전개 순서, 관람자들의 전시 관람 순서와 동선을 결정하는 작업이라는 사실을 기억하자.

스토리라인의 구성은 실제로 공간 디자인에 영향을 미치며 각 영역별 공간 배치와 공간 구성에 대한 기본적인 틀이 된다고 이해하면 된다.

스토리텔링 기법을 활용하여 주제에 대한 이야기를 정리해 보는 것도 좋은 디자인적 접근 방법이다.

# EXHIBITION THEME & STORY LINE

한창 꿈 많을 나이, 성장과 함께 겪을 수 있는 어려움을 덜어주고 어디에도 소속될 수 없는 존재가 아닌, 두 문화를 융합. 수용할 수 있는 포용력 있는 존재로 성장하도록 '학교 밖' 다문화 청소년을 위한 인재 양성 홍보관에서 그 들을 위한 꿈길의 길잡이가 되어준다.

夢 G.I.L.L 꿈길

**1 Global 세계적인**
세계로 나아가는 우리
다문화 가정이 낳은 유명인들의 인생을 보여주어 꿈을 키울 수 있는 자신감을 얻게 한다.
Exhibition
- 8인의 고난과 역경
- 꿈을 실현한 다문화 유명인
- 희망의 메시지

**2 Identity 정체성**
나를 찾아서
한국 속 다문화가정 국가 10국가를 선정하여, 부모의 국가의 역사와 문화를 알려주어 자아정체성 확립을 도운준다.
Exhibition
- 둥글둥글 지구촌
- 제 2의 고향
- 내 몸에 딱 맞는 옷
- 맛있는 음식
- 또 다른 친구들

**3 Learn 학습**
나의 미래는?
미래 유망직업 소개 정보 및 체험 부스를 통해 꿈에 한발자국 다가갈 수 있도록 도와준다.
Experience
- 꿈과 희망을 주는 선생님
- 새 삶을 선물하는 의사
- 하늘을 나는 조종사
- 오늘은 내가 요리사
- 미래 유망 직업

**4 Link 연결**
꿈길에서 만나다
진로 탐색을 통해 원하는 취업, 학원 연계 등을 도와주고 1:1 멘토링, 심리치료를 통해 마음을 건강하게 도와준다.
Mentoring
- 통계로 보는 꿈의 세상
- 사람들은 무슨 일을 할까?
- 진로 적성 검사
   실시 및 결과
- 1:1 멘토링 및 심리치료

▲ 전시 주제와 스토리라인을 표현한 사례

학교 밖 다문화 청소년을 위한 홍보관의 전시 주제를 꿈길로 설정하고 이를 중심으로 '세계로 나아가는 우리 – 나를 찾아서 – 나의 미래는? – 꿈길에서 만나다'라는 세분화된 중주제를 전개하고 있다. 제

1 전시 영역의 세계로 나아가는 우리는 8인의 고난과 역경, 꿈을 실현한 다문화 유명인, 희망의 메시지라는 소주제를 통하여 전개 전시를 구성하고 있다.

EXHIBITION SPACE DESIGN

Background / Site & Target — Theme — **Story line** — Floor plan & Elevation — Case & Color / Material & Medium — Perspective

# 살아있는 골목, 그 곳을 걷다

Intro zone — Exhibition zone — Play zone

**휴식, 골목길 TIP**
간단한 휴식공간 키오스크를 통한 여러가지 TIP정보

**오래된 기억과 마주치다**
초량의 이바구 장기려박사의 일대기

**투명한 과거와 반사되다**
매축지 마을 소개 매축지 수호대 '친구 이야기'

**따뜻한 기억을 찾다**
보수동의 역사 헌책과 사람들

**아날로그미디어와 만나다**
바쁜 사람들 인쇄 과정

**연탄불 때던 시절**
연탄 기부 체험 벽화 공모전 칠판 낙서

▲ 살아 있는 골목, 그곳을 걷다라는 주제를 크게 3개의 존으로 구성하고 전체 6개의 중주제를 전개해 나가고 있다.

# 전시 연출 총괄표 작성(시나리오)
## : 주제와 전시 아이템 선정 및 연출 방법

일반적으로 전시 연출 총괄표라는 것은 전체 전시 연출에 대한 시나리오 기획의 결과물이다.

결정된 중주제나 소주제, 전시 아이템, 전시 연출 방법, 전시 매체를 정리하여 표 형식으로 정리하는 작업 과정이며, 다음과 같은 우선순위와 수순을 가지고 작업을 해나간다.

① 전시 대상의 결정 : 무엇을 전시할 것인가? 연필? 인형? 독도? 전통 놀이? 커피? 등등

② 전시 대주제 선정 : 관람자에게 어떤 정보와 메시지를 전달할 것인가?

③ 중주제 혹은 소주제의 결정 : 대주제가 연필의 역사라면 연필의 기원, 연필의 디자인 변천사 등으로 중주제를 결정해 본다.

④ 전시 아이템 선정 : 각 주제별로 구체적인 전시 자료 선정 작업을 수행 : 연필의 역사에 대한 전시라면 구체적인 전시 아이템으로 최초의 연필, 다양한 디자인 연필, 초기 연필 회사의 건립과 발전 모습, 연필 회사의 창시자 등 전시할 전시 자료를 구체적으로 결정한다.

⑤ 전시 주제와 아이템을 고려한 전시 연출 개념 및 전시 연출 방법을 모색 : 아이디어를 제안해본다.

⑥ 전시 연출에 사용할 전시 매체 선정 : 다양한 전시 매체 구현을 통해 흥미로운 전시 연출을 계획한다.

## 전시 연출 총괄표 사례

| Zone | 중주제 | 전시 아이템 | 전시 연출 방법 | 전시 매체 |
|---|---|---|---|---|
| 모래시계 | 해운대 모래사장의 유래와 역사 | · 최치원과 해운대<br>· 해운대 모래사장의 역사<br>· 해운대 모래사장이 시작된 것은 | 입체 패널로 최치원과 해운대 모래사장의 이미지를 넣고 아래에 쇼케이스 형태로 최치원의 문서 기록물과 해운대의 이름을 뜻하는 해운대 석각의 축소 모형을 전시한다. 아래에는 해운대의 이름의 유래와 뜻, 석각의 위치와 정보를 제공한다. 또한 과거 선덕여왕에서부터 시작된 해운대 모래사장의 역사를 모래시계 모양의 과거, 현재, 미래의 각각의 존에 이미지와 함께 설명을 제시한다. 글라스 패널을 사용하여 60년대부터 90년대까지의 해운대 모래사장의 사진을 전시한다. 글라스 패널에 금속 프레임을 넣어 회전문처럼 손으로 직접 회전시킬 수 있게 하여 사람들에게 재미를 줄 수 있게 한다. | 글라스 패널<br>입체 패널<br>쇼케이스(모형 전시)<br>패널 |
| | 해운대 모래사장의 현재와 미래 | · 지금 해운대 모래사장은<br>· 해운대 모래사장의 가치<br>· 해운대 모래사장은 앞으로… | 현재의 해운대 모래사장의 이미지를 그래픽 시트로 벽면에 부착한다. 시트 위에 슬라이딩 비전을 설치하여 해운대 모래사장 근처의 여러 명소와 해운대 모래사장에 대하여 정보를 제공한다. 버튼형으로 누르게 하면서 스크린 안에는 위치에 대한 설명과 애니메이션, 퀴즈 등을 함께 포함한다. 또한 옆에 해운대 공식 홍보 동영상을 보여준다. 해운대의 모래사장의 축제 및 문화를 알린다. 측면에 퍼즐 형태의 라이트닝 패널을 설치한다. 손으로 패널을 이동 시킬 수 있는 퍼즐형으로 제작하여 해운대 15개 명소를 직접 맞추어 가며 구경할 수 있게 한다. | 그래픽 시트<br>슬라이딩 비전<br>터치패드<br>라이트닝 패널<br>PDP 영상 |

| | | | | |
|---|---|---|---|---|
| 터치 샌드 | 해운대의 모래는 뭘까? | · 해운대의 모래는?<br>· 다른 지역의 모래와 어떤 차이가 있을까? | 실제 해운대 모래 성분의 암석을 실물로 전시하여 만져 볼 수 있게 하고 해운대 모래의 특징과 장점을 설명하여 그래픽 시트로 벽에 부착한다. 또한 세계의 여러가지 모래들의 표본을 가져와 돋보기로 확대하여 직접 볼 수 있도록 만든다. 한쪽 벽에는 세계 모래 지도를 붙인다. 쇼케이스에 여러 지역의 색 모래를 차곡차곡 담아 거대하게 쌓고 색 모래에 대한 정보를 라이트닝 패널로 보여준다. 해당 모래의 지역, 특징, 어떤 암석 때문에 색을 가지는 것인지를 설명한다. | 모래 관찰 도구<br>(돋보기, 실제 모래)<br>암석 표본<br>라이트닝 패널<br>쇼케이스(모래 표본) |
| | 해운대의 모래는 왜 줄어들까? | · 해운대의 모래는 왜 줄어드는 걸까?<br>· 모래사장을 되돌리기 위해서는? | 모래가 암석에서부터 어떻게 해안가의 모래가 되는지를 모형으로 보여준다. 천장의 암석에서부터 바닥의 모래가 되기까지의 설명을 생성 과정을 설명하는 애니메이션과 설명 패널, 소형 디오라마를 이용하여 설명한다. 또한 해운대의 모래가 줄어드는 이유에 대한 패널을 부착한다. 한쪽에는 해운대의 모래에 관한 기사, 칼럼 등을 모아 행잉 전시를 한다. 사람들이 넘기면서 기사를 구경할 수 있도록 한다. | LED 모니터<br>입체 패널<br>상부 커튼형 패널 전시 |
| | 부산의 해변 축제 | · 사계절의 해변 축제 | 해운대의 모래사장에서 일어나는 사계절의 6가지 대표 해변 축제를 소개한다. 천장에 각 축제 순서대로 그래픽 패널을 부착한다. 이미지의 아래에 작은 부스를 만들어 그 축제의 설명, 의미, 역사, 소품, 포스터 등의 자료와 사진을 전시한다. 각 부스마다 축제의 상징적인 의미를 담은 색과 이미지를 첨부한다. 부스의 곳곳에 수납전시나 누르는 큐브 패널 등을 배치하여 사람들이 부스를 돌아다니며 손가락으로 눌러보거나 발로 눌러보는 재미를 느낄 수 있도록 디자인한다. | 라이팅 패널<br>수납형 쇼케이스<br>모형, 실물 전시<br>(행사 도구, 의상, 포스터) . |
| 모래의 재발견 | 모래가 들려주는 이야기 | · 샌드 애니메이션이란?<br>· 해운대 샌드 애니메이션<br>· 다같이 모래동화 만들기 | 샌드 애니메이션의 특징에 대한 설명을 그래픽 시트로 부착하고 그 옆에 해운대 홍보 샌드 애니메이션을 멀티비전으로 보여준다. 바닥에서 샌드 애니메이션의 많은 장면들을 간접 조명을 넣어 바닥에 부착한다. 샌드 애니메이션 체험 존을 따로 만든다. 측면의 버튼을 누르면 샌드 애니메이션을 만드는 데 도움을 주는 동영상이 방송되고 스피커에서는 동화가 내레이션으로 흘러 나온다. 앞에 있는 모래판에 직접 모래를 움직이면 전면의 스크린에서 그 모습이 보일 수 있게 한다. 자신이 직접 만든 샌드 애니메이션을 인터넷으로 받아 볼 수도 있게 한다. | 그래픽 시트<br>멀티비전<br>샌드 체험 매체<br>(모래판, LED 조명, 지향형 스피커, 모니터)<br>바닥 라이트닝 패널 |
| | 다같이 모여서 그리자 | · 모래로 만드는 링컨<br>· 모래 미술은 단순한 예술만은 아니다<br>· 모래는 어디서든 그릴 수 있어! | 모래로 만든 미술품들을 바닥에 전시한다. 강화유리 아래에 모래 미술품을 볼 수 있다. 또한 벽에 부착한 작품은 그래픽화되어 눈을 깜빡이거나 움직이게 하여 관객들의 흥미를 유발한다. 쇼케이스를 설치하여 안에 기계가 진자운동을 하며 모래로 미술품을 제작하는 과정을 생생히 보여준다. 모래로 링컨을 그려내는 모습을 볼 수 있게 하고 옆에 설명 패널을 부착한다. 한쪽 벽에는 인디언들과 티벳 승려들의 여러 가지 의미의 모래 미술품을 실물전시와 함께 설명하는 패널을 부착한다. | 쇼케이스(실물 전시)<br>모래 미술 제작 기계<br>패널<br>디지털 패널 |
| | 거대한 모래성을 쌓아라 | · 모래의 왕국을 세우자<br>· 단순하게 쌓은 것만은 아냐<br>· 내가 직접 짓는 모래 왕국 | 바닥에 모래 조각 디오라마를 설치한다. 모래로 만든 하나의 왕국을 세운 듯이 다양한 모형을 만들어 관객이 발 아래를 구경할 수 있게 한다. 또한 실물 크기의 모래 조각을 1~2개 정도 배치하고 그 옆에 팻말 느낌의 패널을 제작하여 모래 조각을 만드는 과정을 간단한 이미지로 설명한다. 벽면의 곳곳에 소형 크기의 모래 조각품을 쇼케이스 전시한다. 공간의 한쪽에 모래놀이를 할 수 있는 소형 모래사장을 만든다. 모래는 요 근래 개발된 촉촉이 모래(점성이 강해 잘 붙고 물을 붓지 않아도 형태가 굳는 모래)를 깔아 쉽게 성을 쌓거나 모양을 내어 조각가의 기분을 느낄 수 있도록 전시한다. | 바닥 디오라마<br>패널, 실물 전시<br>모래 조각 체험 매체<br>(촉촉이 모래, 삽(도구) 등) |

생태와 습지를 전시 대상으로 구상한 전시 연출 총괄표 사례

| 존 | 전시 소주제 | 전시 아이템 | 전시 연출 내용 | 전시 매체 |
|---|---|---|---|---|
| 제1존 습지의 역사 | 낙동강 속으로 | 낙동강 역사 낙동강의 유래 | 낙동강의 역사와 유래를 그래픽 패널과 라이팅 패널, 사진 자료 등을 활용하여 벽면에 연출 | 그래픽 패널 라이팅 패널 사진 패널 |
| | 습지의 보존과 가치 | 습지란? | 습지의 개념과 가치에 대한 설명을 그래픽 패널로 보여주고 모형을 통하여 습지의 모습을 생생하게 연출 | 습지모형 그래픽 패널 |
| | | 습지 살리기 | 터치스크린 키오스크를 통하여 오염된 습지를 관람자가 게임을 통하여 살려보는 체험 방식으로 연출 | 터치스크린 키오스크 그래픽 패널 |
| 제2존 ECO STORY | 국내의 다양한 습지 | 람사르협약은? | 람사르 협약의 개념을 그래픽 패널을 통하여 설명하여 연출 | 그래픽 패널 |
| | | 국내의 람사르 습지 | 람사르 협약에 의한 국내 습지를 입체 지도를 통하여 연출하고 터치스크린 모니터를 통하여 그 정보를 관람객이 검색해 볼 수 있도록 연출 | 입체지도모형 터치스크린 키오스크 |
| 제3존 습지의 생명 | 습지의 사계절 | 생태 미술놀이 | 계절별 식물과 꽃잎을 활용하여 자연 재료로 다양한 탁본이나 동물, 식물 만들기 체험공간으로 연출 | 체험 테이블 의자, 체험재료 보관함 |
| | 습지 생명을 만나다 | 생물의 서식지 | 습지의 다양한 동물과 식물의 서식지를 모형으로 연출하여 관람객이 직접 습지에 와서 보는 듯한 공간 체험 방식으로 연출 | 습지 공간 재현 모형 식물 모형 동물 모형 |
| | 생태와 함께! | 기념 촬영 | 다양한 생태 생물들의 모형과 배경 사진으로 구성된 포토 존으로 구성하여 생태생물과 함께 기념촬영 공간으로 연출 | 다양한 생태 동물과 식물 모형, 배경 벽 |

전통 혼례를 전시 대상으로 구상한 전시 연출 총괄표 사례

| 존 | 전시 소주제 | 전시 아이템 | 전시 연출 내용 | 전시 매체 |
|---|---|---|---|---|
| 제1존 혼례를 올리다 | 전통 혼례복 | 활옷, 족두리, 각대, 사모 등 신랑 신부 전통 혼례복 실물 | 그래픽 패널에는 혼례 모습의 사진을 실사 출력하여 벽면에 연출하고 전통 혼례복을 입고 있는 신랑과 신부 모형을 동시에 연출하여 전통 혼례 모습을 재현 | 전통 혼례복 실물과 소품 모형, 그래픽 패널 |
| | 혼례품과 음식 | 함, 기러기, 촛대, 청사초롱 등 혼례품 | 쇼케이스를 통하여 혼례품 모형을 연출하고 그래픽 패널을 통하여 혼례품의 유래를 설명하는 방식으로 연출 | 쇼케이스 혼례품 모형 그래픽 패널 |
| | | 밤, 대추, 닭, 구절판, 떡 등의 혼례 음식 | 상차림 이미지가 그려져 있는 상 위에 음식 모형을 관람객들이 올려 보도록 하여 직접 혼례 상차림을 체험해 볼 수 있도록 연출 | 혼례 음식 모형 |
| 제2존 전통 혼례와 현대 결혼식 | 전통 혼례와 결혼식 | 전통 혼례란? | 그래픽 패널을 통하여 전통 혼례의 절차와 과정을 설명하여 연출 | 그래픽 패널 |
| | | 현대 결혼식과 전통 혼례 비교 | 영상 모니터를 통하여 전통 혼례와 현대 결혼식 장면을 연출하여 그 차이점을 설명하고 그래픽 패널을 통하여 장단점을 비교 설명하는 방식으로 연출 | 42' PDP 모니터 그래픽 패널 |

## 전시 주제에 따른 ZONING 설정
## : 동선과 공간의 영역 구분 + 각 층별 공간 연계성 파악

전시에 대한 대주제와 중주제 및 소주제, 전시 아이템이 세부적으로 정해지면 다음으로는 전시 주제별로 전시공간의 조닝을 해야 한다.

전시공간에서는 같은 주제를 가지는 전시 아이템들끼리 조닝을 하는 것이 좋다.

조닝에서 가장 우선적으로 고려해야 하는 것은 각 전시 주제별 영역 및 관람자들의 관람동선이라 할 수 있다.

전시공간의 구체적인 평면계획에 앞서 주제별로 영역을 구분해 봄으로써 관람자들의 이동과 각 전시 영역별 공간 구성의 관계를 개략적으로 파악하는 것이 중요하다.

조닝 다이어그램은 오른쪽 그림에서와 같이 개략적인 스케치를 통하여 작성해 나가며, 전체 공간에서 각 영역들의 위치 관계와 관람자 이동 동선 파악이 가능하도록 그리는 것이 바람직하다.

전시 디자인에서 요구되는 각 기능 공간(예를 들어 홀, 전시공간1, 전시공간2, Core, 인포메이션, 라운지, 복도, 체험공간 등)을 설정하고 이들의 대략적인 위치와 각 영역의 관계를 시각적으로 표현하는 작업이 조닝 다이어그램 작업이라 하겠다.

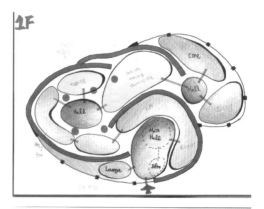

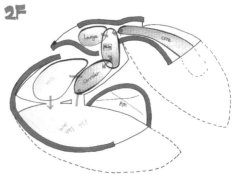

▲ 각 층별 ZONING DIAGRAM 스케치 사례 _ 고은정 작품

아래 스터디 모형 작업에 의한 조닝 표현은 각 층별 공간의 수평적, 수직적 연계와 공간의 영역별 배치를 쉽게 알 수 있도록 이미지로 잘 표현하고 있다. 다이어그램 작성이 어려울 경우에는 모형을 통해서 대략적으로 조닝과 공간 배치를 표현해 보는 것도 좋은 방법이다.

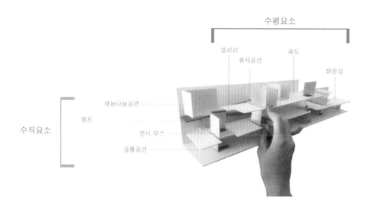

◀ 각 층별 조닝 스터디 모형 사례
_ 이윤진 작품

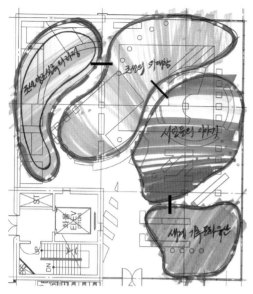

▲ ZONING DIAGRAM 스케치

조닝을 설정할 때는 각 영역들의 구성과 관람자들의 동선까지를 고려하여 계획해야만 한다. 조닝 다이어그램의 형식이 정해져 있는 것은 아니지만 왼쪽 사례와 같이 개략적인 영역만을 표현하기보다는 앞의 사례에서와 같이 대주제와 각 중주제별로 세분화하고 전시 내용을 명확하게 기입하여 주면, 향후 평면계획을 하면서 공간 구성과 영역들의 관계를 설정하는 데 유리하게 된다.

조닝 다이어그램을 작성하는 것은 단순하게 공간의 영역만을 설정하는 작업이 아니고 관람자들의 이동과 각 주제별, 아이템별 위치 관계를 명확하게 설정하기 위함이다.

다이어그램 작업에 특별한 형식이 있는 것은 아니다. 자신이 표현하려는 조닝이나 동선, 공간 구성, 형태적인 접근성 등을 스케치나 간단한 마커 작업을 통하여 컬러로 표현해 보자.

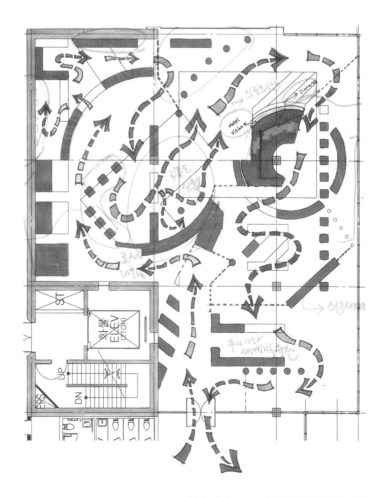

공간의 대략적인 평면 형태와
관람자들의 동선을 구상한
다이어그램 스케치 _ 임인애 작품 ▶

## 전시 연출 IDEA SKETCH 작성
## : 전시 아이템에 대한 매체와 연출 기법 제안

전시 연출 아이디어 스케치를 하는 것은 전시공간 디자인에서 가장 중요한 부분이라고 해도 과언이 아니다. 설정한 주제와 전시 아이템을 관람자들에게 효과적으로 보여주고 전시 정보를 전달하기 위해서 다양한 전시 매체와 전시 연출 기법을 활용해야 한다.

전시공간 디자인에 있어서 무엇보다 중요한 것은 관람자들이 흥미를 가지고 전시 자료가 가지고 있는 정보를 받아들일 수 있도록 공간을 디자인하는 것이다. 이를 위해서는 디자이너는 다양한 전시 매체를 활용해야 하고, 또한 전시 연출 방법에 대한 아이디어를 제안해야만 한다.

예를 들어 같은 전시 자료라고 하더라도 전시 매체와 공간 연출에 대한 아이디어가 있어야만 관람객들의 흥미를 유발하고 지루하지 않은 전시공간 연출이 가능하게 되는 것이다.

전시 자료에 대한 전시 연출 아이디어 스케치는 반드시 필요한 계획 과정이며, 내가 스케치를 잘하고 못하고는 중요하지 않다. 물론 그럴듯하게 잘 그려진 스케치가 보기에 좋겠지만, 나의 스케치 수준을 탓하기보다는 전시 자료를 어떻게 관람자들에게 보여줄 것인가에 대한 아이디어를 제안하고 이를 시각적으로 표현하려고 노력하는 자세가 중요하다.

▲ 전시 연출 아이디어 스케치 사례 _ 임인애 작품

전시 연출에 대한 아이디어 스케치는 공간의 형태에 너무 연연하지 말고 아이디어만을 표현하는 데 집중하는 것이 좋다.

전시 자료를 내가 어떻게 전시 연출로 디자인해 낼 것인가의 문제는 궁극적으로 어떤 방법을 통하여 전시 자료를 관람자들에게 보여줄 것인가에 대한 문제인 것이다. 따라서 전시 연출 아이디어 스케치는 평면계획 이전 시점에서 각 전시 주제별 전시 아이템들에 대한 다양하고 참신한 아이디어를 제안하는 것이다.

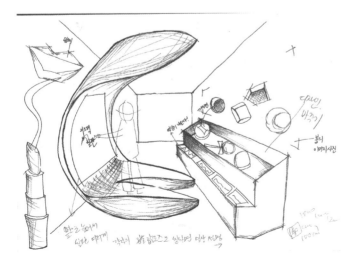

◀ 전시 연출 아이디어 스케치 사례
_ 고은정 작품

전시 연출 아이디어 스케치는 아래의 사례와 같이 전시 자료에 대한 매우 부분적인 연출 아이디어만을 간략하게 그려도 좋다.

전시 연출 아이디어 스케치 사례 ▶
한문을 전시 쇼케이스 형태로 활용한 전시 연출 아이디어

전시 연출에 대한 아이디어를 제안하기 위해서는 우선적으로 전시 자료의 종류와 속성을 파악해야 하며, 전시 자료가 가지는 정보를 어떠한 전시 매체를 통해서 보여줄 것인가를 정해야 한다.

전시 연출 아이디어 스케치는 전시의 유형(예를 들어 천장 전시인지 바닥 전시인지, 벽면 전시인지)을 고려해야 하며, 특히 전시 자료의 크기나 쇼케이스의 형태 등도 고려하여 스케치해야 한다.

▼ 전시 연출 아이디어 스케치 사례
한문을 전시 쇼케이스 형태로 활용한 전시 연출 아이디어

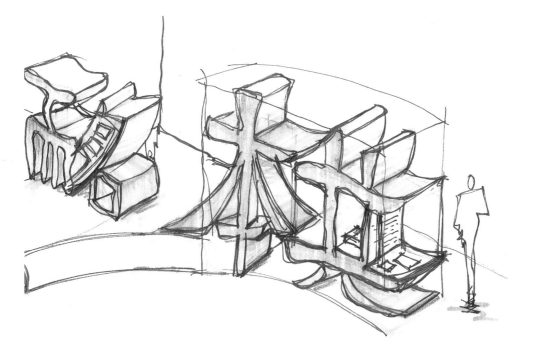

| 전시주제<br>(중주제) | 전시개념<br>전시기법 및 내용 | 전시매체 활용 사례 | 아이디어 스케치 |
|---|---|---|---|
| 윷놀이 | -윷놀이하는 모습을 디오라마기법을 사용해서 전시.<br><br>-아이들이 말이되어 윷놀이 하는 공간 배치.<br><br>-윷놀이 방법과 원리에 대한 그래픽 패널 이용. | | |

▲ 윷놀이 전시 아이템에 대한 전시 연출 기획 사례

전시 시나리오를 작성할 때는 각각의 중주제나 소주제별로 전시 아이템에 대한 정보를 수집해야 한다. 아이템에 대한 자료 수집을 마치면 전시 매체 활용 사례를 통하여 전시 디자인의 방향을 설정한다. 이를 통하여 전시 연출 총괄표가 어느 정도 정리되고 나면, 전시 영역별로 간단한 스케치를 통하여 전시 디자인에 대한 아이디어를 제안한다. 이러한 작업은 전시 기획과 디자인의 가장 중요한 과정이라 할 수 있다.

# 1 : 모래시계

## 1-1 해운대 모래사장의 유래와 역사

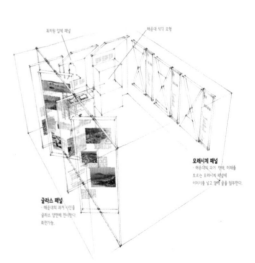

▲ CONTENTS CARD 작성 사례 – 1

CONTENTS CARD는 위의 그림에서와 같이 전시 자료에 대한 이미지와 설명, 전시 연출 사례, 아이디어 스케치 등을 모두 포함하여 작성한다. 위의 그림은 해운대 모래를 전시 대상으로 하여 해운대 모래사장의 유래와 역사를 전시 연출로 구상하고 전시 연출에 대한 아이디어를 제안한 CONTENTS CARD 작성의 사례이다

# 3-1. 누구보다 용감했던 그녀를 아시나요?

멀티비전

그래픽 패널

사진속의 그녀를 아시나요?

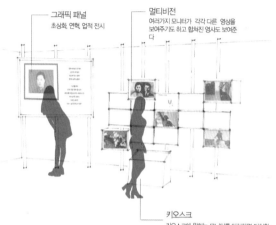

그래픽 패널
초상화, 연혁, 업적 전시

멀티비전
여러가지 모니터가 각각 다른 영상을
보여주기도 하고 합쳐진 영상도 보여준
다

키오스크
키오스크에 원하는 모니터를 터치하면 터치한
모니터의 영상이 모든 모니터가 합쳐져 큰 영상
으로 나온다.

▲ CONTENTS CARD 작성 사례 – 2
여성 독립운동가의 일대기를 전시로 연출하기 위해 관련 자료들을 정리하고, 전시 매체에 대한
사례 이미지와 공간에 대한 아이디어 스케치를 통하여 공간을 구체화한 CONTENTS CARD 작
성 사례다.

---

TIP. 전시 디자인에 있어서 CONTENTS CARD는 무엇이고 어떻게 작성하는가?

· 먼저 전시를 전공하지 않은 사람들은 CONTENTS CARD라는 용어부터 생소하다.
  CONTENTS CARD라는 것은 전시공간 디자인에서 가장 중요한 부분이고 이를 통하
  여 최종적인 평면 설계와 전체적인 전시 연출의 방향을 확정하게 된다.

· CONTENTS CARD는 전시공간의 각 영역별로 작성하거나 전시 중주제 혹은 소주제
  별로 작성하는 것이 좋다. 내가 디자인하려는 공간의 전시 연출에 대한 다양한 정보
  를 수집하고 이를 통하여 전시 연출의 방향과 디자인에 대한 아이디어를 표현하는
  과정이라고 이해하면 좋다.

· CONTENTS CARD 작성에 필요한 요소들은 전시 아이템에 대한 설명과 이미지, 자신
  이 디자인하려는 공간의 전시 연출 방향성과 전시 매체가 유사하게 드러난다고 생각
  되는 국내 혹은 해외 전시공간의 사례 이미지, 전시 연출에 대한 자신만의 아이디어
  가 담겨 있는 스케치 정도이다.

· 전시 CONTENTS CARD는 전시 연출에 대한 모든 정보를 한 장의 이미지로 만드는
  작업이며, 이는 공간에 대한 연출을 예측하고 평면계획에 대한 자료로 활용되는 필
  수적인 작업 과정이다.

# 평면과 입면 스케치를 통한 전시공간 디자인 구체화 작업
## : EXHIBITION LAYOUT

전시 주제와 전시 아이템, 전시 연출 매체와 전시 연출 아이디어 구상, 전시공간의 조닝과 관람자들의 관람 동선, 전시공간의 연출 개념과 기법 등이 결정되면 이를 바탕으로 평면 스케치와 입면 스케치를 통해 전시공간 디자인에 대한 구체적인 대안을 마련한다.

전시공간의 평면계획을 위해서는 이전 단계에서 작업하였던 모든 데이터와 이미지 등을 활용하여 이를 도면화하는 작업을 수행한다.

평면도를 구상하는 과정은 전시 아이템들과 전시 매체 등에 대한 구체적인 레이아웃과 조닝에서 설정하였던 각 영역 간의 구체적인 공간 조직을 바탕으로 해야 한다.

평면 스케치는 최대한 내가 표현하고자 하는 공간 연출이 도면에 드러나도록 해야 하며, 기본적인 도면 기호를 준수하여 가급적 상세하게 그려 나간다.

스케치 평면도에는 전시 영역, 전시 아이템, 전시 매체와 연출 기법, 마감재료 등과 관련된 텍스트를 모두 상세하게 기입해야 한다.

입면도 스케치에서는 가급적 전시 연출의 특성, 전시 아이템의 위치와 쇼케이스의 형태, 그래픽적인 표현과 전시 연출의 기법이 잘 드러나도록 작성해야 한다.

입면도 스케치를 통하여 자신이 구상하는 전시공간 연출에 대한 아이디어를 표현하는 매우 중요한 작업의 과정이며 일반적으로는 공간의 영역, 마감재료, 전시 매체, 그래픽, 조명, 가구, 천장과 바닥 부분의 형태 등이 잘 나타나도록 그려야 한다.

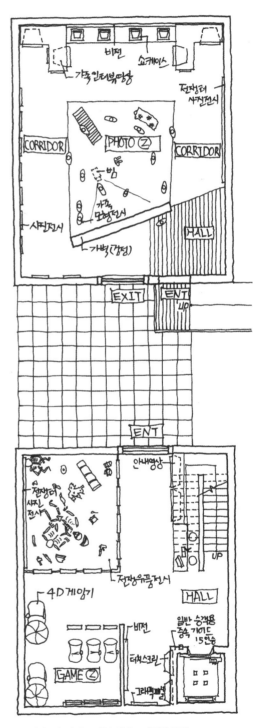

▲ 전시공간 평면 스케치 사례 _ 라경혜 작품

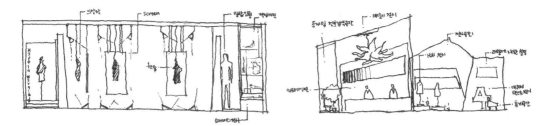

▲ 전시공간의 입면 디자인 스케치 사례 _ 이해윤 작품

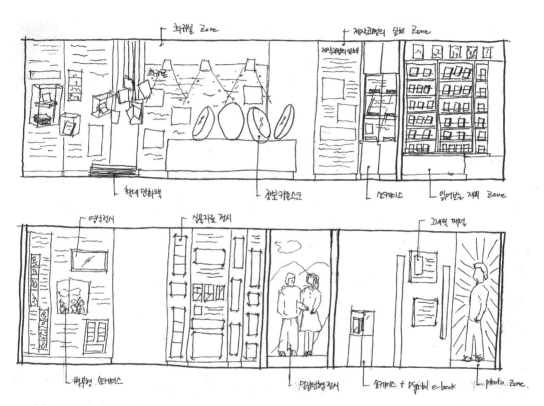

▲ 전시공간의 입면 디자인 스케치 사례 _ 류희정 작품

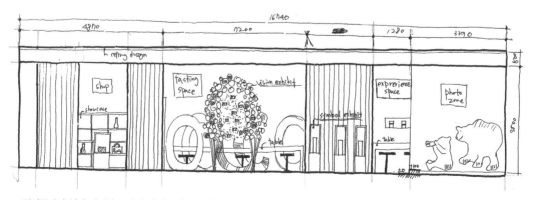

▲ 전시공간의 입면 디자인 스케치 사례 _ 김근희 작품

# STUDY MODELLING : 공간의 입체화
## _ 공간 구성, 전시 연출, 컬러, 재료 등에 대한 검토

전시공간에 대한 구상 과정에서 스터디 모형 제작은 공간에 대한 3차원적인 볼륨과 공간에 대한 보다 면밀한 검토를 위한 작업이다.

우리가 그리는 모든 도면은 2차원을 넘어서지 못한다. 하지만 모형을 제작함으로써 2차원 공간에서 알 수 없는 공간감과 관람자들이 느끼게 될 시각적인 이미지를 3차원적으로 파악할 수 있다. 또한 전시공간의 부분모형을 통해 보다 구체적으로 쇼케이스 디자인을 완성할 수 있다.

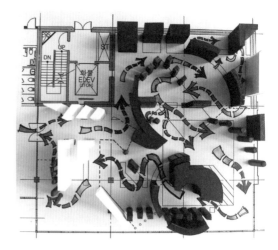

▲ 공간 구성과 관람자 동선, 전시 연출 매체의 볼륨을 표현한 스터디 모형 사례

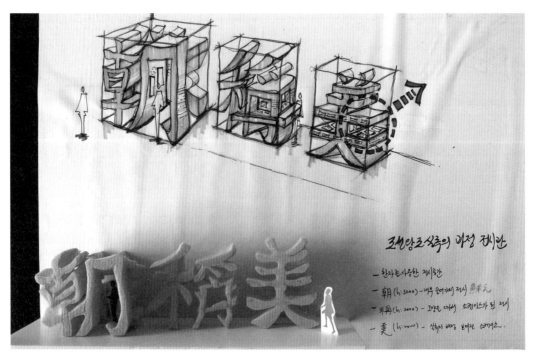

▲ 전시 연출을 위한 쇼케이스 개념 스터디 사례 _ 임인애 작품
스더디 모형을 통한 디자인 검토 과정

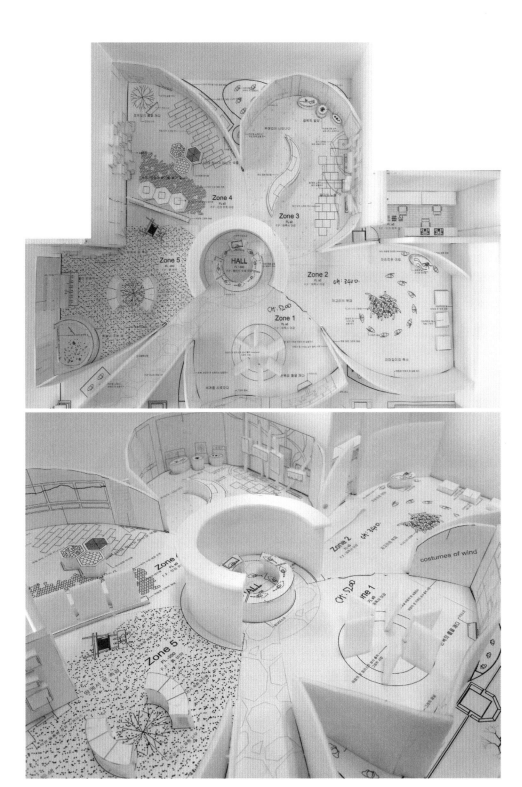

▲ 전시 연출을 위한 스터디 모형 _ 김루나 작품
평면도와 입면도를 복사하여 바닥면과 벽면 부분에 붙이고 벽체, 전시
매체 등을 모형으로 표현

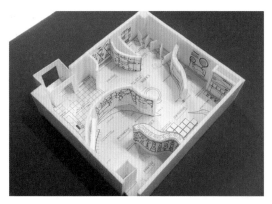

▲ 스터디 모형 사례 _ 이지현 작품

▲ 스터디 모형 사례 _ 김은영 작품
실내건축 모형에서도 종종 개념을 표현하기 위하여 외관의 형태를 제
작하기도 한다. 위의 사례는 새들의 둥지를 이미지 모티브로 하여 작
업한 디자인 스터디 모형이다.


## FEED-BACK & 최종 디자인 결정

스터디 모형까지 완성하게 되면 여러 가지 계획과 디자인에 대한 검토를 통해
문제점을 수정하고 보다 좋은 아이디어를 수용하기 위하여 평면도나 입면도를
수정하는 과정을 거치게 된다. 또한 지도 교수님과의 협의와 조언을 통하여 계
획을 부분적으로 수정하는 과정도 학생들에게는 매우 중요하다. 이와 같은 피
드백 과정을 충실하게 거치고 나면 최종적인 전시공간 계획안에 대한 디자인
을 결정한다.

자신의 디자인에 대한 수정 작업은 최종 계획안을 결정하는 데 매우 중요한 과
정적 절차라고 생각해야 한다. 종종 중간 과정에 대한 검토와 체크를 받지 않고
혼자만의 디자인 세계를 펼치면서 최종 과제를 제출해 버리는 학생들이 있는데,
자기의 생각에 대한 보안과 내가 생각하지 못했던 오류에 대한 검토와 수정 작
업은 필수적인 디자인 과정이라는 점을 명심하자.

## MODELLING WORKS : 공간의 입체화

최종 모형을 만드는 작업은 디자인 대안에 대한 공간적인 구성과 컬러, 재료 등을 재확인하고 축소된 공간의 형태를 통하여 3차원적인 공간감에 대해 구체적으로 검토하는 단계의 작업이라 할 수 있다.

모형은 최대한 공간에 대한 구체적인 형태와 컬러가 표현될 수 있도록 표현하고 특히, 전시공간과 같이 시각적인 이미지가 공간의 중요한 구성 요소가 되는 경우는 전시 이미지까지 모형에 상세하게 표현해 보는 것이 좋다. 또한 아래 모형 사진과 같이 각 층별로 공간 구성을 살펴볼 수 있도록 층별로 분리하여 모형을 제작하는 것이 좋다.

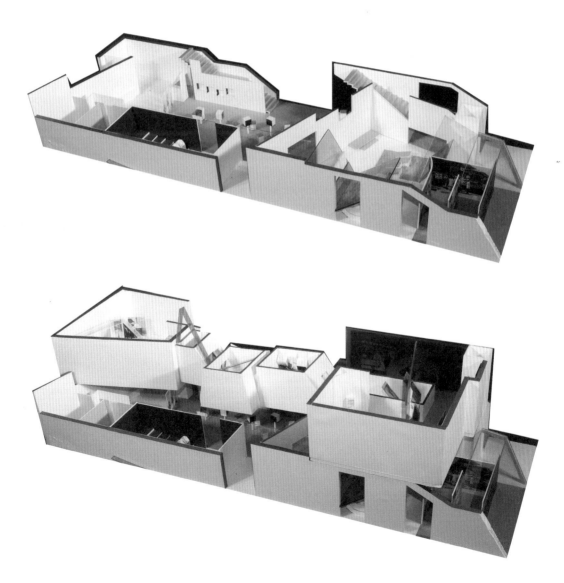

▲ 최종 모형 사례 _ 김루나 작품

한복 전시공간 디자인을 위한 실내건축 모형. 퓨전 한복 전시공간 디자인을 위한 최종 모형
제작 사례이다. 한복 작품을 위한 공간 디자인으로 파티션과 전시공간에 배치되는 전시 자료
의 위치와 크기를 명확하게 알 수 있도록 전시 연출 이미지를 세세하게 모두 모형에 표현하
여 보다 현실감 있게 보인다. 바닥 패턴과 재질감, 벽면의 그래픽 등의 요소까지 모형으로 표
현하였다.

◀ 최종 모형 사례 _ 김민재 작품
부산의 골목길을 주제로 한 전시공간

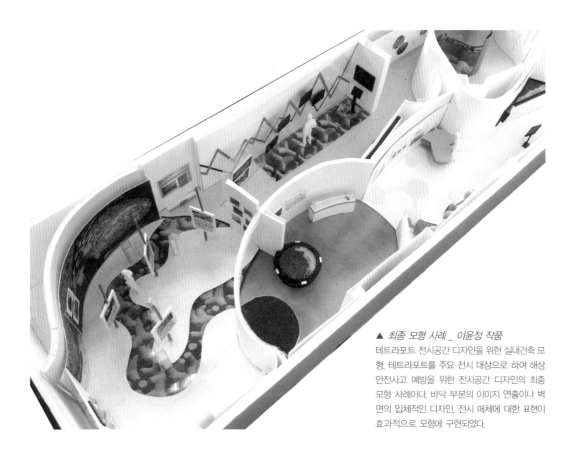

▲ 최종 모형 사례 _ 이윤정 작품
테트라포트 전시공간 디자인을 위한 실내건축 모형. 테트라포트를 주요 전시 대상으로 하여 해상 안전사고 예방을 위한 전시공간 디자인의 최종 모형 사례이다. 바닥 부분의 이미지 연출이나 벽면의 입체적인 디자인, 전시 매체에 대한 표현이 효과적으로 모형에 구현되었다.

▲ 모형 사례 _ 오세훈 작품
몬드리안 전시공간 디자인을 위한 실내건축 모형

모형 제작을 통하여 실제 공간에서의 연계 관계와, 공간의 조직, 시지각적인 공간감, 컬러와 재료, 벽면과 천장 및 바닥 부분에 대한 구성 등을 파악할 수 있다. 최종 모형 제작은 프레젠테이션을 위한 제작의 궁극적인 목적도 있지만, 평면과 입면에 대한 구체적인 3D 공간을 통해서 평면도에서 발견하지 못했던 오류나 보다 좋은 디자인이 떠오르는 경우가 있기 때문에 모형작업 또한 매우 중요한 디자인 과정이라 하겠다. 학생들을 보면 종종 최종 패널 작업이나 제안서 작업을 먼저하고 모형을 제작하는 경우가 있는데, 그것보다는 모형 제작을 먼저하고 패널과 제안서 작업을 하는 것이 도면에 대한 디자인적 오류를 최소화할 수 있는 방법이다.

## REPRESENTATION TECHNIQUES : 다이어그램, 평면도, 입면도, 투시도, 엑소노메트릭 등의 디지털 작업

공간 디자인 대안에 대한 확정 이후에는 최종 프레젠테이션을 위한 컴퓨터 그래 픽 작업이 수반된다. 이는 계획 초기에 서부터 구상하였던 다양한 개념과 공간 에 대한 접근 방법 및 과정을 패널 등을 통하여 구체적으로 표현하기 위한 작업 이다. 시각적인 이미지의 다양한 표현은 결국 작품 수준을 높이기 위한 효과적인 표현 수단이 된다.

디자인 대안들은 최종적으로는 3D-MAX나 AUTO-CAD 등의 컴퓨터 프로 그램을 통하여 다양한 방법으로 패널에 표현된다. 특히 기본적인 평면도, 입면 도, 투시도 등의 공간을 표현하기 위한 수단으로 사용되는 도면이나 이미지, 다 이어그램 등은 그 표현 방법 또한 매우 다양하다.

컴퓨터를 통한 그래픽 작업은 엑소노메트릭과 같은 공간의 3D 이미지를 보다 실 제 공간과 흡사하게 표현하는 경우가 많고, 적당한 시점을 정하여 조감도의 형 식이나 사람의 눈높이에서 바라본 View로 제작되는 경우가 많다. 또한 다양한 재질과 조명의 효과까지 표현이 가능하기 때문에 실제 공간과 매우 유사한 이미 지를 만들어낼 수 있다.

▼ 3D-MAX 이미지

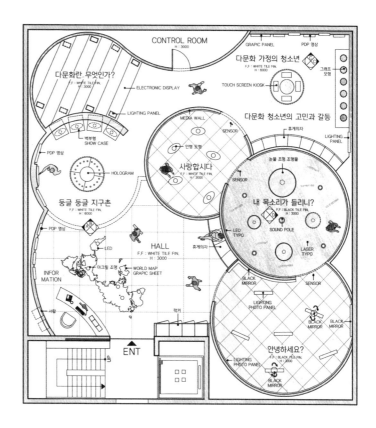

평면도는 위의 도면에서와 같이 일반적으로 AUTO-CAD 프로그램을 사용하여 드로잉한 후 이를 포토샵과 같은 응용 프로그램을 통하여 리터치하는 경우가 대부분이다. 부분적인 컬러링을 통하여 각 존의 구성이나 공간의 영역을 보다 명확하게 전달할 수 있다. 또한 전시 도면에서는 전시 매체를 정확히 표현하는 것이 중요하다.

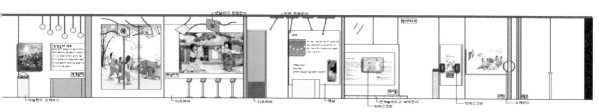

입면도는 도면 작성을 마치고 나서 평면도와 마찬가지로 약간의 리터치 과정이 필요한데, 특히 AUTO-CAD 프로그램을 통한 입면도 작성을 하면서 표현이 부족하기 쉬운 이미지나 재료의 질감 등은 일러스트나 포토샵 등의 프로그램을 통하여 보완해 나가면 보다 구체적으로 공간을 표현해 낼 수 있다.
각종 프로그램을 통한 그래픽 작업은 최종 패널 작업을 위한 소스가 될 것이며 이들의 표현 방법과 디자인 과정에 대한 다양한 작업 결과물은 궁극적으로 패널의 질적인 수준을 높여줄 것이다.

## 1F PLAN 1/60

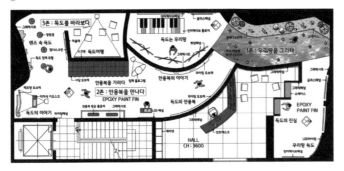

## 1F ELEVATION-A,B 1/60

1-1. 우리땅 독도

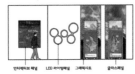

1-3. 독도는 우리땅

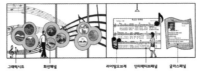

## 1F ELEVATION-C,D 1/60

2-3. 안용복을 기리다

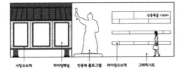

3-1. 독도의 이야기, 3-2. 렌즈 속 독도

최종 패널 작업을 위해서는 우선적으로 패널 소스의 확보가 무엇보다도 중요하다. 일반적인 패널에서 가장 기본적으로 요구되는 패널 소스에는 평면도, 입면도, 실내 투시도, 설계 개요와 설계배 경에 대한 간단한 설명, 공간의 구성과 조닝을 설명하기 위한 다이어그램과 설명, 공간 디자인에 대한 과정을 표현한 디자인 프로세스, 실내건축 재료, COLOR CONCEPT과 COLOR PLAN, 디자인 과정에서 사용된 다양한 이미지 자료, 모형 사진, 스터디 모형 사진 등이 있다. 기본적인 패널 소스 이외에도 최종적인 공간 디자인이 도출되기까지의 과정 표현을 위한 다양한 다이어그램 등도 매우 유용한 패널 소스가 된다.

같은 패널 요소라도 그 표현의 정도나 시각적인 디자인 표현 방법에 따라 그 수준은 크게 차이가 나게 된다. 기본적으로 디지털 프로그램을 다양하게 활용하는 방법도 중요하지만 무엇보다도 내가 가지고 있는 도면 요소를 어떻게 가공하여 세련되고 명료하게 표현해 낼 것인가가 매우 중요하다.

패널 소스는 그 표현 방법에 있어서 특별한 원칙이나 지침이 있는 것은 아니다. 자신이 생각하고 표현하고자 하는 디자인과 공간이 구축되는 일련의 과정을 충실하게 시각적으로 보여줄 수 있다면 그것으로 충분하다. 하지만 그래픽적인 표현력은 학생들마다 그 한계점이 여실하게 드러나는 부분이기 때문에 다양한 패널 사례나 도면, 다이어그램 등에 대한 유사 사례를 참조하는 것이 좋다. 또한 전달하려는 디자인 의도가 명확하게 나타나도록 하는 것이 좋다.

# Space planning PROCESS

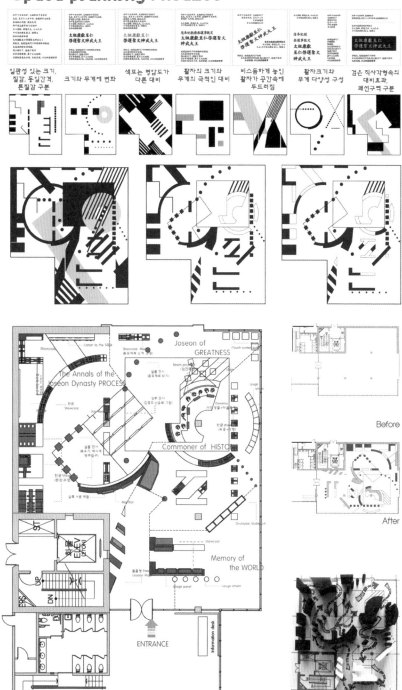

일편성 있는 크기,
질감, 동일간격,
톤질감 구분

크기와 무게에 변화

색또는 명암도가
다른 대비

활자의 크기와
무게의 극적인 대비

비스듬하게 놓인
활자가 공간속에
두드러짐

활자크기와
무게 다양성 구성

검은 직사각형속의
대비효과,
패션구역 구분

Before

After

---

▲ 패널 소스 작업

위의 사례는 전시공간 디자인으로 평면도와 더불어 스터디 모형 작업 사진, 리모델링 전후 두면 비교 KEY-MAP, 평면의 형태가 도출되기까지의 과정을 다양한 그래픽적인 표현으로 보여주고 있다.

특히 평면 디자인은 타이포그라피에서 나타나는 텍스트의 레이아웃과 텍스트의 무게감, 명암도 대비효과 등을 스터디한 결과로서 나타나는 배치특성을 조형적으로 구성히고 이를 평면 형태모 구체화하는 과정을 잘 표현하고 있다.

# STORY LINE

## 2F PLAN (1/60)

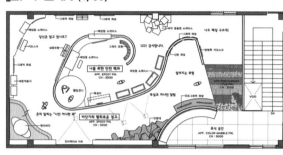

## CIRCULATION

1층에 들어서면 사람들에게 먼저 호기심을 유발하고 전시를 볼 수 있도록 한다. 크기가 커서 전체적으로 보기 힘든 테트라포드의 형태나 과정을 파악할 수 있는 공간을 만들었다. TTP에 대해 알린 뒤 우리에게 유익한 점도 많지만 위험하다는 사고현황을 알린다. 2층에 들어서면 우리가 지금까지 놓쳐왔던 안전에 대해 생각하고 올바른 대처와 수칙을 인식시키는 공간을 구성하였다.

## 1F PLAN (1/60)

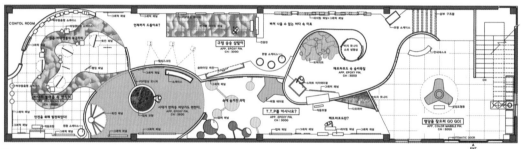

## ELEVATION–A, B, C, D (1/60)

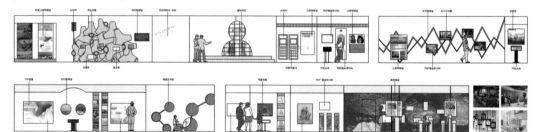

▲ 전시공간의 스토리라인, 평면도, 입면도, 동선도를 표현한 사례 _ 이윤정 작품

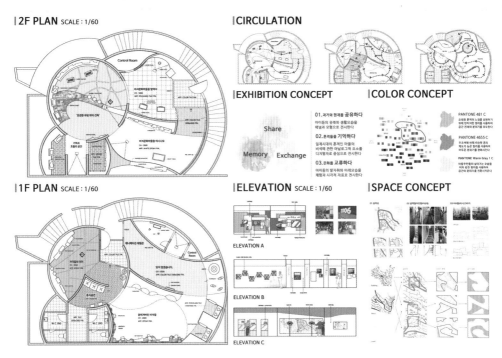

▲ 평면도와 동선도, 입면도와 공간 개념, 컬러 개념 등을 표현한 사례 _ 최지원 작품

▲ 전시공간의 연출 개념을 다이어그램화하여 시각적으로 표현한 사례 _ 최우성 작품

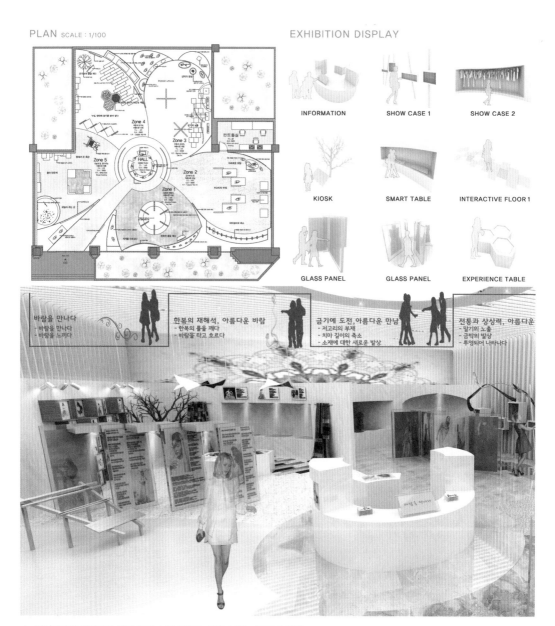

PLAN SCALE : 1/100

EXHIBITION DISPLAY

INFORMATION

SHOW CASE 1

SHOW CASE 2

KIOSK

SMART TABLE

INTERACTIVE FLOOR 1

GLASS PANEL

GLASS PANEL

EXPERIENCE TABLE

▲ 전시공간의 평면도와 전시 매체, 실내 투시도 표현 사례 _ 김루나 작품

평면도는 바닥면을 중심으로 컬러링을 하여 전시 매체가 잘 드러나도록 표현하고 있으며, 전시 연출에서 활용한 다양한 매체를 간략하게 표현하여 전시 연출에 대한 이해를 높이고 있다. 실내 투시도에서는 전시 주제와 전시 자료에 대한 이미지, 전시 매체, 벽면의 그래픽적인 요소들을 통하여 전시 연출에 대한 밀도 있는 공간 표현을 시도하였다.

# DESIGN PRESENTATION

전시 연출을 위한 아이디어 스케치와 디자인 과정이 패널에 잘 드러난 작품이다.

투시도 표현은 다소 미흡하지만 스터디 모형 작업을 통한 공간 조형에 대한 접근성, 평면도에 나타난 전시 매체와 동적인 공간 구성 등은 주목할 만한 작품이다.

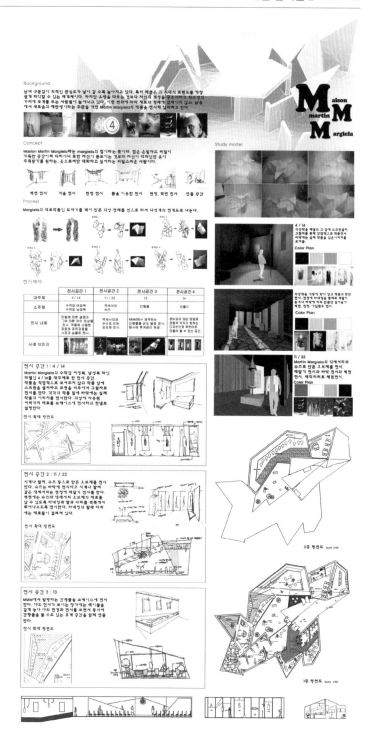

'녹색숲을 원하다'

'녹색숲을 내쉬다'

## EXHIBITION CONCEPT

| 들어오는 숨결 | 느끼는 숨결 | 불어넣는 숨결 |
|---|---|---|
| [KNOWLEDGE] | [EXPERIENCE] | [PRACTICE] |
| 자연의 중요성<br>식물의 생물학적 정보<br>기능성 식물들 소개 | 식물 관련 O,X퀴즈<br>식충식물 채충 먹이기<br>식물의 공기정화체험<br>이색화분 만들기 | 게릴라가드닝 운동 참여<br>식목일 나무심기 참여<br>관람을 통한 기부 참여 |
| 지식전달 중심 위주 | 체험 중심 위주 | 참여 중심 위주 |

## COLOR CONCEPT

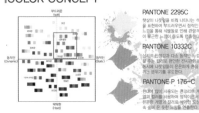

PANTONE 2295C

PANTONE 10332C

PANTONE P 176-C

## PLAN SCALE 1/60

## SPACE CONCEPT

자연의 위대한 경고 '사막화'

## ELEVAITION SCALE 1/60

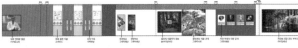

## CIRCULATION

## ELEVATION SCALE 1/60

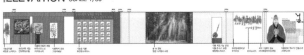

## MODEL CUT

'그늘을 염망하다'

'인포메이션'

## SPACE CONCEPT

**"위로-Hug"**
지금 당신은 안녕한가요?

위로가 필요할 때 백마디의 말보다 말 없이 안아주는 것이 더 큰 힘이 될때가 있습니다. 이런 따뜻한 위로가 이루어지는 과정을 다이어그램화 하여 공간에 표현 하였습니다.

무관심 　관심 　소통 　이해 　포용

초넘에 대입 　개구부 형성 　공간에 대입 　매스형성 　패턴 및 천정

## EXHIBITION CONCEPT

왜 너는 늘 괜찮다고 말하나요? | 괜찮냐고 너는 물었고 괜찮다고 나는 웃었다 | 어쩌면 내가 가장 듣고 싶었던 말

시각위주의 학교폭력의 심각성 전달 | 학교폭력예방을 위한 미션참여형 전시 | 학교폭력 대처 체험형 전시

관심 | 이해 | 위로

학교폭력에 관한 관심 고취 | 학교폭력 예방 활동을 통한 이해와 흥미증대 | 학교폭력 대처방법을 배우며 마음을 위로함

이것도 학교 폭력이라고?

우리 학급 안에는...

## PLAN 1/60

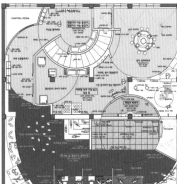

## CIRCULATION

**MAIN**

처음 터널을 통해 들어가면서 터널의 빙결상으로 뻗어나는 물건으로 호기심을 끌고 다양한 연출로 지루할 수 있는 개념을 자연스레 받아들이고 존의 순서에 따라 미션과 체험을 하도록 한다.

**SUB**

메인동선에 따라 진행하면서 중간에 자유롭게 배치된 전시를 보면서 지루하지 않도록 전시하였다.

## COLOR CONCEPT

**PANTONE 425C**

**PANTONE 7527C**

**PANTONE 1215C**

## ELEVATION 1/60

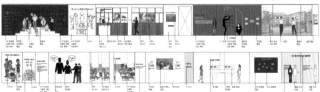

그건 용서되지 않는 행동이야

할수있어, 우리가 바꾸자 | 같이 생각해봐요

Orientation

우리학교는 지금 | 학교 + 폭력?

# CONVERSION INTO POSITIVE
## KOREAN DESTILED LIQUOR EXHIBITION CENTER · 한국 소주 홍보 전시관

소주 (燒酒 燒酎 燒酎 )
곡류를 발효,증류시키거나,
알콜을 물에 희석한 것.

## BACKGROUND

대한민국 사회통념에 소주란 친근하면서도 다소 부담없이 즐길 수 있는 술은 아니다. 대부분이 은연히 즐길 수 있고, 세련되고 깔끔한 분위기가 박탈되는 상반되는 느낌이 강하다. 소주를 선호하지 않는 몇몇의 미숙속에 소주에 대한 부정적인 인식이 있지 않을까?

## THEME

 →

상쾌하고 발랄한 술자리, 전날 힘이 기억한다는 오늘 아침, 오전 수업에 지각하는 우리의 모습. 마마도 마마도 쓰디 쓴 그 맛. 이런 부정적인 시스템, 소주이면 미오르된 깔끔하지 못하고, 지극히 한국적이란 분위기를 세련 되고 깔끔한 분위기로 소개하여 인식을 전환시킨다.

## CONCEPT

### TRANSPARENCY . (투명성)

투명성이란 시각적 투명함 분만이 아니다. 투명성을 통해 소주가 가진 순수함과,깨끗함,위스 이미지를 보여주어 소주에 대한 부정적인 인식을 긍정적 인식으로 전환시킨다.

KEYWORD 1. 경계의 모호    KEYWORD 2. 표피의 물성    KEYWORD 3. 공간의 연속

수평적 요소인 단,계단,바닥,벽 등이 경계성질을 애매하게 하고 경계를 모호하게 하여 [투명성]을 추구한다.

투명성의 표피의 효과, 투명, 반투명,광택,재질감에 의한 재료 의 본사성이 경계감을 없이하 고 착으며 [투명성]을 얻으킨다.

공간안이 어떤 물체의 연속됨으로써 시각적 실체감을 느 끼며 [투명성]을 표현하게 된다.

## STORY LINE

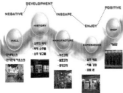

## SITE

위치 : 부산광역시 동래구 사직동 154 - 7
면적 : 1340㎡
건폐율 : 60%이하 (804㎡ 이하)
용적율 : 150% 이상 250% 이하

HORIZON AXIS    VERTICAL AXIS    VIEW AXIS    VIEW SECURITY

## INTERIOR VOLUME DESIGN

STEP 1 MANY OBJECT — OBJECT & OBJECT — INTERVENTION OF TRANSPARENCY — BLURRED OF BOUNDARY

STEP 2 MANY OBJECT + INTERVENTION OF TRANSPARENCY + INTERVENTION OF TRANSPARENCY → BLURRED OF BOUNDARY

STEP 3 MANY OBJECT + INTERVENTION OF TRANSPARENCY + INTERVENTION OF TRANSPARENCY → BLURRED OF BOUNDARY

STEP 4 MANY OBJECT + BLURRED OF BOUNDARY + BLURRED OF BOUNDARY → CREATE OF TRANSPARENCY

## EXHIBITION DISPLAY IEDA

소주의 주원재료를 이해할 진귀한 진기 실물을 소개하고 터치스크린을 통해 상세한 정보를 전달한다.

KIOSK

버튼과 라이세팅을 통해 소주의 발효과정을 순차적으로 소개한다.

SHOW CASE

대형 라이세팅를 보여주고 하단의 이동경로를 통해 라이세팅을 경로시켜 이해를 돕는다.

LIGHTING PANEL

소주제품의 인기를 쓰고 실물부도를 빠른 신체 해반면을 체함하여 경각심을 심어준다.

버려지는 소주병이나 투명 이용한 리플을 통해 또다른 새로움을 보여준다.

TOUCH KIOSK

실제로 박라버리 버려는 소주 명고 외관에 지신의 일물을 대입하여 직접 모델이 되어 될 수 있는 포토존 이벤.

## 2F PLAN  SCALE : 1/60

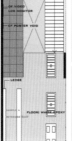

## TRANSPARENCY CREATION PROCESS

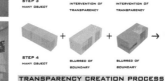

벽면의 중합과 연속, 재료의 물성으로 인해 경계가 모호해 지고 투명성을 형성

| LAYER 1 | LAYER 2 | LAYER 3 | LAYER 4 | LAYER 5 | LAYER 6 | LAYER 7 | LAYER 8 |
| GLASS | GLASS | GLASS | GLASS | GLASS | VOID | GLASS | GLASS |
|  | VOID | MARBLE | OPAQUE | MARBLE |  | MARBLE | OPAQUE |

| LAYER 1 | LAYER 2 | LAYER 3 | LAYER 4 | LAYER 5 | LAYER 6 | LAYER 7 | LAYER 8 |
| GLASS | MARBLE | MARBLE | GLASS | MARBLE | GLASS | MARBLE | GLASS |
|  | GLASS | GLASS | MARBLE | MARBLE |  |  |  |

| LAYER 1 | LAYER 2 | LAYER 3 | LAYER 4 | LAYER 5 | LAYER 6 | LAYER 7 | LAYER 8 |
| GLASS | GLASS | GLASS | GLASS | GLASS | MARBLE | VOID | GLASS |
| FRAME | MARBLE | MARBLE | MARBLE | MARBLE | GLASS |  |  |

## 1F PLAN  SCALE : 1/60

## ELEVATION - A  SCALE : 1/100

## ELEVATION - B  SCALE : 1/100

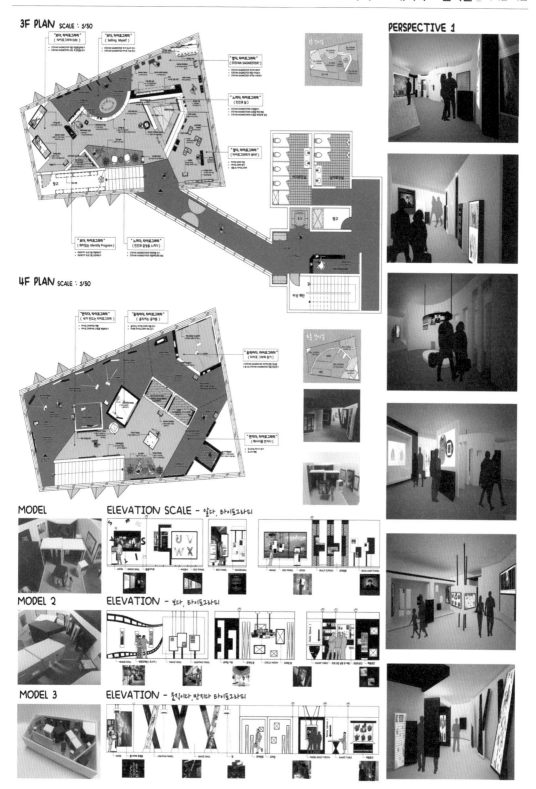

3F PLAN SCALE : 1/50

4F PLAN SCALE : 1/50

PERSPECTIVE 1

MODEL

MODEL 2

MODEL 3

ELEVATION SCALE - 알다, 타이포그라피

ELEVATION - 보다, 타이포그라피

ELEVATION - 움직이다, 만지다 타이포그라피

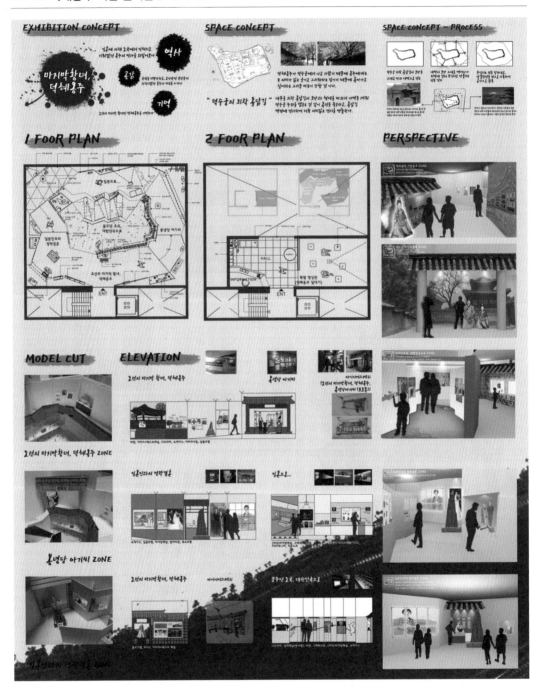

이 작품은 덕혜옹주의 일대기를 하나의 이야기로 구성한 전시공간 디자인이다.

전시실 입구에 들어서면 특별 전시관이 구성되고 상설 전시공간에서는 덕혜옹주의 일대기를 스토리로 전개하여 전체 공간의 전시 콘텐츠를 구성하고 있다.

영상 체험공간에서는 역사에서 전해 내려오는 이야기를 중심으로 전

시를 구성하여 역사에 대한 정보와 관람자들에게 기억과 공간을 줄수 있는 전시로 구성하였다.

빔 프로젝트, 라이팅 패널, 그래픽 패널, 스마트테이블, 터치스크린, 모형 등을 통해서 전시 디자인의 다양성을 부여하고 전체가 하나의 흐름을 가지도록 동선 또한 One—Way 방식으로 공간을 구성하였다.

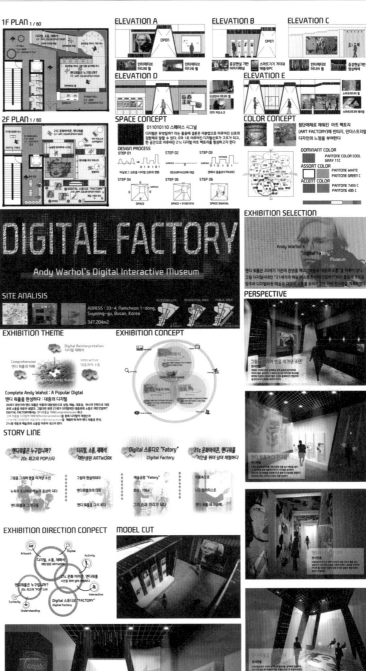

## BACKGROUND

Save the Children

세이브더칠드런의 중심에는 어린이가 있다
위치:(부산지부) 수영구 광안3동 1072-7
비전:모든 아동이 생존, 보호, 발달 및 참여의
권리를 온전하게 누리는 세상을 꿈꾼다.

행동가치 : 책임, 포부, 협력, 창의, 정직

우리나라에 현재 20여개의 세이브더칠드런의
지사들이있다. 그치만 이중에서도 수도권을 제
외한 부산에는 1곳 밖에되지 않는다. 우리는 후
원에 대한 어려움을 가지고있다. 남을 도와주기
싫어서가 아니다. 그저 후원 그들을 도울 방법을
제대로 모르고 그들의 심각성을 몰라서이다.
그래서 이러한 정보들이나 장소가 있었으면
종겠다는 생각에 선택하게되었다.

## SITE

주소 : 부산광역시 연제구 연산동 1328-6
부지면적 – 345m2
건축면적 1층 - 184m2 약 55.66평
건축면적 2층 - 161m2 약 48.70평
지하철역 바로앞에 위치하고있으며
8거리가 되서 유동하는 인구가많다
시청과 경찰청 바로 앞에 위치하고있다.

## THEME

# SAVE

아이들이 들려주는 이야기

사람들의 기부인식개선과 온라인에서는
접할수 있지만, 그런내용들을 오프라인으로
접하면서 더 기부에 대한 인식을 와닿게
하는 것이다.

## STORY LINE

- SAVE THE CHILDREN 소개
- 국내 활동 캠페인 소개
- 해외 활동 캠페인 소개
- 아동 권리 옹호 캠페인 소개

**1.ZONE 함을구하다**

1F

**2.ZONE 친숙을아끼다**

2F

**3.ZONE 마음을모으다**
- 자원 봉사 정보
- 내 마음을 표현해보자
- 기부금을 모아보자
- 후원자들의 후원이야기

**4.ZONE 기억을저장하다**
- 후원 아동이 되어보자!
- 내가 생각하는 기부는?
- 나도 후원자
- 기부 세계로, 세계로..

- 다양한 후원의 방법들
- 아이들의 손편지
- 아동들의 현실생활
- 히스민이 활성화 이야기

## EXHIBITION CONCEPT

**함을구하다**
내가 후원하는것으로
인해 한아이가 살아갈수
있고 어려운 아이들을
구할수있다는걸 강조

**친숙을아끼다**
후원을 힘으로 인해서
우리가 평소 잘 알지
못했던주위 어려운 아이나
다른 해외 아이들을
아끼는모습들을 보여준다.

**마음을모으다**
여러 사람들의 활동하는
모습들을 통해 후원이나
봉사활동을 누구나 말수
있도록 하는 정보를
제공한다.

**기억을저장하다**
아이들의 힘든모습의
영상들을 기억하고
우리가 후원을하면서
잊지내고 싶은 아이들의
모습을 기억하는
사진들을 전시한다.

## PLAN 2F SCALE 1/60

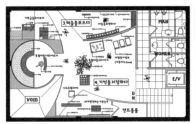

## ELEVATION 2F SCALE 1/60

티키키오스크
LCD모니터
그래픽패널

동전굴리기
터치키오스크

PhotoZone

플랩
플랩입체3구테이블

입체모형패널
간이계단

출동입체3그래픽
영상케릭터그림
영상케릭터모형

영상입체패널
영상갤러리

쇼케이스
쇼케이스
쇼케이스

그래픽시트
영상미니어쳐

그래픽패널

## SPACE CONCEPT

기부가주는아름다움 : 기부가 주는 아름다움은 기부를
하되 후원을 배풍으로써 후원을 받는사람은 자유로워지
고 희망이 넘치는 삶을 살아갈수있다고생각한다.

**Save the Children 로고.**

심볼 : 세계를 상징하는 원의 모양과 자기의사를
자유롭게 표현하는 아동의 활동적인 모습을 담고있다.
아이 : 세계 속에서 양팔을 활짝 펼치고 있는 꿈이
넘치는 역동적인 아동을 상징하고 있다.

Save the Children의
로고모양을 그대로 써
와 1층과 2층의 로고의
심볼의 모양을 표현

로고의 두 심볼의 모양을
따라 써 1층에 개혁을 써워
봉사활동이 아이모양
따와 2층의 전체적인 동선
과 존을 구성

## PLAN 1F SCALE 1/60

## ELEVATION 1F SCALE 1/60

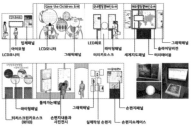

Save the Children 존재

LCD모니터
LCDS모니터
그래픽패널

군내활동소개존

입체패널
LED존
터치키오스크

제1기부추천존존

슬라이딩패널
세계지도패널
터치테이블

그래픽패널
영상딜레이존

돌아가는책날
라이팅패널
터치스크린키오스크
(RFID)

손편지나용과
사진전시

그래픽패널

실제작성 손편지

손편지패널

손편지수납케이스

## COLOR CONCEPT

붉은색상은 아동에 대한 따뜻한 마음과 꿈이없는
열정을상징한다.

핑크색은 아이 순수함과 깨끗함을 표현한다.

검은색과 회색은 보조색으로서 진지함을 나타내
기 위해 사용하였다.

## PERSPECTIVE

## MODEL CUT

## SITE ANALYSIS

부산광역시 해운대구중동 1501 - 15

대지면적 : 1010.5㎡

1층 홀 면적 : 115㎡ + 2층면적 : 202.523㎡
+ 3층면적 : 89.963㎡ = 304.034㎡ = 91.9평

## THEME : Art lesson of Mondrian

누구나 한번쯤 들어봐보고
그렇지 않다면 그의 그림은 어디에선가 한번은 보았을 것이다.
몬드리안의 그림을 감상하는 것에 그치지 않고
배우고 만들고 그리고 체험하는 미술관.
몬드리안을 즐기고 알아가는 미술관을 계획하여
어린이와 청소년들이 그를 더 많고 더 기억할 수 있도록 한다.

## BACKGROUND

부산에 어린이나 청소년이 가볼 수 있는 미술관은 있으나
유명 화가들의 사상과 디자인 방법, 색 등을 쉽게 보고
체험할 수 있는 교육적인 공간은 거의 없다.
어린이들과 청소년들에게 익숙한 단색들을 사용하여
20세기 미술계 전반에 새로운 시야를 열어준 몬드리안.
그의 사상과 작품을 모티브로 한 전시관을 디자인 한다.

## SPACE CONCEPT

Broadway boogie woogie 1942-1943

몬드리안의 마지막 완성작을 공간안에 가져와
입체화시킨 프레임과 면으로 나타낸다.
몬드리안 작품의 기초가 되는 큐비즘 운동의
개념으로 재구성하여 공간안에 나타낸다.

## SPACE PROCESS

기본 형태    공간형성    분할    적용    결과

## TARGET

몬드리안의 네덜란드의 옛 화가지만 많은 사람들이 그를 안다.
평소에 학교나 학원 등에서 미술에 관해 배우고 그리면서
몬드리안의 추상적인 그림을 많이 접하긴 하지만
그 그림이나 몬드리안 화가에 대해서 알기 어려워던
어린이들과 청소년들을 주 타겟 대상으로 하며,
또한 보호자들도 흥미를 느낄 수 있게 한다.

## COLOR CONCEPT

PANTONE WHITE    BLACK    484C    458C    288C

몬드리안의 작품에서 보여지는 Black, White, Red, Blue, Yellow
컬러로 작품을 상징하며 작품이 부각되는 White color가 Main color
전시재체나 작품은 White color 안에서 더욱 돋보이게 하며
다소 딱딱해지던 경해한 느낌을 준다.

## STORY LINE

몬드리안 선생님
몬드리안은 누구?
묻고 답해요!
어떻게 살았나요?
작업실 안으로!

내가그린 네모그림
그림이 살아있어요!
내 손으로 완성되는 그림
직접 그려보아요
그림 속으로!

전통문화속 숨은그림찾기
2001년 앞선 대한민국
전통장호가 서양에서 모던 디자인?
구성과 여백의 美

## PERSPECTIVE

몬드리안은 누구? ZONE

어떻게 살았나요? ZONE

그림 속으로! ZONE

전통문화 속 숨은그림찾기 ZONE

몬드리안의 미술시간

FIRST FLOOR PLAN SCALE : 1/60

SECOND FLOOR PLAN SCALE : 1/60

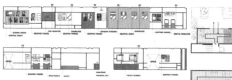

ELEVATION SCALE : 1/60

CIRCULATION

내 손으로 완성되는 그림 & 직접 그려보아요! ZONE

PERSPECTIVE

MODEL CUT

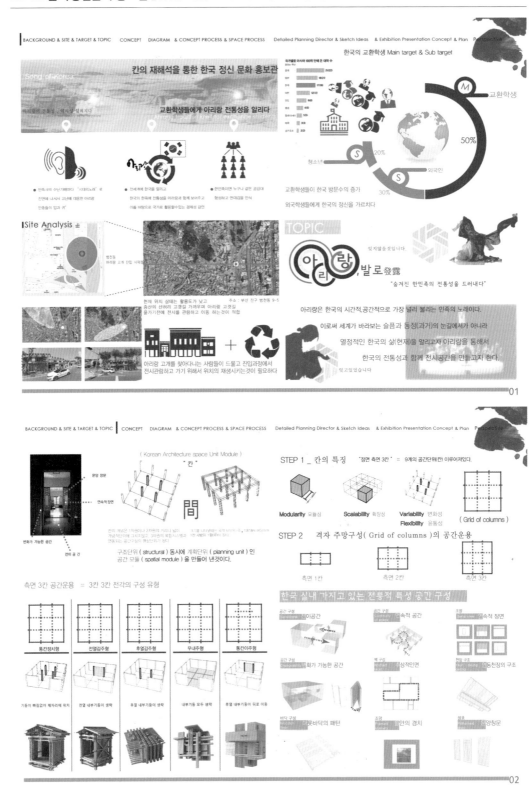

천장과 Lift-open door 의 관계를 통한 공간 제안    압축되어있던 공간을 펼치다

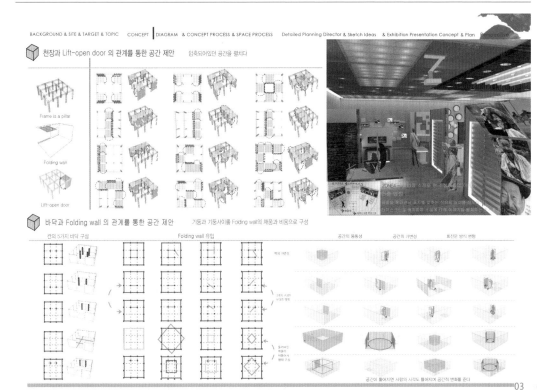

Frame is a pillar

Folding wall

Lift-open door

바닥과 Folding wall 의 관계를 통한 공간 제안    기둥과 기둥사이를 Folding wall의 채움과 비움으로 구성

칸의 5가지 바닥 구성          Folding wall 유입          공간의 융통성        공간의 가변성        회전문 방식 변형

공간이 들어지면 사람의 시각도 들어지며 공간적 변화를 준다

03

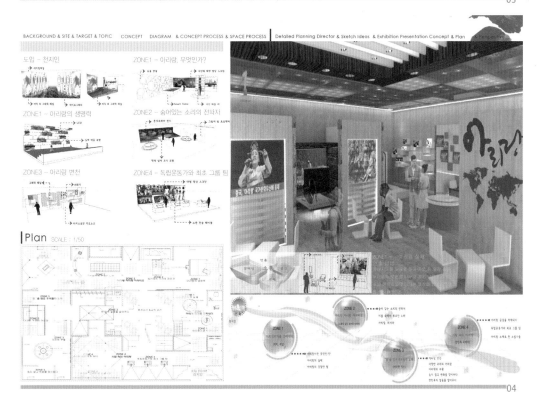

도입 - 천지인          ZONE1 - 아리랑, 무엇인가?

ZONE1 - 아리랑의 생명력          ZONE2 - 숨어있는 소리의 전파자

ZONE3 - 아리랑 변천          ZONE4 - 독립운동가와 최초 그룹 팀

| Plan    SCALE : 1/50

ZONE 1
ZONE 2
ZONE 3
ZONE 4

04

interior design process **5**

소규모 사무실 리모델링은 업무 성격에 대한 이해다

# SMALL OFFICE
# REMODELING

# PROGRAM & REQUIREMENT

## 소규모 오피스 리모델링의 개념

소규모 오피스 리모델링은 어떤 업무를 하는 공간인가에 따라서 그 사무실에서 진행되는 업무 범위와 일의 종류가 결정되므로 이를 디자인에 반영하는 것이 매우 중요하다. 조직 구성원(사무실 사용자 수)와 업무 조직의 업무 진행 방식도 주요한 디자인 요소가 된다.

리모델링은 공간의 현황이 중요하므로 리모델링 대상공간에 대한 필드 현장 조사가 필요하다.

## 소규모 오피스 리모델링 계획의 주안점

- 현존하는 건축물을 선정하고 99㎡(30평) – 165㎡(50평) 수준의 규모를 가진 내부공간을 선정하여 이에 대한 리모델링 디자인을 제안.
- 실무적인 접근성에 주안점을 둔 미래지향적 업무공간 트렌드와 개념의 오피스 디자인.
- 업무의 성격에 부합하는 공간기능의 설정, 사용자 및 조직구성에 다른 공간 배치 개념.
- 미래지향적인 오피스 디자인 개념의 수용, 공간 개념과 디자인 전개의 과정에 대한 표현.
- 업무공간의 소요 시설은 사무 영역 이외에 부분적으로 다양한 기능(휴게공간, 스튜디오, 전시공간, 사무기기 공간, 탕비실, 사무실 홍보공간 등)의 수용이 가능하다.
- 다양한 Office Landscape를 기본으로 한 공간과 가구 배치가 요구된다.
- 주제와 콘셉트에 부합하는 독창적인 공간계획이 요구되며 가구 배치계획, 입면계획, 컬러계획, 조명계획, 마감재료 계획 등을 포함하여 계획.
- 기존 코어는 변경 불가하며 구조 부분 이외의 부분적 변경은 디자인에 따라 결정.
- 실링 부분에 대한 단면 검토가 요구되며, 마감재료와 구조에 대한 스터디가 필수적인 요소임(마감재료, 컬러계획, 실링의 구조와 디테일에 대한 실무적인 표현 및 접근성 중심으로 디자인).
- 모든 가구와 사무기기, 마감재료, 조명기기 등은 실제로 구매가 가능한 제품만을 사용한다.

## SPECIFICATION 작업(가구 마감재료 등에 대한 사용 제품의 사양을 정리하는 스펙 작업)

SPECIFICATION은 보통 스펙(SPCE)이라고 부른다. 스펙 작업이라는 것은 가구, 조명, 사무기기, 바닥과 벽면 그리고 천장에 사용되는 모든 마감재료 등에 대한 이미지와 제품의 크기, 제조사 등을 기입하여 정리하는 작업을 말한다. 내가 디자인하는 공간의 개념과 기능 등에 부합되는 실제 구매 가능한 가구나 조명 등의 제품을 선택하는 실무적인 작업 과정이라고 이해하면 된다.

스펙 작업은 실무에서 반드시 필요한 작업 과정이며, 이를 통하여 공간에 사용된 모든 마감재료와 가구, 조명 등에 대한 일목요연한 정리가 가능하다. 각 층별 공간, 공간의 영역에 따른 각 실별로 정리하는 것이 일반적이며, 공간 디자인에 사용된 마감재료와 가구, 조명 등에 대한 제품 목록을 정리하는 것이라고 생각하면 된다. 오피스 프로젝트에서는 학생들이 계획한 공간에 대한 스펙 작업을 통해 보다 실무적인 접근성을 높인다.

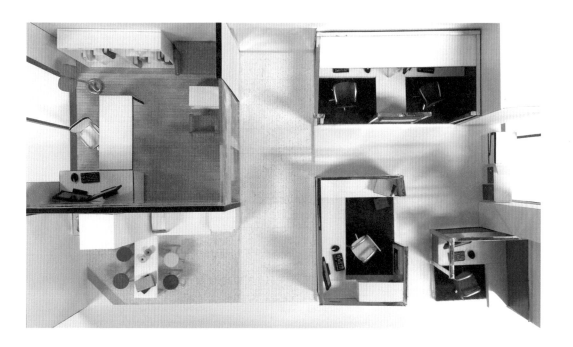

## OFFICE DESIGN TREND의 이해

### INTELLIGENT OFFICE 개념

INTELLIGENT OFFICE라는 용어를 요약해보면 사무실 공간의 지능화라고 말할 수 있다. 그럼 지능적인 사무실이라는 것은 무엇인가? 그것은 사무실에서 업무를 수행하는 사람을 배려하고 각종 정보와 네트워크 시스템을 통하여 효과적인 업무 수행을 위한 최적의 공간을 구축하는 것이라 하겠다.

INTELLIGENT OFFICE를 구축하기 위한 요건에는 많은 요소들이 있지만 실제로 실내건축에서 중요하게 다루어야 하는 부분은 업무 능률과 사무실의 구성원들 간의 원활한 소통과 커뮤니케이션을 위한 사무 환경 창출이라 하겠다. 이를 위해서 먼저 개개인의 Work Station(개인 업무공간)에 대한 디자인에 관심을 가져야 한다. 현대의 사무실에서의 개인 업무는 개개인의 주체성도 높아지고 또한 창의적인 작업 형태가 많이 나타나기 때문에 업무의 특성과 일의 성격에 부합하는 사무공간 디자인이 무엇보다 중요한 것이다.

다음으로는 소통과 업무의 흐름을 위하여 개개인이 격리되고 폐쇄적인 공간 디자인보다는 낮은 파티션의 사용이나 각 부서 간의 공용 회의공간 마련, 개방형의 오피스 랜드스케이프(office landscape)를 통한 배치, 작업 내용에 신속하게 대응할 수 있는 가변형 가구의 사용, 업무의 흐름을 고려한 동선 체계 구축 등이 요구된다. INTELLIGENT OFFICE 디자인을 단순하게 OA기기와 네트워크 시스템, 보안 시스템만을 최첨단으로 구축하는 것으로 착각하면 안 된다.

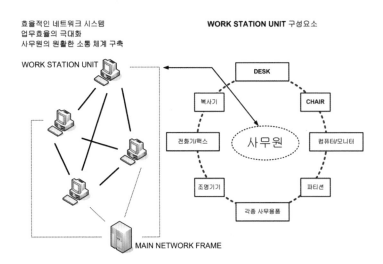

효율적인 네트워크 시스템
업무효율의 극대화
사무원의 원활한 소통 체계 구축

WORK STATION UNIT 구성요소

궁극적으로 실내건축에서 추구하는 업무공간 계획은 개인 업무공간에서의 가구 배치와 기기들의 위치 선정, 편안하게 일할 수 있도록 빛 환경이나 공간 컬러 등에 대한 고려, 사무원들의 사회적 욕구 충족을 위한 운동공간이나 휴식공간 등의 설치 등을 통한 공간적인 배려, 업무의 범위와 일의 종류에 따른 영역의 구성이 무엇보다 중요한 요건이 되는 것이다.

## 다양한 OFFICE DESIGN TREND

현대 사무공간에서는 기존의 정적이고 딱딱한 분위기의 공간보다는 다양한 개념과 디자인이 접목된 사례가 많이 나타나고 있는데, 업무 효율이나 업무 특성, 직원들의 휴식을 위한 친자연적인 요소, 개방적인 공간의 배치를 강조한 디자인 개념이 현대 오피스 디자인의 경향이라고 하겠다.

아래 이미지는 학생들이 디자인 경향에 대한 조사와 분석을 진행한 내용으로 업무 특성을 고려한 개인 업무공간의 개방감 있는 배치, 협업을 통한 업무 효율성을 강조하여 공동으로 사용하는 소통공간의 확장, 휴식공간에 대한 강조, 밝은 이미지를 강조한 가구와 컬러의 사용, 자유로운 업무 환경 도출, 스마트 공간환경 구축, 자연 요소를 도입한 친환경 오피스 등의 개념에 대한 사례이다.

1) 사람들은 모두 다른 방식으로 일한다. - 과거와는 달리 업무특성이
다르다면 다른 워크스테이션을 사용해야 한다.

2) 사람들은 함께 일한다. - 협업 업무가 강화되어야 한다. 훌륭한
회의실과 TFT를 확보

3) 사람들은 오피스에서 재충전과 소통의 시간을 보낸다. - 오피스 내에서
점차 휴게공간의 비중이 확대되고 있다. 잠깐의 기분 전환이나 동료와의
담소는 업무의 스트레스를 푸는 재충전의 시간이다.

4) 밝은 색상과 스타일 - 그 어느 때 보다도 기업들은 작업현장에서 밝은
색상을 사용하면서 사무 공간이 보다 쾌적하게 되어가고 있다.

5) 프리스타일 워크플레이스 - '공간 + 사람 + 기술'이 조화를 이룬 오피스이다.
쾌적한 환경속에서 직원들의 창의성이 극대화되기 때문에 업무 능률을 높이기
위한 공간을 제공한다.

6) 스마트 오피스 - 편리하게 효율적으로 업무에 종사할 수 있도록
미래지향적인 업무환경을 제공한다.

7) 재밌고 사교적인 업무 환경 - 고리타분한 오피스 분위기를 벗어나
직장에서 시간을 많이 보내는 직원들을 배려한 휴식공간과 게임룸을
도입하여 업무의 스트레스를 줄일 수 있다.

8) 자연의 요소를 실내로 - 화초와 식물들은 오피스 디자인 변화 요소의
대안으로 계속되고 있다. 친환경적인 내부로 가져옴으로서 쾌적한 환경을
만들어 낸다.

## Open Layouts

우리는 기존의 밀집된 구조의 오피스 레이아웃 성격은 감소되고 Hot Desking( 직원들이 지정된 자리를 갖지 않고, 업무공간을 공유하면서 일하는 방식 )의 개념을 기반으로 한 더 활동적인 공간구성이 이뤄질 것이라 예상한다. 이것은 업무 중 직원들의 주변 이동성과 간소한 미팅을 위한 더 많은 장소를 제공한다.

## Communication

한 가지 변화의 예측으로, 오피스 인테리어는 상호작용의특정 타입을 위해 (변형될 수 있는) 유연성을 가지게 디자인 된 공간으로 마치 도시 구획의 모습과 비슷해질 것이다. 직원들을 배려하는 작업공간의 레이아웃은 그들 사이의 창의력은 물론 팀워크를 고무적으로 만들것이다.

## Indoors to outdors

화초의 식물들은 오피스 디자인 변화 요소의 대안으로 계속 될 것이다. Living wall과 단순한 식물 배치와 같은 단지 세련되지 않은 디자인 요소로써의 몇 가지 화분 식물들이 아니라 그 이상이 될 것으로 기대한다.

## Brite color & Style

그 어느 때 보다도 기업들은 작업 현장에서 밝은 색상을 사용하면서 사무공간이 보다 쾌적하게 되어가고 있다. 작업 현장 주변의 장식 부분과 가구에서 이제는 무지개의 모든 색상을 볼 수 있을 것이다. 선명하고, 밝고, 기하학적인 그래픽 인쇄물들과 같은 인테리어 디자인 요소가 더 많이 나타날 것이다.

위에서 조사한 내용과 같이 현대 사무공간에서 나타나는 다양한 디자인 개념에 대한 경향을 조사하고 분석하는 작업은 실내공간 디자인의 개념을 결정하고 이를 중심으로 공간계획의 방향을 명확하게 설정하기 위해서 꼭 필요한 작업 과정이라 하겠다.

오피스 공간의 다양한 트렌드 조사와 분석은 사무공간의 업무 유형과 공간의 규모, 사무직원들의 업무 특성에 따른 공가 개념 도출에 대한 방향성과 공간 개념을 설정하는 데 매우 유용한 자료가 된다.

트렌드 조사와 분석을 통하여 다양한 정보와 자료를 수집하고 이에 대한 정리를 통하여 자신만의 디자인 개념과 방향을 설정해 보자.

## FUNCTION & ZONING

업무공간에서의 기능 설정과 조닝계획은 무엇보다도 주된 업무의 종류와 사무조
직 구성을 고려해야 한다. 또한 전체 공간을 Open Plan 형식으로 계획할 것인가
아니면 개실(room) 형식으로 구성할 것인가를 미리 결정하여 디자인에 반영해야
한다. 물론 두 가지 방식을 혼용할 수도 있다.

대부분의 사무실 리모델링은 그 중심이 되는 Core(계단, 엘리베이터, 화장실, 탕
비실 등의 공간)를 제외한 공간에 대한 계획으로 이루어지기 때문에 Office Core
의 위치에 따라서 전체적인 사무실 배치와 조닝을 검토해야 한다. Office Core
의 위치는 사무공간의 조닝과 영역 및 동선에 영향을 미치는 요소이며 아래 그
림에서와 같이 조닝의 형태와 영역 구성에 대한 검토는 Office Core를 고려하
여 결정한다.

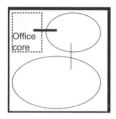  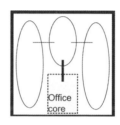 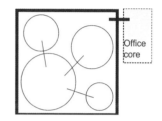

업무공간의 공간 기능은 어떠한 업무를 수행하기 위한 사무실인가에 따라서 달
라지며 다양한 공간 기능의 설정이 가능하다. 하지만 일반적인 사무실 공간에서
의 기능은 사무실, 휴게실, 공용 OA기기실, 자료실, 임원실, 회의실 등과 같이 몇
가지 공통된 주요 기능공간을 가진다. 특히 직장인들의 편안한 휴식과 심리적인
안정감을 주기 위해 수면공간과 다양한 오락을 위한 공간도 필요하다.

각 개인의 업무공간과 각 부서별 영역의 조닝은 상호 유기적이고 원활한 업무수
행이 가능해야 한다.

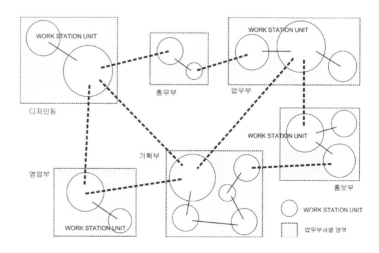

## SPACE AREA DIMENSION

업무공간의 실내건축 계획에 있어서는 업무 활동을 위한 행동 범위(primary work zone)와 가구 배치에 따라 요구되는 기본적인 공간 치수에 대하여 알아두는 것이 좋다.

행동 범위와 작업 영역에 대한 기본적인 치수를 이해하는 것은 공간계획에 있어서 사무실의 가구 배치나 사무원들 개개인의 책상과 의자를 포함한 영역의 규모를 파악하기 위한 기초 자료이다.

1인의 사무실 직원이 사용하는 업무 영역의 기본적인 최소 규모와 행동 범위에 대한 치수는 업무공간 계획에서 알아야 하는 필수적인 기초 데이터라 하겠다.

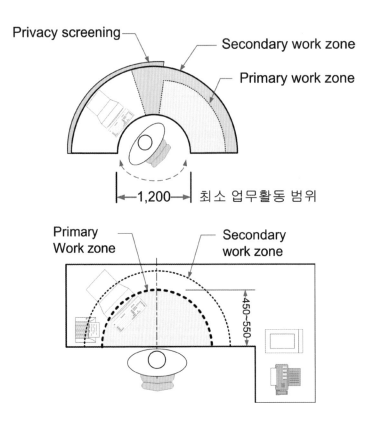

▲ 위 그림은 업무를 위한 책상에서의 행동 반경에 대한 최소 치수를 설명하고 있다. 그림을 보면 의자에 앉아서 업무 활동을 위한 최소한의 행동 범위는 1,200~1,500mm 정도의 범위를 가지며, 편하게 앉아서 주요 업무 활동이 가능한 행동 범위는 450mm에서 550mm 정도가 된다. 팔을 길게 뻗거나 의자에서 일어나 약간 허리를 굽혀서 작업이 가능한 최대 작업 행동 범위(secondary work zone)는 책상 끝부분부터 600~900mm의 범위다. 오피스 가구도 행동치수를 반영한 디자인이 필요하다.(William L. Pulgram, Designing The Automated Office, Whitney, p.36 재구성)

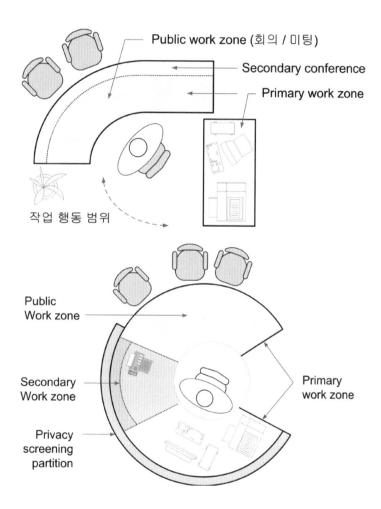

Public work zone (회의 / 미팅)

Secondary conference

Primary work zone

작업 행동 범위

Public
Work zone

Secondary
Work zone

Privacy
screening
partition

Primary
work zone

▲ 위 그림은 사무 영역의 가구 배치에 따른 업무공간의 기능적인 사용과 작업 행동 영역
  에 대하여 설명하고 있다.(William L. Pulgram, Designing The Automated Office, Whitney,
  p.36 재구성)
• PUBLIC WORK ZONE은 개인의 업무공간이라기보다는 회의나 미팅 등을 주관하기 위해 필요
  한 보조 영역이다.
• PRIMARY WORK ZONE은 컴퓨터나 프린터, 중요 서류 보관함 등의 중요한 업무 관련 사무기
  기나 가구가 놓이게 되는 개인의 주된 사무 영역이다.
• SECONDARY CONFERENCE는 보조 사무기기나 일반 서류 등에 대한 수납공간, 간단한 소회
  의 등을 위해 필요한 사무용품 등이 놓이는 공간이다.
• 작업 행동 범위는 가구의 크기와 배치, 수납 가구 수 등에 따라 다르지만 1200~1500㎜ 정도
  의 공간은 최소한 확보되어야 한다.

# SYSTEM FURNITURE UNIT

업무공간 계획에서 가구의 배치와 조합은 UNIT 구성에 따라서 매우 다양하게 나타난다.

아래 그림과 같이 오피스는 가구 형태와 크기, 조합 방법, 공간 규모에 따라 디자인 방향이 결정된다.

오피스에서 시스템 가구는 일반적인 사무공간의 전체 배치를 결정하는 요소가 된다. 하지만 업무의 유형에 따라서 필요한 소요 가구와 집기, 1인당 점유 면적 등을 고려해야 한다. 예를 들어 미팅이 많은 팀장의 가구 배치에서는 간단한 미팅 테이블과 이동형 간이의자를 함께 구성하는 것이 좋다.

일반 사무용 가구 이외에 디자인 작업이나 실내건축가 사무실의 경우는 도면을 그리거나 디자인 작업을 할 수 있는 보조 테이블이 필요하며 작업의 성격을 고려한 가구 배치가 중요하다.

## Personal Office Desk Unit Type

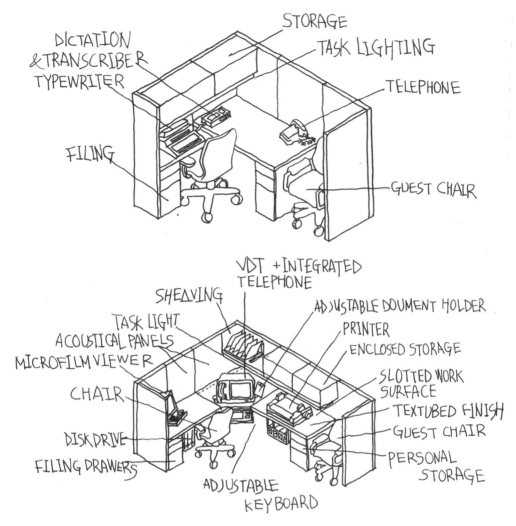

▲ 위의 스케치는 일반적인 사무공간의 UNIT 사례이다.

스케치를 보면 기본적으로 필요한 업무용 책상과 의자를 포함하여 수납 가구, 파티션, 보조의자, 컴퓨터나 프린트, 조명기기, 다양한 사무용 기기(팩스나 전화) 등 실제로 많은 가구와 사무용품, 사무기기들로 유닛이 이루어져 있다는 것을 알 수 있다.(William L. Pulgram, Designing The Automated Office, Whitney, p.125 재구성)

가구와 사무용품 및 사무용 기기는 그 종류와 유형이 매우 다양하며, 공간의 이미지와 분위기, 업무의 종류 등에 따라 신중한 선택이 요구된다.

사무실의 공간 디자인에 있어서 수납에 대한 부분을 간과하기 쉬운데, 현대의 정보가 디지털화되어가고 다양한 디지털 저장 수단이 있지만 실제로 서류나 각종 서식 등의 보관을 위한 수납공간은 반드시 필요하다. 따라서 업무공간 UNIT 디자인에서 수납공간에 대한 고려는 필수적인 요소이다.

사무실 업무 영역에 대한 UNIT 디자인에 있어서 가장 중요한 것은 업무의 성격에 따라서 UNIT 구성이 매우 달라지기 때문에 이를 가구 배치와 유닛 구성에 반드시 고려해야 한다는 사실이다.

# OFFICE LANDSCAPE

OFFICE LANDSCAPE라는 용어를 처음 접하는 학생들도 있을 것이다. 하지만 용어 자체의 의미는 그리 어려운 개념이 아니다. 말 그대로 사무공간의 실내공간 풍경을 의미한다고 생각하면 된다.

OFFICE LANDSCAPE는 업무공간의 환경과 가구들의 배치를 기존의 딱딱하고 획일적이고 통일된 배치 방식에서 벗어나 업무의 효율을 최대한 증진시키고 각 사무원들의 소통을 이끌어내며, 보다 자유롭고 즐거운 업무 활동을 위해 모든 사무용 가구와 기기, 개인 업무 영역 등을 최적화하는 업무공간의 개방형 배치방법이라고 그 개념을 이해하면 된다.

실제로 업무의 성격과 업무의 범위가 유사한 사람들끼리의 업무 영역을 공유할 수 있도록 조닝을 설정한다거나, 가구 배치에 있어서 모두 통일된 가구 배치 방식이 아닌 자유롭고 개인의 공적 사무와 개인적 사무를 명확하게 구별할 수 있으며 팀이나 부서의 인원 구성이나 업무에 필요한 공간 규모와 가구 등의 특성을 배치에 반영하여 전체적으로 개방형 공간계획을 구축해 나가는 것이다.

사무실 전체의 배치가 너무 균일화되면 공간의 분위기 또한 딱딱해지기 쉽기 때문에 적당한 휴식공간의 마련이나 가구의 배치 및 구성에 곡선적인 요소나 사선적인 요소를 주어 분위기를 전환한다.

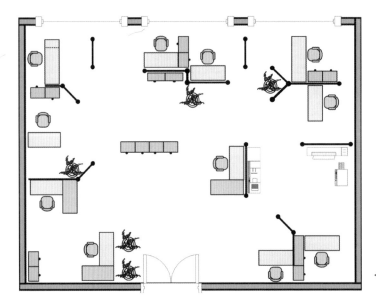

◀ *OFFICE LANDSCAPE 개념에 의한 사무 공간 가구 배치*

OFFICE LANDSCAPE에서는 한 사람의 사무 영역에 대한 UNIT의 구성과 형태에 따라 전체 배치가 매우 다르게 나타나며, UNIT의 다양한 조합 방법에 따라서도 그 형태가 매우 다르게 나타나게 된다. 따라서 OFFICE LANDSCAPE에 있어서는 다음의 내용을 반드시 검토하여 이를 평면계획에 반영해야 한다.

· 유사한 업무 영역을 같은 존에 배치한다.
· 긴밀한 소통이 필요한 업무 영역을 가까운 거리에 배치한다.

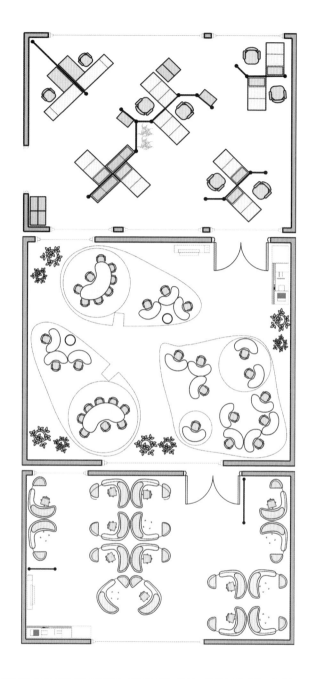

- 사무공간의 유닛 구성은 각 업무의 내용을 검토하여 가구와 사무용 기기를 결정한다.
- 유닛의 조합 방식에 따라 전체적인 배치 형태가 결정되기 때문에 그 규모와 사람들의 이동 동선 및 휴식공간 등을 사전에 고려한다.
- 사무 영역의 배치는 각 부서 간의 연계도, 사람들의 이동 동선, 공용공간(공용 자료실, 기기실, 탕비실, 휴게실 등)의 위치를 모두 고려하여 결정한다. OFFICE LANDSCAPE를 요약하면 사무공간 유닛의 구성과 형태, 유닛의 조합 방식에 따라 전체 공간을 OPEN PLAN 형식으로 계획하는 배치 방법이다.

## WALL & FLOOR DESIGN ELEMENT

업무공간의 계획에 있어서 각기 다른 부서나 혹은 개인별 업무공간에 대한 영역을 구분하기 위해서는 다양한 방법이 사용되게 된다. 우리가 일반적으로 영역을 구분하는 가장 쉬운 방법은 벽면이나 파티션을 설치하는 것이다. 하지만 폐쇄적인 공간의 분위기가 나타날 우려가 있기 때문에 좀 더 개방성이 있는 공간계획을 위해서는 가구나 식물(화분), 높이 1200~1400㎜ 정도의 낮은 파티션을 사용하는 것도 좋은 계획 방법이다.

회장실이나 임원실 등 독립적인 사무공간이 요구되는 경우에는 개실 방식으로 구성하는 것도 좋지만, 그렇지 않은 경우라면 아래 그림에서와 같이 화분, 낮은 파티션, 가구, 책장 등을 활용하여 업무공간과 공간의 영역을 구분하는 것이 개방적인 사무실 분위기를 만들기에는 보다 적합한 방법이 된다.

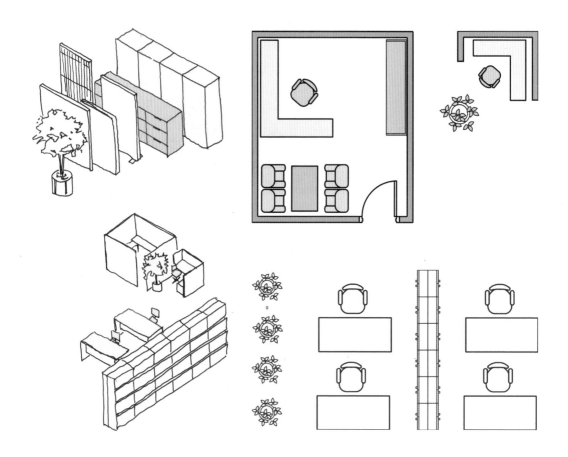

## LIGHTING DESIGN ELEMENT

오피스 계획에서 천장계획은 매우 중요하다. 또한 업무공간이라는 기능적인 특성상 사무실 전체가 균일한 조도를 유지할 수 있도록 조명계획을 하는 것이 좋다.

조명의 특성과 조도에 따라 설치 간격과 설치 높이를 고려하여 CEILING PLAN을 작성한다.

아래 그림과 같이 작업 책상, 모니터, 키보드 면 등이 균일한 조도를 얻을 수 있는 간격 조정이 중요하다.

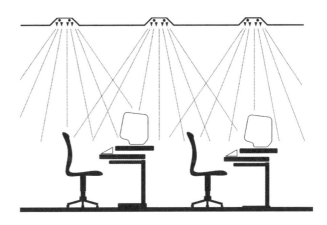

사무실의 CEILING PLAN은 보통 규격화된 시스템으로 구성되어 있으며, 아래 도면과 같이 조명기구(형광등), 배기구, 취출구(DISTRIBUTOR), 텍스 등을 하나의 모듈 단위 치수로 구성하여 계획한다.

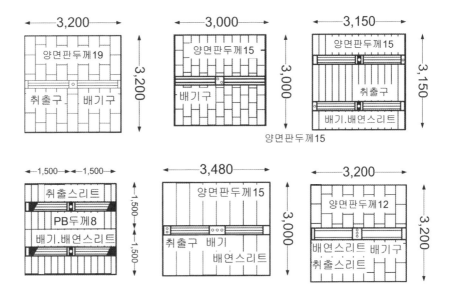

# CEILING DESIGN ELEMENT : 일반적인 천장 구조

OFFICE DESIGN에서 기본적인 천장의 구조는 알아두는 것이 좋다. 실무적인 접근성도 높일 수 있으며 실제로 천장을 디자인하면서 보다 디테일적인 부분을 고려하여 도면을 그려낼 수 있게 된다.

기본적으로 사무실 공간에 가장 많이 활용되는 천장의 구조는 크게 3가지(목구조 천장, 경량 천장, 노출 천장)이다. 여기에서는 기본적인 목구조 천장과 경량 천장 구조에 대해서 학습하도록 하자.

## 목구조 천장

목구조 천장의 구조는 아래 디테일 도면과 같다. 기본적으로 천장 면에 요철을 준다거나 다양한 디자인이 가능하지만 한 번 시공을 하면 디자인에 대한 수정 작업이 어렵기 때문에 초기에 조명이나 설비 등의 위치에 대한 매우 정확한 천장 도면이 요구된다.(예를 들어 조명을 설치하기 위한 구멍을 뚫었다가 위치가 틀렸다고 다시 구멍을 뚫는 작업이 쉽지 않다)

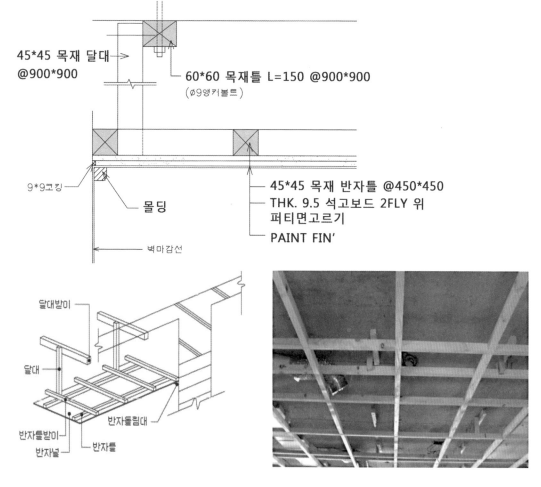

45*45 목재 달대 @900*900

60*60 목재틀 L=150 @900*900
(ø9앵커볼트)

9*9코킹

몰딩

벽마감선

45*45 목재 반자틀 @450*450
THK. 9.5 석고보드 2FLY 위
퍼티면고르기
PAINT FIN'

달대받이

달대

반자틀받이

반자널

반자틀

반자돌림대

## 경량 철제 구조(경량 철골 천장 구조)

경량 철재 천장의 구조는 아래 디테일 도면과 같다. 기본적으로 천장 면에 디자인적인 변화가 작고 전체적으로 평활한 천장으로 계획하는 경우 많이 사용되는 구조이다.

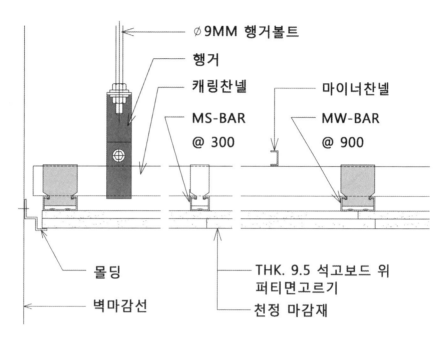

∅9MM 행거볼트
행거
캐링찬넬
MS-BAR
@ 300

마이너찬넬
MW-BAR
@ 900

몰딩
벽마감선

THK. 9.5 석고보드 위
퍼티면고르기
천정 마감재

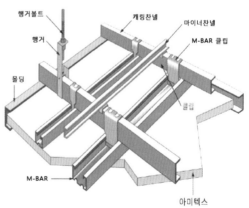

행거볼트
행거
몰딩
M-BAR

캐링찬넬
마이너찬넬
M-BAR 클립
클립
아미텍스

# PROJECT WORK PROCESS

## OFFICE REMODELING DESIGN 개념 이해

실내건축에 있어서 리모델링은 다양한 접근 방법을 가지지만, 오피스라는 정해진 용도를 하나의 공간으로 완성해 나가기 위한 과정에서는 무엇보다도 어떠한 업무를 다루는 사무실로 계획할 것인가를 정하는 일이 가장 중요하다.

다음의 기본적인 사항에 대한 검토와 파악이 요구된다.

- 기존의 실내건축공간을 어떻게 최대한 활용할 것인가?
- 주요 구조(기둥, 보, 계단 등) 부분 등 마음대로 해체하여 리모델링해서는 안 되는 부분은 어디인가?(종종 학생들의 작품을 보면 기존에 있던 기둥이 리모 델링 후의 도면에서는 없어진 경우가 있다)
- 기존에 있는 스프링클러나 분전반의 위치는 어디인가?(리모델링할 때 옮기기 쉽지 않은 부분이다)
- 층고는 얼마인가?(종종 학생들은 CEILING 높이를 층고로 착각하고 계획하 는 경우가 있다)
- 외관의 리모델링 디자인을 위해서는 기존에 사용된 외장재료는 무엇인지를 파악해야 한다.
- 현재 주 출입구와 주변 건축물들에 대한 사진촬영, 내부공간에 대한 사진 자 료도 필수 요소이다.

기본적인 사항에 대한 파악이 끝나면 어떠한 업무를 위한 사무실인지를 결정하 고 공간을 사용하게 될 사람들의 조직 구성에 대한 검토를 해야 한다. 실제로 조 직 구성과 인원수는 사무실의 전체 규모에 대한 대략적인 가구와 기기들의 규모 수준을 파악하는 데 현실적인 기준이 되는 요소이다.

사무실을 사용할 조직 구성원에 대한 결정을 마치면, 공간의 개념과 디자인에 대 한 사례 조사·분석 등을 통해 리모델링 계획을 위한 방향을 설정해 나간다.

### 설계 TIP 현대 오피스 공간 개념의 트렌드

- 기존의 사무공간 개념에서 벗어나 맞춤형 공간으로 변화하고 있다. 업무의 성격과 업무공간을 활용하는 사용자 중심으로, 가변적이고 탄력적인 디자인 경향으로 변화되고 있다.
- 직원들이 서로 소통하고 자연스럽게 대화가 가능한 분위기를 조성한 다. 오픈플랜 형식의 가구 배치와 낮은 파티션의 사용, 공간의 투명성 확보 등을 통하여 직원 상호 간의 교류를 중요시한다.
- 공용공간을 활성화하여 직원들의 편익과 교류의 장을 마련한다. 공 연공간을 만들어준다거나 직원들이 모두 공유할 수 있는 취미생활

공간을 만들어주어 회사에 대한 애착심을 고취한다.
- 공간의 밀도는 낮추고 개방성과 개인의 사적인 공간을 마련하는 방법이나 친환경적인 조명과 컬러 등을 통하여 최적의 업무공간을 마련하여 줌으로써 회사의 장기적인 업무 효율성을 높인다.
- 경영 전략의 하나로서 오피스 공간 디자인이 활용된다. 개별 업무 특성을 고려하고 직원 개개인의 요구를 수용하는 방향으로 디자인이 변화하고 있다.

## 유사 사례를 통한 업무공간 디자인의 경향 파악

사례에 대한 접근 방법은 매우 다양하지만 사례를 찾고 이를 정리하는 궁극적인 목적은 현재의 공간 디자인에 대한 경향을 파악하고, 자신의 디자인적인 안목을 높이며, 자신이 디자인하려는 공간에 대한 방향성과 아이디어에 대한 조금의 힌트를 얻기 위함이다. 따라서 사례를 찾고 조사하여 정리할 때에는 무작정 많이 찾아 이미지만 늘어놓지 말고, 먼저 자신의 디자인 개념을 정리하고 나서 이를 잘 표현한 공간 사례와 이미지 사례만을 정리해 둘 필요가 있다.

▶ *유사 사례에 대한 조사와 분석 사례*
*사진과 공간에 대한 상세한 설명을 통하여 정리하고 있다.*

사례 조사는 그저 마냥 좋은 공간의 디자인을 조사하는 것이 아니다. 사례 조사는 자신의 공간 디자인 개념에 대하여 설명할 수 있는 사례여야 하며, 또한 자신의 개념에 대한 키워드를 시각적으로 표현한 사례이어야 한다. 학생들은 Good Design만을 좋은 사례라고 생각하는데 이것은 잘못된 생각이다.

무조건 좋은 공간이 아니라 자신의 개념을 다른 사람에게 설명할 수 있는 사례를 찾아 정리하자 !!!

TIP. 사례를 정리하는 노하우

- 먼저 자신의 공간 개념이 무엇인지 구체적으로 고민하여 정리해 본다.
- 다음으로 개념에 대한 키워드를 몇 가지 선정한다.
- 자신의 개념과 키워드를 중심으로 자료를 검색한다.
- 공간의 이미지, 공간의 컬러, 조명, 마감재료, 혹은 개념 키워드 등 각 항목에 따라 사례를 찾는다.
- 찾은 자료는 간단하게 설명을 첨가하여 정리하고 반드시 사례 조사에 대한 결론을 도출해 본다.

▲ 유사 사례에 대한 조사와 분석 사례
사진 자료와 공간에 대한 분석을 통하여 사례를 정리하였다.

# SITE 선정 및 현황 분석

리모델링일 경우에는 대지를 선정하면서 몇 가지 유의 사항이 있는데 다음과 같다.

- 설계 조건에서 제시된 연면적의 규모를 벗어나지 않도록 한다.
- 각 층별 바닥 면적이 주어진 설계 조건에 부합되는지 검토해야 한다.
- 실제로 외부 공간과 내부 공간에 대한 답사가 불가능한 건축물은 피한다.
- 신축 건축물(신축 건물은 이미 잘 디자인되어 있을 것이다)보다는 노후된 건축물이 현실적이다.
- 학생들의 작품이지만 오피스 프로젝트는 현실 가능성에 대한 검토도 중요한 리모델링 프로젝트이기 때문에 학생들도 이에 대응할 수 있도록 가급적이면 실무에 가까운 실현 가능한 범위에서 대상부지와 건축물을 찾는 것이 좋겠다. 예를 들어 지어진 지 1년도 되지 않은 신축 건물이고 현재 특정 브랜드의 사옥이거나 관공서 건물을 리모델링하여 일반 임대 오피스로 리모델링을 계획하려는 생각은 좋지 않다.

대상부지에 대한 현황 조사와 분석은 다음의 사항을 체크하여 진행한다.

- 대지의 주소와 위치를 파악한다. 이는 현장 답사를 하기 위해 방문해야 하기 때문이다.
- 주요 도로와의 연계 상황을 파악한다. 이는 주 출입구 위치와 입면계획에 필요한 자료가 된다.
- 대상부지의 주변에 위치하고 있는 건축물의 층수나 용도, 주변의 조망권 등을 파악한다. 이는 입면계획과 경관계획 및 전면 파사드 계획에 필요한 자료가 된다.
- 주변과 대상부지에 대한 사진촬영을 한다.
- 내부 공간에 대한 층고나 창의 위치 등에 대한 실측과 설비나 계단 및 엘리베이터의 위치 등에 대한 파악이 필요하다. 이는 현실적인 리모델링 대안과 도면 작업을 위해 필요한 자료이다.

▼ 사이트에 대한 조사와 분석의 사례
사이트를 조사할 때는 기본적으로 위치 정보와 실외와 실내 사진촬영, 층고와 면적 정보, 평면도와 단면도 등의 건축 도면 자료 등을 수집하고 이를 정리하면 된다. 사이트에 대한 분석은 인근 지하철 등의 대중교통 편리성, 인근 지역 업무공간의 분포, 교통량, 방위 등을 분석하여 이를 다이어그램 형식으로 표현해보고 이를 계획에 반영하도록 한다.

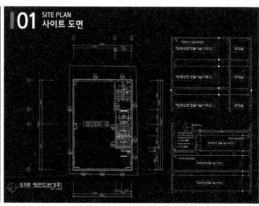

- 내가 선정한 부지에 있는 건축물의 CAD 도면을 반드시 구해야 한다. 이는 실측하기 어려운 부분이나 리모델링을 하기 전에 기존의 공간 현황을 파악하는 데 매우 중요한 자료이다.
- 기존 건물에 사용된 외부 마감재료와 내부 실내건축공간에 사용된 마감재료에 대한 파악이 필요하다. 이는 향후 리모델링을 하면서 계획 범위를 벗어난 부분에 대한 도면 작성에 사용된다.

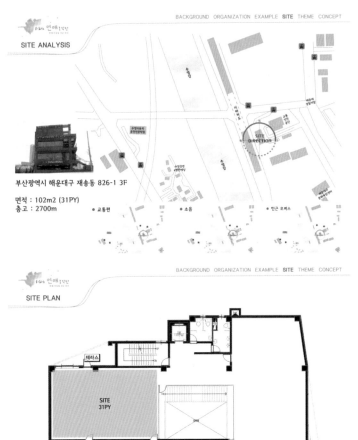

◀ 사이트에 대한 조사와 분석의 사례
사이트 인근 지역의 교통 현황과 소음, 인근 지역의 오피스 분포 등을 조사하여 분석하고 이를 다이어그램 형식으로 표현하여 정리하였다. 리모델링을 하게 될 공간에 대한 도면을 정리하고 규모와 건물 전체에서 리모델링 공간의 위치를 알 수 있도록 색으로 표현하였다.

## THEME & CONCEPT 설정

### 주제의 전개와 표현

주제와 디자인 개념은 다양한 시각적 이미지와 스케치, 적절한 KEY-WORD를 통해서 간결하게 보여준다. 좋은 디자인이라는 것은 결국, 설계 배경(background)에 대한 간략한 내용과 주제에 따른 공간 디자인 개념이 최종적으로 완성된 실내건축공간에 얼마나 잘 반영되었는가에 따라 결정되는 것이다.

주제라는 것은 공간 디자인에 있어서 중요한 요소이다. 주제에 따라서 공간의 개념도 달라진다.

결국 공간 개념이라는 것도 공간의 주제를 아이디어로 표현하는 과정이고, 또한 주제를 공간적으로 표현하기 위한 디자이너의 다양한 생각들이 결국 디자인 개념이 된다는 사실을 잊지 말아야 한다.

주제를 정리할 때는 주제어와 주제어에 대한 간단한 설명, 그리고 주제를 잘 표현하고 있다고 생각되는 이미지를 함께 정리하여 표현하는 것이 좋겠다. 간혹 이미지가 잘 찾아지지 않는 경우에는 주제에 대한 이미지를 간단한 스케치를 통하여 보여주는 것도 좋은 주제 전개 방법이다.

**THEME**

# 개화(開化)

**사람의 지혜가 열려 새로운 사상, 문물, 제도 따위를 가지게 됨.**

" 창의적인 발상을 위한 공간 "

창의성이란 일반적인 생각을 뛰어넘는, 그래서 다른 사람들이 감히 상상도 해보지 못한 것을 똑똑하게 창안해 내는 것을 말한다. 이렇게 독창적인 아이디어와 창의적인 해결방안을 창출하기 위해서는, 남과는 다른 특별한 기법을 사용해야 한다. 남다른 특출한 기법을 사용하기 위해서는 세상을 바라보는 시각이 남달라야 한다는 것을 전제로 한다.

▲ 창의적 발상을 위한 공간 주제를 이미지와 설명으로 정리한 사례

주제 : SUNSHINE ▶
빛과 그림자라는 주제를 이미지와 간단한 스케치를 통하여 표현

SUNSHIN

빛과 그림자, 가끔 생각해본다. 그림자가 없이 빛만 존재하는 세상에서도 사물들이 그 존재를 지금처럼 명들하게 드러 낼 수 있을까를 사물이 그 형태를 드러 낼 수 있는 것은 그들을 지탱하고 있는 그림자 덕분이 아닐까? 이를테면 따뜻한 봄날의 햇살을 어느 나무 아래서 무척하 찾았던 것 처럼. 그래서 햇살이 잘 들지 않는 공간에서 그토록 그림자의 묘사에 더 치중하는 것이 아닐까. 누군가의 마음을 녹일 수 있도록. 무척 거릴 수 있도록 말이다.

  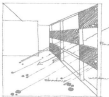

CARRY YOU HOME [HOME-SHELTER]

**THEME**

**PLAY GROUND**
**아이들의 눈높이에서 보고, 생각하여 아이들이 된 것 같이 재미있는 공간에서 디자인하여 아이들이 흥미를 가지는 아이디어를 가질 수 있는 디자인오피스를 만든다.**

# THEMA

## 공존지수 (Network Quotient)

사람들과 관계형성을 위한 공간을 우리는 **탈영역성공간** 이라고 본다.
무엇인가에 막혀있고 갇혀 있는 공간 보다는 뚫어있고, 사람들과 **커뮤니케이션** 이 원활히 이루어져야 관계가 형성되고 유지된다고 생각한다.

**Appknot의 가장 우선시 하는 부분은 구성원간의**
**믿음, 소통 , 신뢰이다.**

## 개념의 전개와 다양한 표현 방법

개념이라는 것은 주제를 공간으로 표현하기 위한 다양한 수단과 방법이라고 이해하면 쉽다. 다시 말해서 개념이라는 것은 주제를 공간적으로 표현하기 위한 아이디어를 스케치, 글과 시각적 이미지, 도면과 다이어그램 등의 다양한 방법을 통해 표현하고 설명하는 작업이다.

학생들마다 자기만의 개성이 있고 공간을 표현하는 방식이 모두 다르다. 또한 생각의 깊이도 다르고 공간에 대한 이해도도 다르다. 그렇기 때문에 '나는 잘하는 학생이야' 혹은 '나는 못하는 학생이야'라고 이야기하기보다는 자신이 할 수 있는 모든 수단과 방법을 가리지 말고 어떻게 해서든 자신의 아이디어와 생각을 다른 사람에게 시각적으로 표현하여 설명할 수만 있다면 그것으로 충분하다.

▼ *공간 개념 : 공간 속 공간 보기*
사무실 공간에서는 업무의 종류에 따라 공간 디자인이 달라져야 하기 때문에 사무실의 각 업무 부서별로 일의 성격을 최대한 고려하여 각기 다른 사무공간 UNIT을 제안하고 있다. 전체 사무실 공간 내에서 각 업무 부서별로 각각 개인 영역공간 UNIT을 제안함으로써 공간 속 공간이라는 개념을 수용하고 더불어 각 UNIT들의 소통을 고려하여 계획한 작품이다.

## Concept

공간속에 공간보기
애니메이션은 흰 도화지에 또 다른 세상을 그리는 것이다. 도화지에 또 다른 공간이 그려지듯, 우리가 계획하는 사무공간이 도화지라고 한다면 그안에 또다른 공간이 만들어진다.

| TYPE 1 | TYPE 2 | TYPE 3 |

스케치 작업과 컴퓨터 작업을 겸하는 원화팀의 가구배치는 스케치 책상과 컴퓨터 책상 두개를 다운트 벽쪽에 길게 둘려서 둔다.

컴퓨터 작업을 위주로 하는 3D팀의 가구배치는 컴퓨터책상과 기본 수납공간, 커피메이트,OA기기 등을 둔다.

원화팀과는 비슷한 작업 성향을 보이나, 스케치가 크게 비중을 차지하지 않아 가변성을 가진 스케치 책상을 둔다.

▼ *공간 개념 : 하이브리드*

사무실에 하이브리드라는 공간 개념을 수용하기 위해서 개방적이면서도 각각의 개인 영역과 업무의 종류에 따른 가구 배치를 유도하고, 전체적으로는 통합되지만 독립된 개인 사무 영역과 공용공간의 유기적 체계를 가질 수 있도록 디자인하고 있다. 개인 영역에 대한 공간계획의 방향, 오픈된 영역, 그리드에 따른 소통 영역을 사례 이미지와 간단한 다이어그램 형식으로 표현하였다.

# CONCEPT

## 하이브리드적 요구를 수용하는 공간 [ 사무공간 + 휴양지 ]

하이브리드 : 서로 다른 2개 이상의 기술이나 시스템을 결합하여 각각의 기술의 단점은 보완하고 장점은 더욱 극대화 시켜 " 1+1=2 " 이상의 효과를 내기 위한 시스템

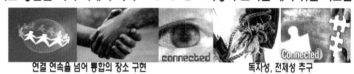

연결 연속을 넘어 통합의 장소 구현                    독자성, 전체성 추구

개방적 이면서도 프라이버시를 존중받기 원하는 현대인의 라이프 스타일을 오피스 공간으로 도입시켜 각 공간은 독립성을 유지하면서 연결성을 통한 하나의 통합의 장소 구현

▶ 가변적 공간의 활용을 통해서 휴양지에 온 듯한 느낌이 든다

# DESIGN PROCESS

MISSION 1. 개인영역 – 독립성 프라이버시를 위한 닫힌 공간, 폐쇄적 공간

MISSION 2. 오픈된 영역 – 열린공간, 개방적 공간으로 커뮤니케이션을 유발시키고 소속감 증대

MISSION 3. 그리드와 모듈에 따른 공간 구성 – 커뮤니케이션이 강조되는 공간

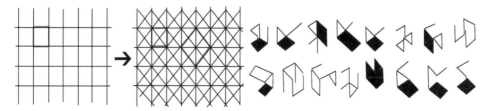

## BREEZ

아무도 바람 그 자체를 볼 수는 없다. 그러나 바람을 느낄 수는 있다. 왜냐하면 바람은 보트를 움직이게 하고, 나무가지를 흔들며, 무더운 여름날의 더위를 식혀 준다. 그러므로 바람이 항상 존재함을 느낄 수가 있다. 바람을 느낄 수 없을 만큼 고요한 날에도 고요라는 바람이 분다. 산들산들 바람이고 소소하게 움직이는 나뭇가지를 공간에 묘사 하였다. 이게 누군가의 마음을 흔들 수 있다면 더 할 나위 없이 상쾌한 공간이라 할 수 있지 않을까?

고요라는 바람과 바람에 흔들리는 나무의 표현.

흘날리는 잎사귀를 닮은 오브제 Light와 수공간. 바람과 실내 정원이 공간의 상쾌함을 불러 이르킨다.

### 3.YOU COMMUNION

SHARE 공간,정보의 공유

CONSENSUS 시간,시선의 일치

SYMPATHY 공감

SHARE

CONSENSUS

SYMPATHY

▲ 공간 개념 : BREEZE

사무실의 개념으로 산들바람이라는 키워드를 설정하였다. 업무를 위한 사무실 공간이지만 상쾌한 자연의 느낌과 같은 공간에서 사람들이 일을 할 수 있도록 산들바람에 흔들리는 나무, 바람에 흘날리는 나뭇잎 등의 이미지를 연출하여 공간 개념을 수용하고 있다. 또한 공간과 사람과 정보의 교류와 소통을 중심으로 가구에 대한 개념을 설정하여 표현하였다.

## CONCEPT

Link

'고리'
어떤 조직이나 현상을 서로 연관되게 하는 하나하나의 구성 부분 또는 그 이음매를 비유적으로 이루는 말

공간과 공간, 구성원과 구성원을 서로 이어주어 '공존지수'가 높은 공간을 만들기 위해 '고리'의 의미를 부여해 본다.

Entity    Fusion    Harmony

### KEYWORD 1

Link 고리

Space & Layout_공간과 배치의 고리
개방적인 오피스 계획을 통해 유연하고 지속가능한 레이아웃을 제안한다. 한정된 공간의 효율을 높게 할 수 있는 아이디어로 공간의 활용을 높인다. 개인업무, 팀업무, 회의의 다양한 활동이 동일한 공간에서 가능하도록 한다.

공간과 배치의 고리

WORKING    MEETING

### KEYWORD 2

Link 고리

Space & Layout_휴식과 자연의 고리
오피스 공간에서 휴식은 중요한 역할을 한다. 조금이나마 편안하며,임상에게서 자연스러운 휴식을 하기 위해 자연내에서 인간의 감성을 제공해줄으로서 인간의 감성을 자극하는 쾌적한 휴식공간을 통해준다. 공간에 자연을 자극하는 쾌적한 오피스 환경조성을 표현한다.

Grey, White, Sky Blue, Wood, Green color

REST SPACE

### KEYWORD 3

Link 고리

Open & Communicative_열린 커뮤니케이션의 고리
업무 공간 곳곳에 배치된 작은 미팅 공간들을 인트, 미소지 않았던 만남과 즉각적인 업무를 유발하여, 아이디어 교환과 빠른 업무 공유 할 수 있게 한다.

열린커뮤니케이션의 고리

WORKING

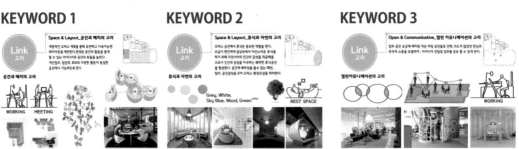

▲ 공간 개념 : LINK

사무실의 공간 개념으로 LINK라는 중심 키워드를 설정하고 공간과 공간, 사무실 구성원과 구성원의 교류와 소통을 극대화하기 위한 링크의 의미를 부여하였다. 공간과 가구 배치의 LINK, 휴식과 자연의 LINK, 열린 공간과 사람들의 소통 LINK를 통해서 개념을 설명하고 있다.

# ▌CONCEPT

### KEYWORD –1
### ECO-FRIENDLY

Plant Home Deco Office의 전체적인 공간을 친환경적인 요소들로 계획한다. 가구, 바닥마감재 또한 공간적으로 어울릴 수 있도록 목재들로 구성하였다.

### KEYWORD –2
### CYCLE

O₂ Office 공간의 산소들이 자유롭게 공간을 순환하듯이 직원들 또 합업무공간과 휴식공간이라는 경계 없이 두 공간을 순환하면서 업무의 효율성을 높인다.

### KEYWORD –3
### O₂ OBJECT

사무실 자체가 회사 아이덴티티가 될 수 있도록 컨텐츠들로 꾸며진 공간을 계획한다. 주기적으로 컨텐츠들을 교체하고 홍보팀에서 직접 촬영하고 홍보할 수 있도록 한다.

# ▌COLOR CODI

### KEYWORD –4
### CHEERFUL

주조색을 White로 하여 깔끔한 공간을 표현하였고, 포인트 색으로 시각적으로 가장먼지 차가운 느낌을 주며 동시에 쾌적함을 느끼는 Blue 계열의 색상과 함께 사용하면 생기를 북돋워 주고 활동적인 느낌을 주는 Yellow의 색상을 포인트 색으로 하였다.

친환경적인 이미지에 WOOD재질의 가구들을 사용하여 컬러화면AS-O2 OFFICE보여 주는 공간을 계획

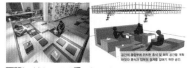
공간의 중앙부에 위치한 휴식 및 회의 공간을 계획 활발한 휴식과 업무의 설계를 할수 있는 공간 계획

직접 재배하는 O2 Object등을 직원 자체에서 배치하여 다른 고객들을 위하여 함께 이용 할 수 있는 공간을 계획

▲ 아이디어 중심의 개념 전개
공간 개념을 하나의 키워드로 정리하지 않고 다양한 아이디어 중심으로 전개해 나간 사례. 4가지 키워드를 설정하고 이에 대한 설명과 이미지 사진을 통하여 공간 개념을 표현하였다.

일반적으로 개념을 정리할 때는 개념 키워드와 키워드에 대한 간단한 설명, 개념어를 잘 표현한 이미지, 다이어그램이나 공간 개념 스케치, 간단한 부분 평면이나 단면 스케치, 공간의 개념을 설명하기 위한 스터디 모형, 개념이 잘 나타난 유사공간 사례 등을 통하여 다양하게 표현해 나간다.

스케치를 잘 못하더라도 상관없다. 잘하면 좋겠지만 그렇지 않더라도 개념을 보여주기 위해 표현의 수단은 무궁무진하다는 사실을 잊지 말자. 개념을 다른 사람에게 이해시키고 설명할 수 있다면 표현방법은 무엇이든 좋다.

실내건축에서 개념이라는 것을 너무 어려워 하지 말고 내가 생각하는 공간에 대한 다양한 아이디어와 디자인에 대한 방향성을 간략하게 설명하고 스케치나 사례 이미지, 다이어그램 등으로 표현하는 작업이라고 생각하자.

## CONCEPT 1. OFFICE TREE

팀이 업무를 보고 아이디어를 내는 가장 편안한 공간이자 자기들의 아이디어를 공유하고 나누기에 좋은 은밀하고 비밀스러운 공간 팀 별로 불투명 파티션이 나뉘고 책상 중간에 나무가 세워지고 조명 역할을 한다. 친환경적 분위기이지만 파티션으로 팀의 편안한 공간이 만들어진다.

## CONCEPT 2. OFFICE FOREST

직원들에게 부담을 주는 딱딱한 느낌이 아닌 편안하게 의견을 나누고 공유하는 은밀하고 비밀스러운 공간. 딱딱한 사무공간이 아니라 공간에서 나오면 휴식을 즐길 수도 있고 회의도 할 수있는 자유로운 분위기가 조성된다. 휴식회의 공간을 숲 속 같이 조성하여 회의 하고 아이디어를 낼 수 있게한다.

아이디어 중심의 개념 전개 ▶
공간에 대한 개념을 크게 3가지로 정리하였다.

· OFFICE TREE
· OFFICE FOREST
· NATURAL MODERN COLOR

각 개념 키워드를 사례 이미지와 간단한 설명 글을 통하여 표현하고 있다.

## CONCEPT 3. COLOR SCHEME

회사의 취지인 친환경적과 실용적인 것을 살려 친환경적인 Natural한 컬러를 공간 넣고 실용적인 Modern한 컬러를 사무공간에 나타낸다.

## CONCEPT

**"개념과 개념이 모이면 새로운 아이디어가 탄생한다."**

각 개인의 디자이너들이 모여여러가지아이디어들이 모여 있음을 표현한다. 각개인의 개성을 존중하고 개인의 공간을 준다.

〈램/휴식형 디자인 공간〉  〈로고/CI 디자인 공간〉

## CONCEPT

**"최대한 많이 보라"**

개념을 충분히 알고 있는 사람은 아이디어를 빨리 낼 수 있다. 한쪽 벽면에 커다란 책장을 두어 많은 종류의 책을 수납하여 새로운 아이디어 탄생을 돕는다.

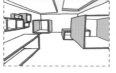

**"모든것을 메모하라"**

각 개인의 방식으로 메모를 할 수 있는 공간을 만든다. 아이디어가 떠오를 때 마다 바로 메모를 할 수 있기 때문에 아이디어 구상에 도움을 줄 수

## CONCEPT

**"각종 디자인 예술에 공감하라."**

여러 작가들의 작품들을 전시하여 그 안에서 영감과 창의력을 보고 배운다.

**"무의식에서 아이디어를 얻어라."**

해결책을 얻기위하여 많은 노력을 하고 나면 충분히 휴식을 취하는것이 창의적인 아이디어를 얻는 방법이다.

## CONCEPT / ORANGE

오렌지 컬러는 빨강과 노랑의 성질을모두 다 가지고 있어 사람의 기분을 밝게 만들고 창의력을 높여주어 업무나 공부 효율성에 도움이 된다고 한다. 그린 컬러와 매치하면 더욱 안정적인 색이된다고 한다.

## GREEN

그린 컬러는 균형적이고 안정감을 주는 색으로 내면의 균형을 잡아주어 스트레스와 불안감을 해소 시키고, 눈의 피로를 덜어주는 효과가 있다고 한다.

▲ 아이디어 중심의 개념 전개

개인 사무실 UNIT 공간, 휴식공간, 전문 서적 자료공간, 메모공간, 안정감 있고 피로 해소를 위한 컬러 등에 대한 아이디어를 이미지와 설명을 통해서 표현하고 있다.

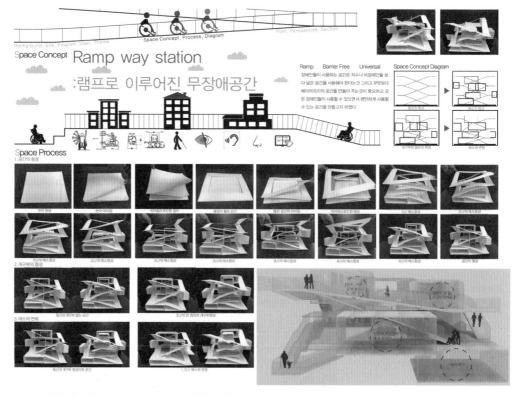

▲ 공간 구성과 형태에 대한 개념을 스터디 모형 제작 과정 사진을 통해 정리하고 표현한 사례

## ORGANIZATION & FUNCTION & ZONING
## : 사무실 조직 구성, 기능, 공간 영역에 대한 설정

업무공간에 있어서 공간의 기능은 내가 리모델링하려는 회사의 성격이나 일의 종류, 조직의 구성과 구성원의 인원수를 고려하여 결정한다.

리모델링하려는 공간의 전체 규모가 먼저 결정이 되어 있는 경우는 수용 가능한 인원수는 일반적으로는 1인당 점유면적이 3.2㎡에서 5.0㎡ 정도인 점을 고려하여 조직 구성원의 수를 역으로 산정해 보는 것도 전체 사무실의 인원 규모에 대한 검토 방법이라 할 수 있다. 하지만 사무실 인원을 과도하게 많이 수용하게 되면 상대적으로 업무공간 이외의 공간(휴식, 홀 등) 규모가 작아진다는 점도 잊지 말자.

사무실에서 근무하게 되는 조직과 그 인원수에 대한 검토를 마치면 각 팀별 혹은 부서별로 몇 명의 인원으로 구성할 것인가를 판단하게 되고 이에 따라 조닝의 방향이 어느 정도 윤곽을 알 수 있게 된다.

업무공간에서의 기능은 실제로 어떠한 업무를 중심으로 일을 하는 사무실인가에 대한 문제가 기능을 설정하는 데 가장 중요한 요소가 된다. 예를 들어 일반적인 사무실에서의 업무와 디자인 분야의 사무실이나 출판사 등과 같이 디자인 작

▼ 사무실 조직 구성 예시

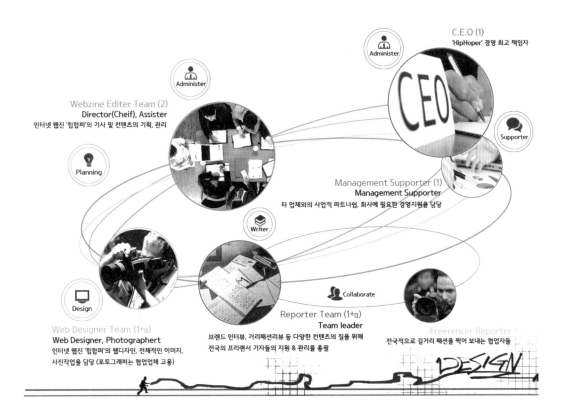

업과 사무를 동시에 다루게 되는 공간에서의 기능 설정은 다르기 마련이다. 따라서 일반적인 사무실에서 수용하게 되는 사무 영역, 휴게 영역(탕비실 포함), 임원 영역, 회의 영역, 공용 사무기기 설치 영역, 자료실 영역, 수납 영역(창고 포함) 등에 대한 고려를 우선적으로 검토하고 추가적으로 필요한 기타 영역(작업 스튜디오, 촬영실, 인쇄실, 편집실 등)들에 대한 수용을 해나간다.

현대의 사무공간에서는 다양한 공간 기능이 요구되는데, 사무실에서 직원들의 업무 범위와 성격이 명확하게 파악이 되지 못한다면 기능과 조닝 계획에 실패하게 될 것이다.

오피스 공간계획에 있어서 조닝은 우선적으로 사무실의 조직 구성과 필요하다고 판단되는 기능공간에 대한 성격을 파악한 이후에 진행해야만 한다.

## IDEA SKETCH & SPACE DESIGN : PLANNING

공간 디자인에 대한 다양하고 무궁무진한 아이디어는 자신이 생각하고 있는 부분적이거나 전체적인 공간에 대한 스케치를 통하여 매우 빠르고 명확하게 표현해 낼 수 있다. 이를 평면과 입면도에 그려 나가면서 공간을 하나하나 완성해 나간다.

Sketch

책과 함께 휴식하다

책장과 휴식공간을 하나로 묶어 책과 함께 휴식할 수 있는 공간을 디자인하였다.

또 하나의 휴식공간

벽에서 돌출 된 매트가 파동처럼 처리되어 튀어나온 부분에 앉아서 쉴수있다.

자유로운 근무공간

근무공간 안에서 자유롭게 활동할 수 있고, 편안함을 느끼도록 디자인 하였다

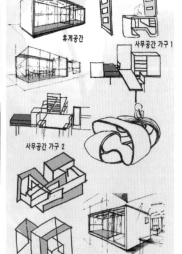

휴게공간

사무공간 가구 1

사무공간 가구 2

사무공간 가구 3

휴게공간 , 회의실

공간 디자인에 대한 다양한 아이디어 스케치 작업이 마무리되면 아이디어를 도면으로 구체화하는 과정을 거치게 된다. 평면도는 공간에 대한 아이디어를 가장잘 표현할 수 있는 수단이며, 도면은 사무 가구 배치, 공간 영역, 바닥 패턴, 마감재료, 개구부 등을 명확하게 표현해야 한다.

공간에 대한 아이디어 스케치를 통하여 나타난 공간을 도면 기호를 통하여 명확하게 표현하고 정리하는 일련의 과정이 평면도 작업이라고 생각하면 좋다. 그렇기 때문에 도면 작업, 특히 평면 작업은 공간에 대한 아이디어를 충분히 도면에서 수용하고 이를 표현하려고 하는 것이 좋다.

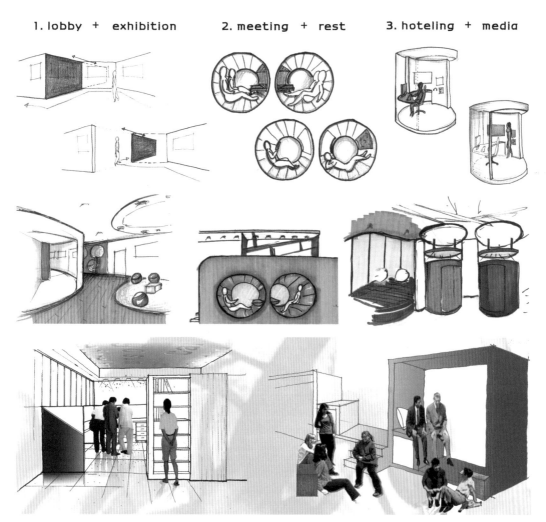

1. lobby + exhibition    2. meeting + rest    3. hoteling + media

공간에 대한 아이디어 스케치는 부분적인 가구 디자인이나 사무실 unit에 대한 디자인, 휴식공간이나 업무 영역 등에 대한 개념과 자신의 생각을 시각적으로 표현하는 것이라고 생각하면 된다.
매우 잘 그려진 스케치가 보기는 좋지만 못그린다고 안 그리는 것다는 잘 못그리는 스케치라도자신의 생각과 개념을 몇 개의 선으로라도 표현하여 본다면 그것이 진정한 실내건축가가 되기 위한 첫걸음이라 해도 과언은 아니다.
스케치와 컴퓨터(포토샵, 3D MAX, 스케치업 등)를 혼용하여 시각적인 이미지를 만들어보는 것도자신의 생각과 개념을 표현하는 좋은 표현 방법이다.

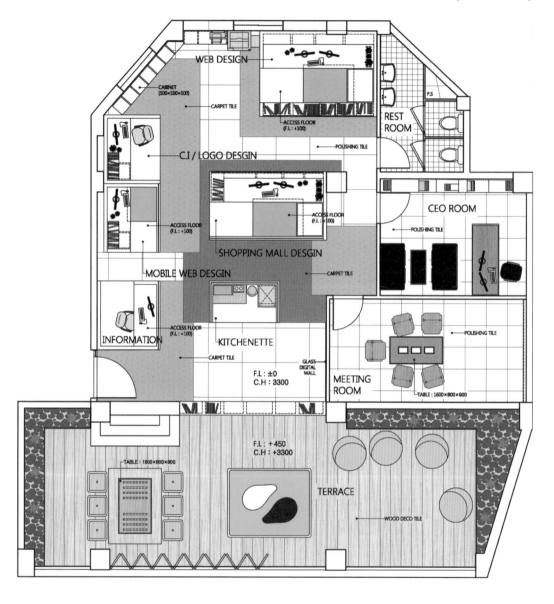

평면 작업은 모든 실내건축공간 디자인의 중요한 표현 수단이며 선 하나 하나가
모두 의미를 가지기 때문에 신중하면서도 풍부한 표현력이 요구되는 작업이다.
기본적으로 평면도 작성에서는 벽체, 창문, 가구, 계단, 실명, 마감재료 표기, 입
면 기호, 바닥면의 레벨, 인테리어 소품, 실링 높이 표기 등을 빠짐없이 도면에
표현하는 것이 좋다.

# Floor Plan

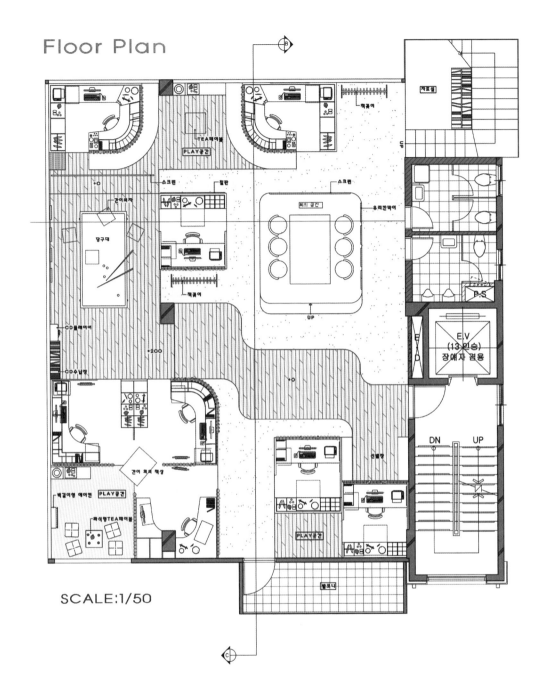

SCALE:1/50

▲ 오피스 디자인 평면도 사례

사무공간에 대한 간략한 설명과 함께 각 영역별 표기와 가구, 집기 등에 대한 상세한 표현을 통하여 작성된 도면이다.

컬러링을 통하여 각 영역을 명확하게 표현하고 더불어 마감재료나 입단면 기호(A-A', B-B'), 바닥패턴, CH(실링 높이), FL(바닥의 기준 높이) 등도 정확하게 도면에 표현하고 있다. 실내건축 도면은 무엇보다 도면의 이해가 쉽도록 정확하고도 친절한(?) 표현이 매우 중요하다. 친절한 도면이라는 것은 각 도면 기호와 가구 등의 표현이 충실하고 도면 요소에 대한 표현이 명확한 도면을 이야기한다. 종종 건축 도면과 차별점을 찾지 못할 만큼 대충 대충 도면을 그리는 학생들이 많은데, 실내건축 도면은 건축 도면과는 확연하게 다른 친절함이 반드시 있어야 한다.

# ▌PLAN SCALE:1/50

오피스는 더이상 경직되고 업무 스트레스로
찌든공간이 아니다. 즐거운 마음으로 함께
놀듯이 일하며 사람들과의 원활한
커뮤니케이션을 위한 사무환경을 조성한다

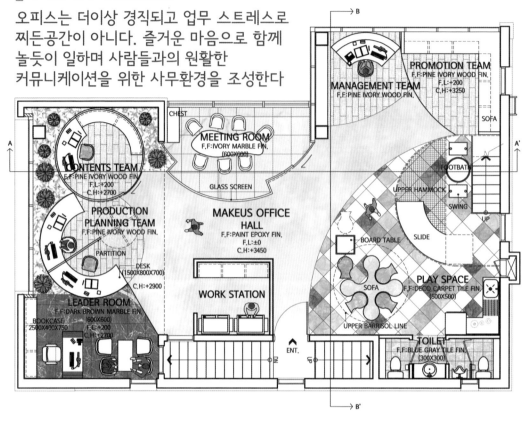

실내건축 도면에서 특히 평면도의 작성은 디자인의 모든 요소가 명확하게 도면
에 드러나야 하며 이를 위해서는 조금의 친절함을 보여주는 것이 좋다고 생각한
다. 누구나 도면을 잘 그릴 수 있지만 대부분의 학생들이 도면을 잘 그리지 못하
는 이유는 약간의 친절함을 잊고, 반드시 평면도에서 표현이 되어야 하는 도면
요소를 그려 넣지 않기 때문일 것이다.
실내건축 평면도는 가구와 문, 창, 계단, 파티션만을 그려 넣는 도면이 아니다. 도
면을 보는 사람이 디자이너의 의도와 디자이너의 생각을 모두 읽을 수 있도록 친
절하게 도면을 그리는 습관이 필요하다.

## INTERIOR ELEVATION

입면도는 실내건축 도면에서 평면도와 함께 매우 중요한 도면이다. 내부 공간의 입면도는 공간에 대한 다양한 정보를 표현할 수 있는 도면이며, 실명, 마감재료 표기, 마감재료의 패턴, 가구, 컬러, 조명, 디테일, 벽면의 패턴 등의 정보에 대한 상세한 표현이 매우 중요하다.

입면도는 기본적으로 평면도를 기반으로 작성되지만 실제로 평면도에서는 전혀 표현할 수 없는 부분에 대한 공간 요소는 입면에서 정확하게 나타나도록 작성하는 것이 좋다.

아래 도면과 같은 입단면도(입면과 단면을 동시에 표현한 도면)를 통하여 공간에 대한 보다 풍부한 표현도 가능하다. 실링 상부의 구조까지 파악이 가능하다는 장점이 있는 도면이다.

## A-ELEVATION (SCALE : 1/50)

## B-ELEVATION (SCALE : 1/50)

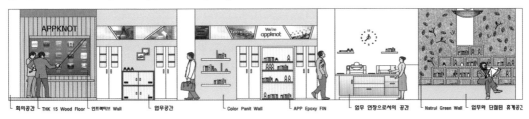

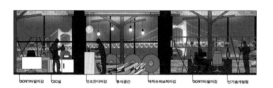

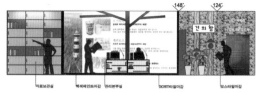

**ELEVATION** SCALE:1/50

**ELEVATION** SCALE:1/50

**ELAVATION** (SCALE: 1/50)

**ELAVATION** (SCALE: 1/50)

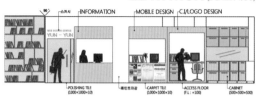

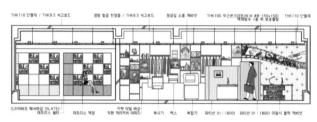

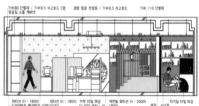

ELEVATION A

ELEVATION B

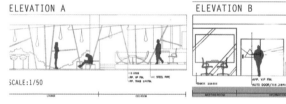

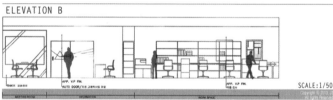

SCALE:1/50

SCALE:1/50

입면도를 표현할 때에는 최대한 가구의 디자인이나 벽면의 패턴, 그래픽적인 이미지나 마감재료의 패턴 등을 충분히 표현하는 것이 좋고, 이들에 대한 텍스트를 표기하여 디자인에 대한 표현력을 높이는 것이 바람직하다.

## COLOR & MATERIAL PLAN

실내건축에 있어서 마감재료와 컬러의 표현은 결코 피해 갈 수 없는 디자인 과정이며 ,이를 통해서 결국 실내건축 공간이 완성되기 때문에 이에 대한 표현을 최종 결과물에서 간과할 수는 없다.

사무실의 공간 디자인에 있어서도 마감재료와 컬러는 매우 중요한데, 사무실에서 일하는 사람들의 심리적인 안정감과 휴식을 위한 피로도 개선에 결정적인 역할을 한다.

사무실의 컬러 디자인과 마감재료의 선택에 있어서는, 어떤 일을 하는 사무실인가 하는 업무의 성격에 따른 공간 분위기를 만드는 것도 중요하지만, 무엇보다도 현대 사회에 있어서 지나친 업무와 과로로 인해 일이 즐겁지 않고 지루하고 힘들고 피곤한 일상으로 전락하지 않도록 공간

적인 배려를 통하여 이를 해결하는 것도 매우 좋은 디자인 방법이라 하겠다.

사무공간에서의 색채계획은 효율적이고 안락하며, 쾌적한 환경을 위한 디자인이 바람직한 방향이라고 하겠다. 이를 위해 천장의 CEILING 부분이 과도하게 낮지 않도록 하고, 컬러 또한 바닥의 컬러보다 명도가 높지 않은 것이 실내에서 업무를 보는 사람들에게는 안정감을 준다.

바닥 부분의 컬러는 중명도의 컬러로 계획하여 시각적인 자극을 주지 않도록 하며, 벽면의 패턴과 컬러 또한 흥미롭고 생동감 있게 구성하는 것은 좋지만 업무 집중도가 떨어질 수 있을 정도의 과도한 컬러와 패턴 사용은 지양하는 것이 바람직하다.

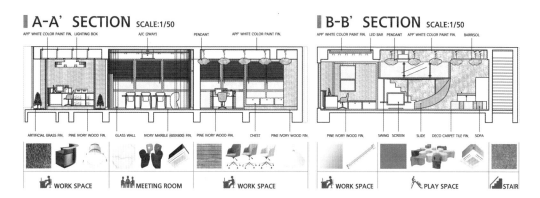

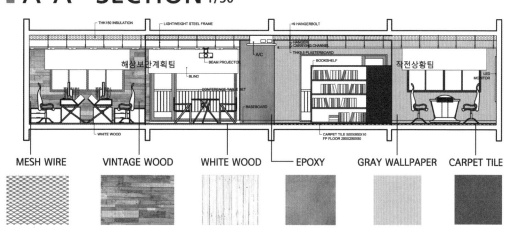

# LIGHTING & CEILING PLAN

사무실의 천장도는 기본적으로 조명기기의 종류와 위치, 스프링클러, 냉난방기(시스템 에어컨 등), 점검구(access door), 화재경보기(fire sensor)의 위치를 정확하게 알 수 있도록 도면을 그려야 한다.

실내건축에서 작성하게 되는 모든 Ceiling Plan에는 반드시 범례(index / legend)를 넣어야 하는데, 일반적으로 조명 기호와 조명의 종류, 램프의 종류와 규격, 조명의 개수를 모두 표기하여 작성하도록 한다.

Ceiling Plan의 범례에는 조명기기뿐만 아니라 점검구, 스프링클러, 비상등, 에어컨, 스피커 등의 방송설비, 화재감지기 등도 함께 기호화하여 작성한다.

종종 패널에서 천장도를 표현할 경우에는 아래의 사례와 같이 조명기구의 이미지를 함께 구성하여 표현해 보는 것도 좋은 방법이다.

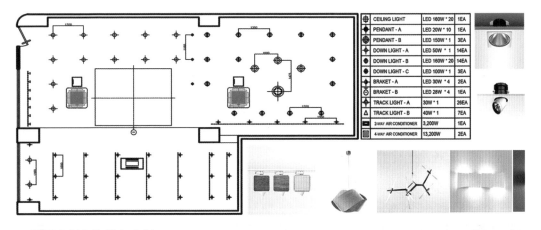

| | NAME | SPEC | EA |
|---|---|---|---|
| ⊕ | CEILING LIGHT | LED 160W * 20 | 1EA |
| ⊕ | PENDANT - A | LED 20W * 10 | 1EA |
| ⊕ | PENDANT - B | LED 150W * 1 | 3EA |
| ✦ | DOWN LIGHT - A | LED 50W * 1 | 14EA |
| ✦ | DOWN LIGHT - B | LED 160W * 20 | 14EA |
| ✦ | DOWN LIGHT - C | LED 100W * 1 | 3EA |
| ✦ | BRAKET - A | LED 30W * 4 | 2EA |
| ⊙ | BRAKET - B | LED 28W * 4 | 1EA |
| ✦ | TRACK LIGHT - A | 30W * 1 | 26EA |
| △ | TRACK LIGHT - B | 40W * 1 | 7EA |
| | 2-WAY AIR CONDITIONER | 3,200W | 1EA |
| | 4-WAY AIR CONDITIONER | 13,200W | 2EA |

## ▪ CEILING PLAN   1F : scale 1/100

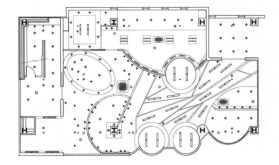

### LEGEND

| SYMBOL | NAME / SPEC | EA |
|---|---|---|
| ⊕ | DOWN LIGHT | 68 |
| ⊕ | CELLING LIGHT | 6 |
| ✦ | SPOT LIGHT | 36 |
| ✦ | BRACKET | 1 |
| ⊛ | SPRINKLER | 15 |
| ▭ | FLUORE SCENT LIGHT | 39 |
| ○ | FIRE SENSOR | 12 |
| ⊠ | EXIT LIGHT | 5 |
| ⊘ | VENTILATOR | 8 |
| ◁ | ACCESS DOOR | 4 |
| ⬛ | AIR CONDITIONER | 3 |

6" U램프 매입등

스타워즈 할로겐 스포트

매입프리즘

## SPEC(스펙 작업)

스펙 작업은 앞에서도 언급한 바와 같이 실내건축공간에 사용되는 모든 가구, 마감재료, 조명 등에 대한 제품을 각 실별 혹은 영역별로 정리하는 작업이다. 보통은 가구, 조명, 마감재료의 순서로 정리하면 되고, 특히 마감재료의 경우는 바닥-벽면-천장의 순서로 정리하면 된다.

다음에서 제시하고 있는 사례를 통하여 스펙 작업의 정리 방법과 노하우에 대하여 학습해보자.

스펙 작업에서는 일반적으로 아래와 같이 사용 위치, 제조사, 제품사양, 이미지, 도면 등을 작성한다.

### Furniture

| 마감재료 | UV 화이트 / 회의용 테이블 | |
|---|---|---|
| 사용 위치 | 1층 회의공간 | |
| 제조사 | VENIALL | Table |
| 크기 / 제품사양 | 테이블 : W1800 x D900 x H750 | |
| 시공 | 도면 참조 | |

| 마감재료 | 천연원목 무늬목 / 합장합판 / MDF / 휴식 책장 | |
|---|---|---|
| 사용 위치 | 1층 휴게공간 | |
| 제조사 | 디쟈트(DESART) | Shelves |
| 크기 / 제품사양 | W3000 x D310 X H2160 | |
| 시공 | 도면 참조 | |

| 마감재료 | High glossy / OA 테이블 | Shelves |
|---|---|---|
| 사용 위치 | 1층 OA공간 | |
| 제조사 | YLIVING | |
| 크기 / 제품사양 | W1500 x D600 x H750 | |
| 시공 | 도면 참조 | |

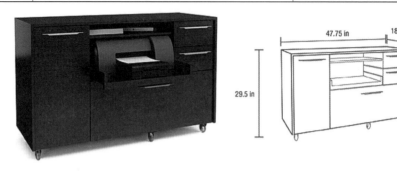

| 마감재료 | Whtie / 사무용 의자 | Chair |
|---|---|---|
| 사용 위치 | 1층 업무공간 | |
| 제조사 | 시디즈 | |
| 크기 / 제품사양 | W670 x D610 x H1250 | |
| 시공 | 도면 참조 | |

| 마감재료 | White / 사무용 캐비넷 | |
|---|---|---|
| 사용 위치 | 2층 업무공간 | Shelves |
| 제조사 | 퍼니오피스 | |
| 크기 / 제품사양 | 사진 참조 | |
| 시공 | 도면 참조 | |

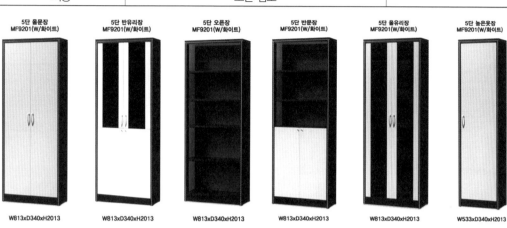

| 5단 올문장 MF9201(W/화이트) | 5단 반유리장 MF9201(W/화이트) | 5단 오픈장 MF9201(W/화이트) | 5단 반문장 MF9201(W/화이트) | 5단 올유리장 MF9201(W/화이트) | 5단 높은옷장 MF9201(W/화이트) |
|---|---|---|---|---|---|
| W813xD340xH2013 | W813xD340xH2013 | W813xD340xH2013 | W813xD340xH2013 | W813xD340xH2013 | W533xD340xH2013 |

| 마감재료 | White / 사무용 수납장 | |
|---|---|---|
| 사용 위치 | 2층 업무공간 | Chest |
| 제조사 | 펀잇쳐스 | |
| 크기 / 제품사양 | W400 x D600 x H580 | |
| 시공 | 도면 참조 | |

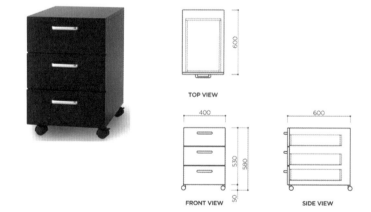

TOP VIEW

FRONT VIEW

SIDE VIEW

# Lighting

| 마감재료 | LED 다운 라이트 조명 | Lights |
|---|---|---|
| 사용 위치 | 1층 업무공간 | |
| 제조사 | 엠제이라이트 | |
| 크기 / 제품사양 | 172 x 152 x 142 / HOLE : 166 x 140 | |
| 시공 | DIMMER 설치 요망 / 디테일 도면 참조 | |

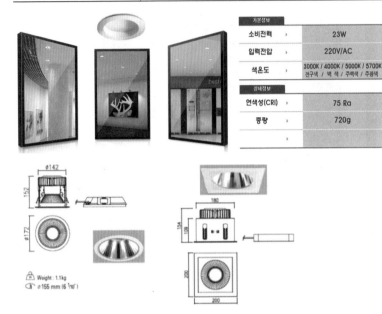

| 기본정보 | | | | | |
|---|---|---|---|---|---|
| 소비전력 | > | 23W | 광속 | > | 1430 / 1500 / 1580 / 1560lm |
| 입력전압 | > | 220V/AC | 빔각도 | > | 100 |
| 색온도 | > | 3000K / 4000K / 5000K / 5700K<br>전구색 / 백 색 / 주백색 / 주광색 | 크기 | > | 6inch |

| 상세정보 | | | | | |
|---|---|---|---|---|---|
| 연색성(CRI) | > | 75 Ra | 사이즈 | > | Ø180x100mm |
| 중량 | > | 720g | 디밍 | > | O |
| | > | | | > | |

| 마감재료 | LED 레일형 스포트라이트 | Lights |
|---|---|---|
| 사용 위치 | CEO ROOM | |
| 제조사 | 조명매니아 | |
| 크기 / 제품사양 | 1200 x 70 x 85 / D007-026 | |
| 시공 | DIMMER 설치 요망 / 디테일 도면 참조 | |

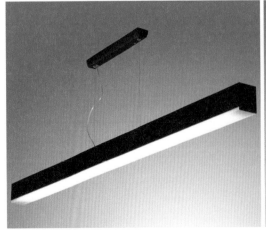

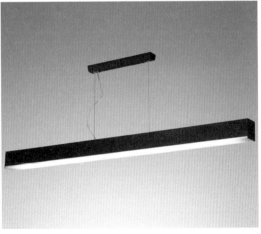

## Finishes

| 제품명 | SD 타일 카펫 | Floor Finishes |
|---|---|---|
| 사용 위치 | 1층 커뮤니케이션 유닛 | |
| 제조사 | 코오롱카페트레이나 | |
| 크기 / 제품사양 | 500 x 500 | |

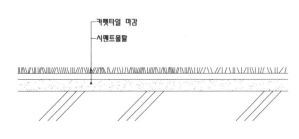

카펫타일 마감
시멘트몰탈

| 제품명 | 무용제 에폭시 중상도 DHDC-6200 | Floor Finishes |
|---|---|---|
| 사용 위치 | 2층 업무공간 바닥 | |
| 제조사 | 노루표 | |
| 크기 / 제품사양 | 건조도막두께 2mm(습도막두께 2mm) | |
| 특성 | 0.5mm~3mm 자유롭게 도막을 조절하여 도장 가능 | |

무용제 에폭시 중상도 DHDC-6200

〈용도〉
콘크리트 바닥의 실내방진 바닥용

〈제품개요〉
DHDC-6200은 에폭시 수지와 변성 아민계 수지를 주체로 한 2액형 무용제 에폭시 도료로써 건조도막이 단단하고, 부착성이 우수하며 외관, 내구력, 내약품성, 방진성 등이 우수합니다. 특히 1회도장으로 용도나 특성에 따라 0.5mm~3mm 범위내에서 자유롭게 도막을 조절하여 도장할 수 있으며 도장 후의 도막은 위어난 평활성과 우수한 스크래치성을 나타냅니다. 특히 선영성이 뛰어난 외관을 부여하여 삼도도장이 필요치 않아 도장공정 단축 및 인건비 절감으로 경제적인 제품입니다.

| 희석제 | | 이론도포량 | 2.8kg/m² (0.5㎜/L) |
|---|---|---|---|
| 비중 | 약 1.5 | 희석률 | |
| 건조도막두께 | 2mm (습도막두께 : 2mm) | 색상 | 녹색 및 기타색 |
| 고형분용적비 | 약 99±1% | 광택 | 유광 |

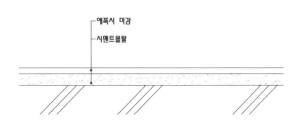

에폭시 마감
시멘트몰탈

| 제품명 | 워싱&컬러샘플 72색 | Wall Finishes |
|---|---|---|
| 사용 위치 | 2층 복도 벽면 | |
| 제조사 | 베어페인트 미국 수입 | |
| 크기 / 제품사양 | 200ml 1통 | |
| 특성 | 친환경인증 획득 | |

시멘트몰탈 / 마감

# MODEL

오피스 디자인에서의 모형은 가구의 배치와 사무 영역에 대한 표현이 중요하다. 또한 업무의 성격이나 업무의 종류에 맞는 이미지를 함께 모형에서 표현하면 보다 공간의 이미지를 살려낼 수 있다.

컬러나 재질감의 표현을 위해서 공간의 느낌과 감성적인 이미지를 중심으로 다양한 모형 재료 선택과 벽면의 패턴이나 이미지 등을 프린트하여 붙이거나 색지를 붙여나가는 작업이 필요하다.

모형 작업에서 표현하는 컬러와 가구, 조명 등의 실내건축 요소는 디테일 표현이 중요하다. 같은 모형 재료를 사용하더라도 그 두께를 다르게 만들어본다면 보다 현실감 있는 모형 제작이 가능해 진다.

스펙 작업이 동반된 디자인에서는 가구에 대한 정확한 컬러와 형태를 이미 결정한 상황에서 모형 작업을 하게 되는 경우가 많기 때문에 최대한 내가 정한 디자인의 이미지를 보면서 모형을 만들어나간다면 보다 정확하고 디자인에 대한 표현이 풍부한 모형 제작이 가능하다는 점도 잊지 말자.

모형 작업은 도면에서 표현하지 못하는 3차원상의 공간 표현이기 때문에 재료의 선정과 패턴, 이미지 등의 표현도 중요하다. 특히 벽면이나 가구, 파티션 등의 높이를 다양성 있게 디자인한다면 보다 입체감이 살아 있는 모형 표현이 가능하다.

그래픽이나 이미지 등의 표현은 네프로 필름지에 컬러로 출력하여 벽면이나 유리면 등에 붙여서 표현해 보면 공간의 현실감을 높일 수 있다.

모형 제작은 단순하게 공간의 구분이나 평면도상의 가구 배치만을 보여주는 것이 아니다. 도면이라는 2D 작업에서 보여줄 수 없는 부분에 대한 공간적 감성과 이미지를 모두 충분하게 시각적으로 보여주는 것이 중요하다. 따라서 아크릴, 우드, 라이싱지, 펀칭매탈, 색지 등 다양한 재료와 컬러를 통한 공간 이미지의 표현 정도가 모형의 퀄리티를 좌우하게 된다. 부분적으로 포인트가 되는 컬러를 사용하는 것도 좋은 모형 표현 방법이다. 사인물이나 패턴까지도 표현할 수 있다면 더욱 좋겠다.

모형 작업의 최종 결과물은 단순하게 종이를 잘 자르고 잘 붙이는 것만으로는 완성도를 높이기 어렵다. 기본적으로 디자인이 가지고 있는 고유의 디테일을 최대한 표현하려는 노력이 반드시 필요하다. 예를 들어 책장 하나를 모형으로 제작하더라도 책장을 구성하는 각기 다른 두께의 부재들을 표현해 보려고 노력하고 의자의 스틸 부분과 쿠션 부분, 등받이 부분의 디자인을 모형으로 어떻게 표현해 내는가가 결국에는 실내건축 모형의 완성도를 좌지우지 하는 중요한 요소가 되는 것이다.

아래 사례로 제시된 모형과 같이 벽면의 패턴과 컬러 표현, 책이나 책상 위의 소품에 대한 표현, 유리 파티션의 이미지 표현(네프로필름지를 출력하여 아크릴 면에 붙여서 표현), 책장 구성 부분에 두께가 다른 재료를 사용(책장 틀은 조금 두꺼운 재료를 사용하고 책을 두는 내부선반 부분은 조금 두께가 얇은 모형 재료를 사용)하는 단순하지만 다양한 모형 재료 사용이 모형의 수준을 결정하는 것이다.

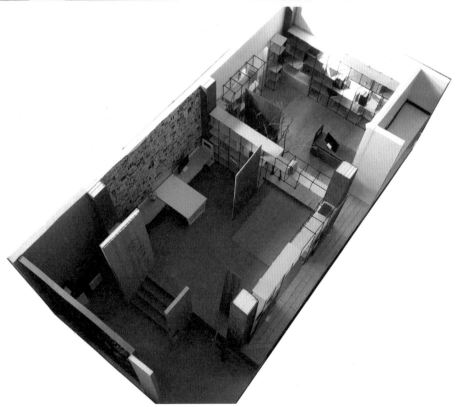

단면 모형은 공간을 보여주고 표현하는 데 매
우 효과적인 모형 제작 방법이다. 물론 단면
모형을 만들기 위해서는 기본적으로 공간의
형태와 천장의 구조가 목구조 천장인지, 경량
철제 구조인지, 노출 천장 구조인지 등에 대하
여 명확한 디테일을 알아야 한다.

일반적으로 실내건축의 천장 구조에서 가장
많이 활용하는 것은 목구조와 경량 철제 구
조이며 종종 노출 구조로 마감을 하는 경우도
있다. 오른쪽 모형 사진은 내부의 공간 구조와
가구, 목구조로 구성된 천장 디테일 등을 명
확하게 표현해 낸 좋은 모형 사례이다.

실내건축에서의 천장 구조는 마감의 유형을
결정하는 요소가 된다. 학생 작품이라도 이와
같은 스터디를 통하여 기본적인 몇 가지 천장
구조의 디테일 정도는 학습하는 것이 좋겠다.

*목구조 천장 모형 사례* ▶

▲ *경량 천장 구조로 디자인한 모형 사례*
사무 가구나 이미지 표현 등도 매우 디테일하게 표현하였다.

# DESIGN PRESENTATION

공간과 직원들의 연결과 소통을 중심으로 디자인을 전개하고 있다. 스케치업 프로그램을 활용하여 아이디어를 간략하게 도식화하고 더불어 평면도에서도 아이디어를 잘 수용하고 있다.

평면도의 컬러링이나 벽면의 소품과 마감재료, 가구와 패턴 등이 모두 잘 나타난 입면도 표현이 매우 인상적이다.

PICTOGRAM

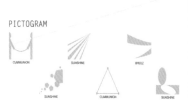

CUMMUNION  SUNSHINE  BREEZ

SUNSHINE  CUMMUNION  SUNSHINE

## SUNSHIN

빛과 그림자, 가끔 생각해본다. 그림자가 없이 빛만 존재하는 세상에서도 사물들이 그원래처럼 지각처럼 명료하게 드러 낼 수 있을까를 사물이 그 형태를 드러 낼 수 있는 것은 그들을 지탱하고 있는 그림자 덕분이 아닐까? 이를테면 따뜻한 봄날의 햇살을 어느 나무 아래서 찾았던 것 처럼, 그래서 햇살이 잘 들지 않는 공간에서 그토록 그림자의 묘사에 더 치중하는 것이 아닐까, 누군가의 마음을 녹일 수 있도록, 뮈로 거울 수 있도록 말이다.

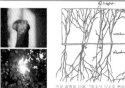

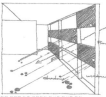

인공 광원을 이용.그림자의 요소로 햇살을 표현.  지면 채광을 이용..그림자의 묘사로 햇살을 표현

CARRY YOU HOME [HOME=SHELTER]

## CONCEPT

SPRING

1.SUNSHIN MIND M...

2.BREEZ SO FRESH

3.YOU COMMUNION

## BREEZ

아무도 바람 그 자체를 볼 수 는 없다. 그러나 바람을 느낄 수는 있다. 왜냐하면 바람은 보트를 움직이게 하고, 나무가지를 흔들며, 무더운 여름날의 더위를 식혀 준다. 그러므로 바람이 항상 존재함을 느낄 수가 있다. 바람을 느낄 수 없을 만큼 고요한 날에도 고요하는 바람이 분다. 산들산은 바람이이고 소소하게 움직이는 나뭇가지를 공간에 묘사 하였다. 이게 누군가의 마음을 흔들 수 있다면 더 할 나위 없이 상쾌한 공간이라 할 수 있지 않을까?

고요하는 바람과 바람에 흔들리는 나무의 표현.

흔들리는 잎사귀를 닮은 무성체 Light의 수공간.  바람과 실내 정원의 공간의 상쾌함을 빛으로 이끌어낸.

3.YOU COMMUNION

SHARE 공간,정보의 공유

CONSENSUS 시간,시선의 일치

SYMPATHY 공감

SHARE  CONSENSUS  SYMPATHY

## MODEL CUT

## MATERIAL BORD

FABRIC  FURNITURE

PALM WHITE  EPOXY GREY  WOOD BROWN  PEARL GREEN

## ACCENT COLOR

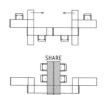

PANTONE 536
PANTONE 2365
PANTONE 377
PANTONE 14

## OFFICE PROJECT

# DRAW A PICTURE
# DRAW A SPACE
# DRAW A SPRING

어느 곳도 어떤 것은 누구나 즐어하지 않을 것이다. 그것이 사람의 되도록 있다면서든, 디자인이 가지고 있는 목적과 목표, 마찬가지로의 태도에 있어서든 자신의 길 길을 방해하게 한다. 이건 대해 뮈지? 같은 것이 있다면 이러한 것을 찾아고 있다거나 혹은, 자대로 기기본을 못하고 있는 이중적인 건 말림이다. 그런정에서 이번 오피스 공간은 봄을 그려다는 하나의 컨셉. 어깨봄의 화사하고 과둔함을 표현하고, 무언가 날 늘 잃을 수 있기에 신중한 봄의 태동로운 수채화 처럼.

## CEILING PLAN

SCALE:1/90

| SYMBOL | NAME | QUAN. |
|--------|------|-------|
| | CEILING LIGHT | 115A |
| | DOWN LIGHT | 100A |
| | PENDANT-I | 88A |
| | SPRINKLER | 78A |
| | FIRE SENSOR | 45A |
| | PENDANT-2 | 18EA |
| | CEILING LIGHT | 18EA |
| | | 5EA |
| | AIR CONDITIONER | 38EA |
| | EXIT LIGHT | 10EA |

## FLOOR PLAN

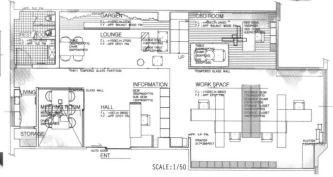

GARGEN
REST ROOM
LOUNGE  F.L. +400(C.H.2700)  F.F. APP EPOXY FIN
CEO ROOM  CEO DESK 1500*800  F.F. APP WALNUT WOOD FIN
LIVING
MEETING ROOM
HALL  F.L. +0(C.H.2800)  F.F. APP EPOXY FIN
INFORMATION
WORK SPACE  F.L. +100(C.H.2800)  F.F. APP EPOXY FIN
STORAGE
AUTO DOOR
ENT
PRINTER
PLOTTER

SCALE:1/50

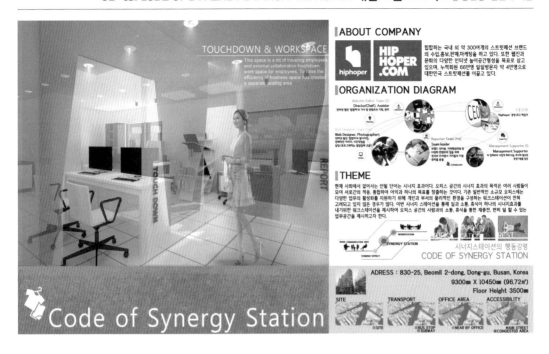

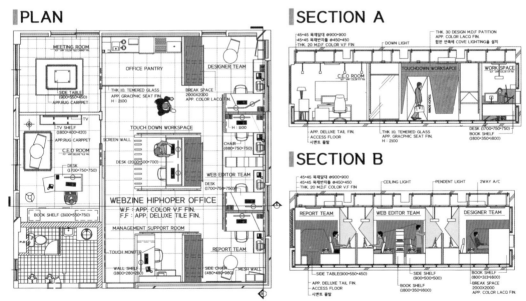

전체 패널을 보면 조직 구성에 대한 정리나 아이디어 스케치 등에서 오피스 디자인의 개념을 표현하려고 애쓴 흔적이 나타난다.

특히 아래 도면 표현을 살펴보면 각 공간에 사용된 가구와 가구의 크기, 마감재료 표기와 바닥 패턴의 표현, 공간의 주요한 개념 중에 하나인 가변형 벽면에 대한 포인트 컬러 사용, 업무영역별 구분 등을 모두 평면에서 잘 표현하고 있다.

단면도에서도 천장의 구조 디테일과 마감재료 표기, 가구와 각 실명 Sign 등을 도면으로 잘 보여주고 있다. 평면도와 단면도에 대한 수준 있는 도면 표현력을 보여주고 있는 작품이다.

# DELICIOUS LIFE

## PLAN

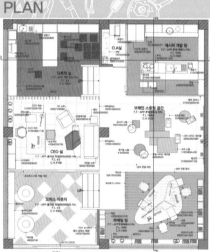

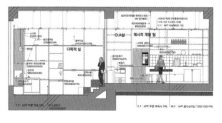

## CEILING PLAN

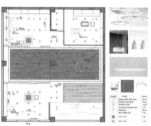
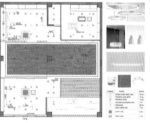

## COLOR CONCEPT

### PLATING

건강에 좋은 음식이 담겨져 있는 그릇을 보면 채도와 명도가 낮은 색보다 높은 색이 많이 보인다. 그 색들을 이용하여 지루한 오피스에 건강한 활기를 불어 넣도록 컬러 계획을 하였다.

**WHITE**
청결하고 어느 것과도 잘 어울리는 화이트를 주조색으로 사용한다.

붉은 색은 활기를 만들 수 있는 색

PANTONE 485C

밝은 녹색은 편안함과 신선한 느낌을 주는 색

PANTONE 485C

신맛과 달콤함이 공존하는 색, 따뜻함과 즐거움을 주는색

PANTONE YELLOW C

식욕을 돋구는 색 따뜻하고 온화한 느낌을 주는 색

PANTONE 1375C

## DETAIL

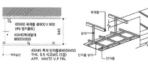

## A-A' SECTION

## B-B' SECTION

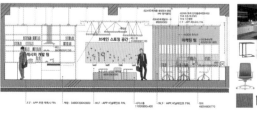

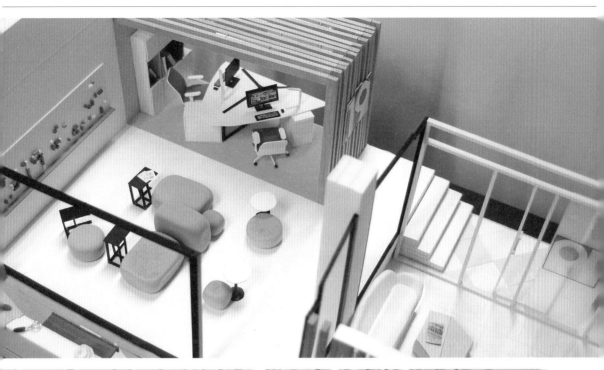

## ABOUT COMPANY

Plant Home Decor의 약자를 딴 P.H.D는, 최근 D.I.Y에 관심이 많아지면서 자신의 안식처를 어떻게 꾸밀 것인가 하는 것에 관심이 있다. 그러면 부품증에 Plant를 이용한 Deco에 관하여 상담하고 계획해주는 회사이다.

PLANT + HOME = DECOR

## SITE

## ORGANIZATION DIAGRAM

🌱 Design Team   🔧 Engineering Team   📢 Promotion Team

대표 | 플렌트디자이너 | 부스디자이너 | 제작팀장 | 시공팀장 | 홍보팀장

## THEME

**O₂ OFFICE**

Plant Home Decor회사는 누군가에게 식물이 주는 친환경적이고 그 공간에 머무는 오로지 육체적인 행복감을 주고 그 로인에 업무하여 또 한 극대화를 주는 행복한 공간을 계획한다.

## PLAN  SCALE 1/50

## CEILING PLAN  SCALE 1/100

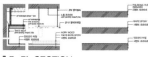

## DETAIL

## CONCEPT

**KEYWORD -1**
**ECO-FRIENDLY**

Plant Home Deco Office의 전체적인 공간을 친환경적인 요소들로 계획한다. 가구, 바닥마감재 또 한 공간으로 어울릴 수 있도록 목재들을 구성하였다.

**KEYWORD -2**
**CYCLE**

O₂ Office 공간의 산소들이 자유롭게 공간을 순환하듯이 작함들 또 한민감무공간과 휴식공간이라는 경계 없이 두 공간을 순환하여서 업무의 효율성을 높인다.

**KEYWORD -3**
**O₂ OBJECT**

사무실 자체가 회사 아이덴티가 될 수 있도록 컨텐츠를 꾸며진 공간을 계획한다. 주기적으로 컨텐츠들을 교체하고 홍보방에서 직접 촬영하고 홍보할 수 있도록 한다.

## A-A` SECTION  SCALE 1/50

## B-B` SECTION  SCALE 1/50

## COLOR CODI

**KEYWORD -4**
**CHEERFUL**

주조색은 White로 하여 맑으면 공간을 표현하였고, 보인색, 색으로 시각적으로 가장안도 자, 가운 느낌을 주어 솔너와 색깔을 느끼는 Blue 계열의 색상과 함께 사용하면 생기를 북돋아 주고 활동적인 느낌을 주어 Yellow의 색상을 포인트 색으로 하였다.

## ABOUT COMPANY

**DESIGN PiXEL**은 웹 에이전시, 기업등의 홈페이지를 제작하는 웹디자인 기업이다. 웹사이트 디자인, 제작만이 아닌 기업의 효과적인 마케팅방안을 제시하여 기업의 이미지를 메이킹 하는 것을 목표로 한다.

## SITE

## ORGANIZATION

CEO   개발사업팀   전략기획팀   디자인사업팀

## CONCEPT 01

### Square unit

유닛(unit)으로 공간을 구분하여 팀의 업무에 집중할 수 있는 환경을 만들어 업무효율성을 높인다. 유닛은 개인적 공간이지만 유닛이 면제되어 자유로운 커뮤니케이션을 구축한다.

**픽셀(PIXEL)**

**큐브(CUBE)**

## CONCEPT 02

### Stereotypic atypical

비정형적 요소인 개성적이고 자유로운 색들과 유동적 가구배치 트렌스포머 가구로 정형적 공간에 변화를 준다.

COLOR의 비정형   가구배치의 비정형

## THEME

# CHANGE OF THE BOX INTO THE SQUARE

## PIXEL OF DESIGN

픽셀이라는 정사각형과 큐브의 정육면체로 공간을 디자인한다. 입체적인 요소로 공간의 볼륨감을 표현하며 평면적인 요소로 레이아웃을 구현한다.

## PLAN SCALE : 1/50

MEETING ROOM
CEO ROOM
개발사업팀
디자인팀
전략기획팀
WEB DESIGN OFFICE
WORKSTATION
HALL
홍보관람실

## A-A' SECTION SCALE : 1/50

CEO ROOM   WORK SPACE

## B-B' SECTION SCALE : 1/50

MEETING ROOM

CHAIR   TABLE
STOOL   STORAGE   SOFA

## CEILING SCALE : 1/100

## DETAIL

## CONCEPT 03

### Communicational mobility

번잡, 기계적인 움직임보다 상호 유기적 균형을 이루며 유동적인 업무 형태로 자유로운 커뮤니케이션을 통해 업무공간을 완성한다.

### IDEA SKETCH

## ZONING

## COLOR CONCEPT

개성적인 자유로움

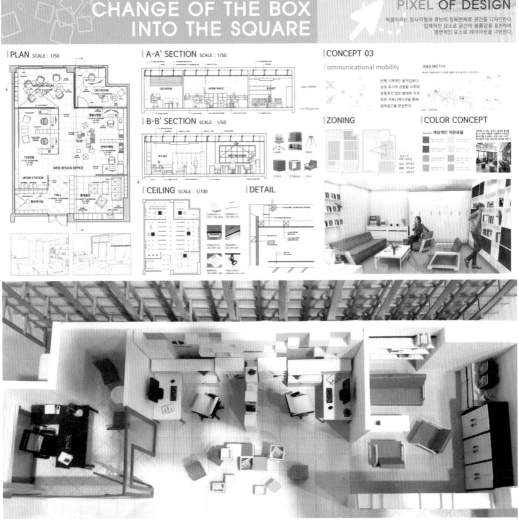

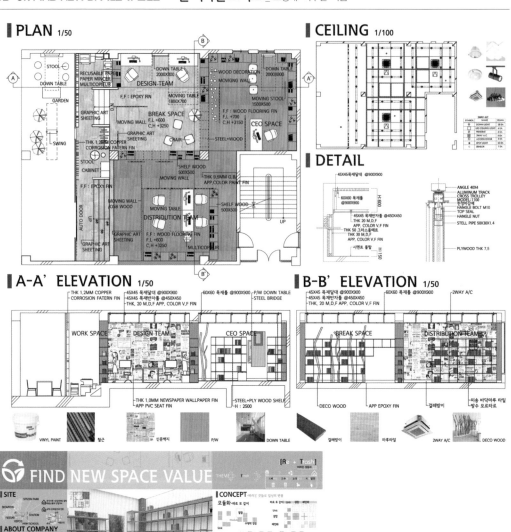

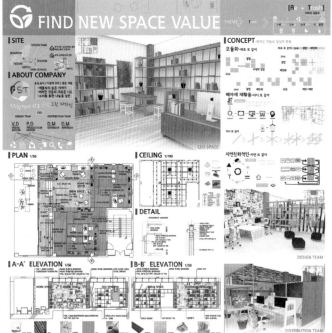

전체적인 사무실 공간을 모듈 개념을 통해서 디자인하였고 폐자재를 활용한 친환경 실내 마감재료 사용이라는 개념으로 접근하고 있다.

아래 패널의 평면도와 입단면도를 보면 매우 상세한 표현이 돋보인다.

사무공간의 영역, 마감재료, 실링 높이, 입단면 기호, 바닥 레벨, 가구 등을 모두 잘 표현하였다.

입단면도에서도 천장 구조에 대한 디테일 마감, 사용한 마감재료와 가구들의 이미지를 함께 표현하여 표현력을 높이고 있다. 실무 수준에서도 전혀 손색이 없는 좋은 도면 표현이다.

interior design process 6

학생 공모전은 상상력과
아이디어에 대한 표현력이 성공의 열쇠다

# 실내건축
# COMPETITION

# PROGRAM & REQUIREMENT

## 공모전 주제에 대한 접근 방법

공모전에서는 일반적으로 주제를 제시하는 경우가 많다. 따라서 공모전에서 제시하는 주제에 따라 프로젝트 성격을 설정하여 진행해야 한다.

국내 공모전에서는 주제를 지정하지 않고 자유 주제로 공모하는 경우와 특정 주제를 제시하고 주제에 맞게 공모전을 준비해야 하는 경우로 구분되는데, 한국인테리어디자인대전, 대한민국실내건축대전, DGID 실내건축디자인대전의 경우는 주제를 지정하지 않는 자유 주제 형식이다.

자유 주제 공모전인 경우는 학생들이 학교에서 진행하였던 프로젝트를 중심으로 공모전 제출 양식에 따라서 작성하여 제출하는 경우가 많기 때문에 공간 개념보다는 최종 결과물(평면도나 투시도 등)에 중점을 두어 작업을 진행하는 것이 좋겠다.

특정 주제가 주어지는 공모전은 주제 접근성이 심사에 반영되는 경우가 많기 때문에 주어진 주제에 따른 개념적인 접근성에도 신경을 써야만 한다. 주제에서 벗어난 공간 개념의 디자인 작품은 심사에서 좋은 평가를 받기 어렵다.

공모전의 주제는 보통 광범위한 의미를 가진 단어나 문구로 제시되는 경우가 많기 때문에 주제에 대한 명확한 자신만의 해석과 개념 키워드 도출이 무엇보다 중요하다.

공모전 주제는 장소의 새로운 기능과 형태, 도시의 빈 공간에 대한 재해석, 창조적 재생, 공간을 통한 힐링, 소통과 융합 등 매우 다양하게 제시된다. 하나의 주어진 주제를 학생들마다의 접근방법을 통하여 개념을 도출하고 개념을 공간으로 풀어 나가는 과정을 중심으로 공모전에 대비하는 것이 좋다.

심도 있는 조사와 충분한 분석 과정을 거쳐 개념을 도출하고, 도출된 개념을 아이디어로 표현하는 과정을 공모전 심사에서는 중요하게 생각하기 때문에 공모전의 주제를 그냥 대충 바라보지 말고 주제에 대한 다양한 접근과 정보에 대한 밀도 있는 분석이 필요하다.

공모전에서 주어진 지정 주제라 하더라도 학생들 개인마다 그 해석의 방향은 모두 다르게 나타난다. 따라서 주제와 관련된 이미지나 공간적인 키워드를 찾기 위한 노력이 공모전 성공의 포인트가 된다.

공모전을 준비하면서 가장 먼저 해야 하는 일 중에 하나가 과거 공모전에서 수상한 우수 작품들에 대한 경향이나 표현 기법, 공간 개념에 대한 접근 방법 등을 살펴보는 일이다. 우수한 성적으로 수상한 작품들에는 공통적으로 디자인이 좋은 이유가 반드시 있다. 공간의 개념이 우수하다거나, 평면이나 입면 등의 도면에 나타난 공간의 기능적인 프로그램이 우수하다거나, 공간 디자인의 과정이 잘 표현되었다거나, 투시도의 표현력이 좋다는 등의 장점이 반드시 있기 때문에 다른 학생들의 장점을 잘 살펴보는 일도 공모전에 대비하는 중요한 과정이라고 하겠다.

## 국내 실내건축 관련 학생 공모전 일정 및 형식

국내의 실내건축 관련 공모전은 각기 그 제출 일정이 다르고 제출하는 양식 또한 공모전마다 별도로 규정되어 있는 경우가 많다. 일반적으로는 A3 크기의 제안서 양식이나 900×1200mm 혹은 900×1800mm 정도 크기의 패널 형식이 많지만 근래에는 A2 크기나 A1 크기의 패널 형식도 많이 나타나고 있다.

제출 일정은 학생들이 반드시 지켜야 하는 약속이기 때문에 내가 제출하려는 공모전의 제출 마감 일정을 꼭 확인해야만 한다. 또한 공모전 참가신청서 접수 일정이 따로 있는 공모전도 많기 때문에 참가신청서 접수 일정과 실제 작품 접수 일정에 관하여 확인할 필요가 있다. 제출 양식은 반드시 이를 준수하여 최종 결과물을 제작해야 하며 이를 준수하지 않을 경우 공모전 제출이 허락되지 않거나 심사에서 제외되는 경우도 생기기 때문에 이를 공모전이 시작하기 전에 반드시 확인해야만 한다.

10년 전과 비교하면 현재는 실내건축 분야의 학생 공모전이 매우 많아졌다. 이 책에서는 국내에서 주최되는 대표적인 학생 공모전을 중심으로 마감 일정과 제출 양식, 공모 주제를 아래와 같이 정리했다.

## 한국인테리어디자인대전(가인디자인그룹 주최)

| 내용 / 년도 | 접수마감 / 작품마감 | 제출 양식 | 공모 주제 |
|---|---|---|---|
| 2019 | 2019. 05. 06 / 06. 26 | 마감 : A3 제안서 20장 내외 | 자유 주제 |
| 2020 | 2020. 05. 11 / 06. 30 | 마감 : A3 제안서 20장 내외 | 자유 주제 |
| 2021 | 2021. 05. 28 / 06. 25 | 마감 : A3 제안서 20장 내외 | 자유 주제 |
| 2022 | 2022. 06. 10 / 06. 24 | 마감 : A3 제안서 20장 내외 | 자유 주제 |
| 참고 | www.interiorskorea.com | | |

## 한국실내디자인학회 주제 공모전(한국실내디자인학회 주최)

| 내용 / 년도 | 마감 일정 | 제출 양식 | 공모 주제 |
|---|---|---|---|
| 2019 | 2019. 09. 23 | • A3 사이즈 10매 이내<br>• 작품, 출품자 사진, 출품원서, 표지–CD<br>• 2차 마감 : A1 패널 | Making Room for Us |
| 2020 | 2020. 10. 08 | • A1 사이즈 패널 jpg 파일(해상도 200dpi)<br>• 출품자 사진, 출품원서 | 빛,<br>공간에 이야기를 건네다 |
| 2021 | 2021. 10. 08 | • A1 사이즈 패널 jpg 파일(해상도 200dpi)<br>• 출품자 사진, 출품원서 | 지속 가능한 공간 |
| 참고 | 참가신청서 제출 마감일과 작품 접수 마감일이 다름<br>(한국실내디자인학회 홈페이지 공모전 안내에서 일자 확인 필요)<br>2차 심사 이후 장려상 이상의 작품에 대해서는 공개 Presentation 실시<br>(PPT 20매 이내, 작품 개요 A4 1장, 10분 내외의 구두발표 및 질의응답) | | |

## 대한민국실내건축대전(한국실내건축가협회 KOSID 주최)

| 년도 \ 내용 | 마감 일정 | 제출 양식 | 공모 주제 |
|---|---|---|---|
| 2019 | • 1차 : 2019. 09. 26<br>• 2차 : 2019. 10. 30 | • 1차 : 작품 설명서 : A3 사이즈 출력물(10매 이내)<br>• 2차 : 1차 심사 통과자만 제출<br>  패널(900mm×1500mm(고정))<br>  모형(900mm×900mm×1200mm) | 실내건축 디자인 창작품 |
| 2020 | • 1차 : 2020. 10. 05<br>• 2차 : 2020. 11. 05 | • 1차 : 작품 설명서 : A3 사이즈 출력물(10매 이내)<br>• 2차 : 1차 심사 통과자만 제출<br>  패널(900mm×1500mm(고정))<br>  모형(900mm×900mm×1200mm) | 실내건축 디자인 창작품 |
| 2021 | • 1차 : 2021. 10. 04<br>• 2차 : 2021. 11. 04 | • 1차 : 작품 설명서 : A3 사이즈 출력물(10매 이내)<br>• 2차 : 1차 심사 통과자만 제출<br>  패널(900mm×1500mm(고정))<br>  모형(900mm×900mm×1200mm) | 실내건축 디자인 창작품 |

## 부산국제건축문화제 실내건축대전(한국실내건축가협회 부울경 지회 KOSID 주최)

| 년도 \ 내용 | 마감 일정 | 제출 양식 | 공모 주제 |
|---|---|---|---|
| 2019 | • 1차 : 2019. 09. 09<br>• 2차 : 2019. 09. 13 | • 1차 : A3 사이즈 11쪽 이내(표지 포함)로 제본하여<br>  제출, 보고서 파일이 저장된 CD 1장<br>• 2차 : 패널 900mm×900mm 2매 혹은<br>  900mm×1800mm 1매 | Biophilia or 인간과 자연 |
| 2021 | • 1차 : 2021. 10. 25<br>• 2차 : 2021. 10. 28 | • 1차 : A3 사이즈 11쪽 이내(표지 포함)로 제본하여<br>  제출, 보고서 파일이 저장된 CD 1장<br>• 2차 : 패널(900mm×1800mm) 파일 | 포스트 코로나를<br>대비할 수 있는 공간 |
| 참고 | 1차 A3 작품 접수 이후 1차 심사를 진행하여 본선 30작품을 선정하고,<br>본선에 선정된 학생들만 패널 파일을 제출하여 2차 심사를 진행,<br>2차 패널 심사를 통해 최종 작품의 수상 순위를 결정하는 방법으로 공모전 진행(2년마다 공모전 개최) | | |

## 국제청소년공간대전(한국청소년시설환경학회 주최)

| 내용<br>년도 | 마감 일정 | 제출 양식 | 공모 주제 |
|---|---|---|---|
| 2021 | · 1차 : 2021. 10. 29<br>· 2차 : 2013. 11. 16 | · 1차 작품 : 패널 841mm×594mm(A1) 300dpi jpg 파일<br>· 2차 작품 : 전시모형(600mm×600mm×1800mm) | 소통을 위한<br>공동의 기반 |
| 참고 | 1차 심사(입선작 이상 선정) 이후, 2차 심사(특선 이상 및 본선 후보작품 선정)를 진행하여 본선 작품을 선정하고, 3차 심사에서 본선 작품에 대한 공개 Presentation을 실시하여 최종 순위를 결정(PPT 발표, 15분 내외의 구두발표 및 질의응답) | | |

## 공간디자인대전(인테르니 앤 데코 주최)

| 내용<br>년도 | 마감 일정 | 제출 양식 | 공모 주제 |
|---|---|---|---|
| 2020 | 2020. 12. 04 | 메인보드(A0 : 841mm×1189mm)<br>CD & USB(보드 및 보고서 파일)<br>작품 보고서(A3 12매 이내) | 최신 인테리어 트렌드를 반영한 공간 및 프로덕트 디자인 |
| 2021 | 2021. 12. 02 | 메인보드(A0 : 841mm×1189mm)<br>CD & USB(보드 및 보고서 파일)<br>작품 보고서(A3 12매 이내) | 자연환경과 인공적인 문명의 공존을 이루는 인간다운 공간이란 무엇인가? |
| 2022 | 2022. 12. 01 | 메인보드(A0 : 841mm×1189mm)<br>CD & USB(보드 및 보고서 파일)<br>작품 보고서(A3 12매 이내) | 공간,<br>아름다움과 아름다운 것들의 차이 |
| 참고 | 1차 심사 이후 본선 작품에 대한 공개 Presentation을 실시하여 최종 순위를 결정<br>(본선 작품 선정 대상자들은 마감재 보드(A2 크기)를 제작하여 발표 당일 지참해야 함)<br><br>인테리어 코디네이션 분야, 전시 무대 디자인 분야, 인스토어 머천다이징 분야, 인테리어 프로덕트 분야의 4개 세부 출품 분야로 구분이 되어 있고, 출품 분야별로 메인보드 및 작품 보고서 내용구성의 필수 요소를 공모 요강에서 제시하고 있다. | | |

# 실내건축 분야 공모전의 유형과 특징

| 공모전 | 제출 유형 | 특 징 |
|---|---|---|
| 한국인테리어디자인대전 | A3 제안서 20장<br>자유 주제 공모전 | A3 제안서 제출물로 모든 평가가 이루어지기 때문에 공간 접근에 대한 개념과 그 과정의 표현이 매우 중요한 요소가 된다. 국내에서 가장 역사가 오래된 실내건축 분야 공모전으로 최종 결과물보다는 과정과 개념에 대한 접근성에 큰 비중을 두는 공모전이다. |
| 한국실내디자인학회<br>주제 공모전 | A1 사이즈 패널<br>지정 주제 공모전 | 패널 1장으로 평가되기 때문에 공간에 대한 개념과 주제에 대한 접근성 등을 매우 함축적으로 표현해야 하며, 투시도 등의 이미지에 대한 수준 높은 표현력이 필요하다. |
| 대한민국실내건축대전 | A3 제안서+<br>입체 패널+<br>모형<br>자유 주제 공모전 | 1차 제안서 심사와 2차 심사로 구분하여 진행되는 공모전으로, 2차 심사에 제출하는 입체 패널과 모형이 최종적인 순위를 결정하게 된다. 수준 높은 작품들이 매년 출품되며 입체 패널을 통한 디자인 표현 수준과 모형의 디테일도 중요한 평가 요소이다. |
| 부산국제건축문화제<br>실내건축대전 | A3 제안서+<br>패널<br>지정 주제 공모전 | 1차 제안서 심사와 2차 심사로 구분하여 진행되는 공모전으로, 2차 심사에 제출하는 입체 패널과 모형이 최종적인 순위를 결정하게 된다. 실무 디자이너들도 심사에 참여하기 때문에 실무적인 접근성이 강한 작품도 좋은 평가를 받을 수 있다. |
| 국제청소년공간대전 | 1차 A3 제안서+<br>2차 입체 패널+<br>3차 PPT 발표<br>지정 주제 공모전 | 건축과 실내건축을 아우르는 공모전으로 다양성 있는 작품들이 매년 출품된다. 1차, 2차 심사는 각 분야별로 수상작을 선정하지만, 우수 작품으로 선정된 최종 8팀은 건축과 실내건축 분야 구분 없이 3차 심사 PPT 발표 경합을 벌여 대상과 최종 순위를 결정한다. |
| 한국공간디자인대전 | 1차 A3 제안서+<br>A0 패널+<br>2차 PPT 발표<br>지정 주제 공모전 | 실무적인 접근성이 높이 평가되는 공모전이며, 특히 공간에 대한 추상적 개념보다는 현실적인 마감재료와 컬러 사용, 감성 등에 대한 이미지적인 접근이 중요한 표현 요소가 된다. 개념에서 도출된 최종 공간의 이미지가 얼마나 부합되는가가 중요한 평가 요소이다. |

※ 공모전에 대한 특징은 10년간 학생들의 공모전을 진행하면서 느낀 저자의 주관적 소견임.

# 성공적인 공모전을 위한 디자인 TIP

## 공간 디자인의 개념은 어떻게 접근해야 하는 것인가?

여기에는 정해진 답은 없다. 하지만 학생들의 공모전을 살펴보면 공간 개념에 접근하는 몇 가지 유형과 방법이 있다는 것을 알 수 있다. 개념 설정에 대한 몇 가지 유형과 방법을 살펴보자.

### ① 이상적인 공간 환경 구축을 위한 개념

이것은 관람자들의 동선과 행태, 공간의 구조, 공간의 시지각적인 측면, 공간과 사용자와의 상호 소통이나 인터렉티브, 조명과 자연채광, 체험 등의 계획론에서 주로 볼 수 있는 키워드를 가지고 개념에 접근하는 방법으로 매우 현실적인 대안 마련이 가능하다.

### ② 특정 대상을 위한 맞춤형 공간 디자인

특정 대상을 선정하여 공간을 디자인하는 방법으로, 예를 들어 특정 아티스트의 미술 작품을 전시하기 위한 공간 디자인이 이에 해당된다. 피카소의 작품을 전시하기 위해 피카소의 작품 성향이나 작가의 미술적 특성, 작품의 의미, 작품이 가지는 색상과 형태 등을 공간 개념의 키워드로 설정하는 방식이다.

### ③ 이론이나 논문에서 조사·분석된 내용을 중심으로 개념 키워드를 설정

특정 이론이나 법칙을 적용하여 공간 디자인을 진행하는 방법이다. 흔히, 논문이나 이론서적 등을 통하여 그 키워드를 잡아나갈 수 있다. 예를 들어 피아제의 인지발달단계와 심리 특성을 고려한 어린이 과학 체험 전시관, 몬드리안의 점·선·면·공간 조형 구성원리를 이용한 갤러리(오른쪽 패널 이미지) 등이 이에 해당된다.

### ④ 역사성이나 시대적 사건

역사적인 장소나 사건, 혹은 건축물을 중심으로 개념을 설정하는 방법이다. 예를 들어 역사적으로 가치가 있는 장소에 그 역사적 사건이나 인물 등에 관련된 키워드를 설정하는 방법이다. 또한 근대 건축물을 전시공간으로 전용하여 디자인하는 것도 이와 같은 맥락이다. 이와 같은 개념으로 접근한다면 장소, 인물 등과 관련된 구체적인 개념 키워드를 선정하여 진행하는 것이 유리하다. 뉴스나 신문 등을 통하여 정보에 대한 많은 조사와 분석이 요구된다.

### ⑤ 조사와 공간 조형에 대한 실험을 통하여 디자인 개념 설정

실험 정신을 가지고 다양한 실험과 조사·분석을 바탕으로 개념에 접근하는 방식도 있다. 예를 들어 마이클 조던의 움직임을 조사·분석하여 공간의 형태적인 모티브로 삼고, 농구와 관련된 전시 공간을 디자인 하는 것이 이런 유형에 해당된다. 가장 학생스러운 창조성 있는 작업이다. 또 다른 사례로 오른쪽 작품과 같이 자신만의 조형적인 감각을 발휘하여 스터디 모형 작업과 공간 개념에 대한 아이디어 표현을 통해 접근하는 방법도 있다.

## STUDY PROCESS

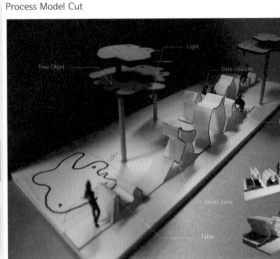

Process Model Cut

직사각형의 바닥판 준비한다

↓

긴 종이에 볼륨감을 준다

↓

종이를 바닥판에 부착한다

↓

모형을 측면에서 본 형태

### ⑥ 공간에 대한 일반적 개념을 벗어난 탈 고정관념

일반적으로는 전시공간은 관람자가 움직이면서 관람을 하지만 공간이 움직여 관람자가 전시를 감상하게 한다면 일반적인 전시 관람 방법에 대한 개념을 깨는 것이 될 것이다. 이와 같이 공간과 관련된 다양한 일반적 통념을 벗어 버릴 수 있는 개념을 설정하는 것도 좋은 접근 방법이다.

### ⑦ 감각적 스케치와 드로잉

공간 개념에 대한 키워드만을 설정하고 무한한 상상력을 중심으로 머릿속에서 그려지는 이미지를 스케치 등으로 표현해 보면서 디자인을 완성해 나가는 방식이다. 디자인 프로세스 표현에 한계가 있다. 하지만 근래의 학생 작품들이 컴퓨터 그래픽에 의존하는 경향을 고려한다면 이러한 스케치를 공간 디자인에 적극적으로 활용한 작품은 아이디어를 시각적으로 표현하고 아날로그적인 공간 감성을 부여하기에 매우 효과적인 수단이 될 수 있다.

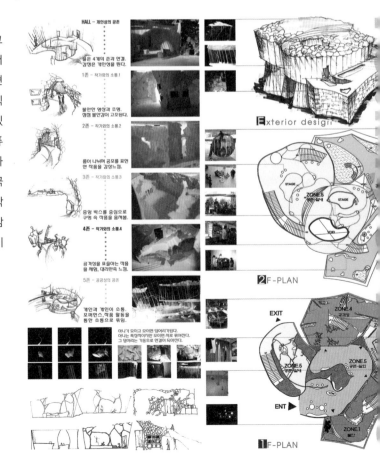

## ⑧ 이미지 모티브

특정한 사물 등을 하나의 이미지 모티브로 하여 디자인에 접근하는 것이다. 예를 들어 나비 박물관의 공간 형태를 나비가 날아다니는 이미지를 형상화하여 구체적인 공간 형태로 디자인해 나가는 방식이라 볼 수 있다. 고성의 공룡 박물관에서의 공룡 화석이나 뼈의 형상을 그대로 공간의 형태로 디자인한 사례나 익산의 보석 박물관과 같이 특정 보석의 이미지를 디자인 형태의 모티브로 삼아 디자인해 나가는 방식이다. 단순하지만 매우 명확한 디자인이 가능하다. 하지만 이미지를 너무 디자인에 그대로 적용하게 되면 디자인이 단순하게 보일 수 있기 때문에 자기 자신만의 감각과 디자인적인 아이디어 중심으로 이미지를 가공하고 이미지 모티브를 잘 응용하여 독창적인 결과물 도출이 필요하다.

## ⑨ 공간 디자인의 아이디어를 다이어그램 형식으로 표현

학생들의 아이디어를 표현하는 방법에 정해진 규칙이 있는 것은 아니다. 아래 패널 이미지와 같이 자신의 생각을 다이어그램 형식으로 표현하여 공간의 개념과 다양한 아이디어를 시각적으로 잘 표현하는 것이 더욱 중요하다. 그렇기 때문에 형식보다는 공간에 적용하려는 개념과 아이디어를 잘 정리하여 정보를 전달력 있게 보여주는 데 더 많은 시간과 노력을 투자하는 것이 좋다.

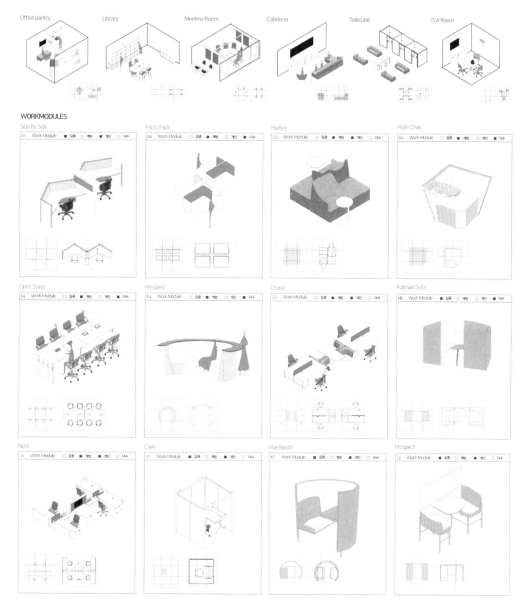

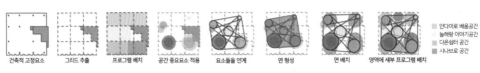

| 건축적 고정요소 | 그리드 추출 | 프로그램 배치 | 공간 중요요소 적용 | 요소들을 연계 | 면 형성 | 면 배치 | 영역에 세부 프로그램 배치 |

■ 안다미로 배움공간
■ 늘해랑 이야기공간
■ 다온쉼터 공간
■ 시나브로 공간

## APPLICATION OF CONCEPT DESIGN ELEMENTS 컨셉 디자인요소의 적용

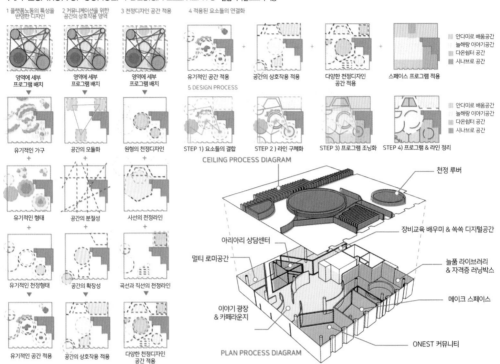

1 플랫노동의 특성을 반영한 디자인 / 2 커뮤니케이션을 위한 공간의 상호작용 영역 / 3 천정디자인 공간 적용 / 4 적용된 요소들의 연결화

영역에 세부 프로그램 배치 / 영역에 세부 프로그램 배치 / 영역에 세부 프로그램 배치 / 유기적인 공간 적용 / 공간의 상호작용 적용 / 다양한 천정디자인 공간 적용 / 스페이스 프로그램 적용

■ 안다미로 배움공간
■ 늘해랑 이야기공간
■ 다온쉼터 공간
■ 시나브로 공간

5 DESIGN PROCESS

유기적인 가구 / 공간의 모듈화 / 원형의 천정디자인 / STEP 1) 요소들의 결합 / STEP 2) 라인 구체화 / STEP 3) 프로그램 조닝화 / STEP 4) 프로그램 & 라인 정리

■ 안다미로 배움공간
■ 늘해랑 이야기공간
■ 다온쉼터 공간
■ 시나브로 공간

유기적인 형태 / 공간의 분절성 / 사선의 천정라인

CEILING PROCESS DIAGRAM

천정 루버
장비교육 배우미 & 쏙쏙 디지털공간
늘품 라이브러리 & 자격증 러닝박스
메이크 스페이스
ONEST 커뮤니티

아리아리 상담센터
멀티 로마공간
이야기 광장 & 카페라운지

유기적인 천정형태 / 공간의 확장성 / 곡선과 직선의 천정라인

유기적인 공간 적용 / 공간의 상호작용 적용 / 다양한 천정디자인 공간 적용

PLAN PROCESS DIAGRAM

공간 디자인은 공간의 개념을 정하는 것도 매우 중요한 일이지만 어떤 디자인이든 반드시 수반되어야 하는 고통의 과정이다. 쉽지 않다는 이야기다. 하지만 개념이 없는 디자인은 단순한 카피물이나 공간 디자인의 특성과 그 과정을 설명할 수 없는 의미 없는 작품이 되기 쉽다.

너무 어렵게 개념을 잡으려 하지 말고 평소에 관심이 있는 공간적 키워드를 스터디해 나가다 보면 반드시 실마리를 찾을 수 있으며 운이 따른다면 특별한 아이디어를 얻을 수 있다.

아이디어를 잘 내려면 많이 보고 꾸준하게 공부하면서 평소에 전공서적이나 신문 등을 읽는 것을 절대로 게을리 하지 말아야 한다. 또한 다양한 사례 공간을 통하여 디자이너들의 공간 접근 방법을 익혀 보는 것도 학생들에게는 좋은 습관이 될 수 있다.

대부분의 학생들은 실내건축공간 디자인의 개념을 고민하면서 개념에 대한 접근 방식이나 개념을 어떻게 공간으로 풀어나가야 하는지에 대한 의문을 가지게 되며 이런 과정을 매우 어려워한다. 하지만 자신이 머릿속으로 이미지를 떠올릴 수 있고 떠올린 이미지를 시각적으로 표현할 수 있다면 그것은 개념으로 충분히 가능성이 있다는 것이다.

종종 자신이 그리지도 못하고 시각적으로 표현도 못하면서 말로만 개념을 시종일관 설명하려는 학생들이 있는데 공모전 작품에서는 그럴듯한 미사여구의 말보다는 확실하게 내가 생각한 개념을 표현해 낼 수 있다는 확신이 드는 개념 키워드를 중심으로 디자인을 전개해 나가는 것이 좋다. 우리가 생각할 수 있는 모든 것은 시각적으로 표현이 가능하다는 믿음을 가지고 수단과 방법을 가리지 말고 나의 개념을 시각석으로 표현하려고 노력해보자.

공모전에서 가장 높은 평가를 받을 수 있는 방법은 화려한 기술이나 그럴듯한 투시도 이미지가 아니고, 다른 사람들과는 차별화된 개념과 아이디어에 대한 접근 방법, 그리고 개념에서 공간까지의 디자인 과정을 명확하게 보여주는 것이라는 점이 가장 중요하다는 사실을 잊지 말자.

# 프레젠테이션 준비를 위한 패널 레이아웃의 7가지 지침

최종 프레젠테이션을 위한 패널의 레이아웃은 매우 중요하면서도 학생들에게는 쉽지 않은 과정이다. 특히 표현하고자 하는 패널 소스가 너무 많거나 너무 적을 경우는 패널의 배치와 구성상의 여러 가지 문제점들이 발생하기 때문에 레이아웃이 매우 어려워지게 된다. 따라서 패널 레이아웃을 하기 이전에 내가 표현하려는 개념은 무엇인지, 무엇을 중심으로 프레젠테이션할 것인지를 명확하게 확정한 이후에 패널 레이아웃을 하는 것이 바람직하다. 또한 900×1800㎜ 크기의 패널을 사용하여 프레젠테이션을 하는 경우와 파워포인트를 사용한 A3 제안서 방식의 프레젠테이션은 매우 다르기 때문에 이들에 대한 도면 요소의 배치와 구성은 다르게 접근해야만 한다.

패널 레이아웃을 위한 과정과 주요한 7가지 지침들은 다음과 같다.

### ① 기본적인 중요 패널 소스는 빠트리지 말자.

다시 말해서 평면도, 입면도, 사이트, 공간 개념, 계획 배경, 조닝 등에 대한 내용은 기본적인 사항이기 때문에 패널에서 반드시 표현하려고 한다.

### ② 기본 소스 이외에 공간 계획의 과정을 반드시 패널에서 표현한다.

이는 학생 작품으로서 가장 중요한 패널 소스라 해도 과언이 아니다. 공간의 개념이 형태로 구체화되어가는 과정, 공간의 개념이 공간의 아이디어로 표현되기까지의 과정, 매스와 볼륨을 만들어내기까지의 과정 등을 충실하게 패널에서 표현하는 것은 무엇보다 중요한 작업이다. 표현 수단보다는 어떻게 시각적으로 표현해 낼 것인가를 고민하는 것이 중요하다.

### ③ 스터디 모형 사진, 최종 모형 사진 등의 패널 소스도 확보하자.

이들은 패널의 빈 공간을 적절하게 채워주기 좋은 패널 소스 자료이다. 이들을 무시하지 말자. 종종 잘 찍은 모형 사진 한 장이 투시도보다 좋아 보이는 경우도 많다.

### ④ 패널 레이아웃에 대한 기본 개념(면과 면의 조화로운 구성)을 잊지 말자.

900×1800㎜ 크기의 패널이라면 적지 않은 패널 소스가 필요하다. 따라서 수많은 패널 소스에 대한 레이아웃이 매우 중요하다. 패널 레이아웃이 잘못되면 전체적으로 패널의 내용이 매우 산만하게 보이거나 중요한 부분을 강조할 수 없다. 따라서 컬러링이나 패널 면의 구성 등을 통하여 전체적으로 안정감 있는 패널 레이아웃에 대해 고민하자.

### ⑤ 중요한 부분은 크게 강조하자.

패널 레이아웃은 패널 소스들을 잘 정리하여 보여주는 것도 중요하지만 내가 강조해야 한다고 생각하거나 중요한 부분이 있다면 이를 패널에서 크게 보여줄 필요가 있다. 또한 디자인의 과정을 순서대로 보여줄 수 있는 방법을 찾는 것이 좋겠다. 또한 이에 가장 중요하다고 생각되는 자료를 우선 배치하고 다른 자료를 배치해 나가보자.

### ⑥ 패널 레이아웃에서 글자는 매우 중요한 역할을 한다. 따라서 글자체와 그 크기를 신중하게 선택해야 한다.

글자체는 화려하거나 가독성이 떨어지거나 디자인이 과한 것은 지양하고, 글자의 크기 또한 위계를 갖도록 구성해야 한다. 예를 들어 글자의 크기를 패널 타이틀, 도면명, 개념이나 설계 개요와 같은 설명문, 실명, 키워드 등의 수순으로 크기를 순차적으로 작게 하여 위계를 두는 것이 좋다.

### ⑦ 패널 자료들을 레이아웃하는 데 있어서 자료들의 크기에 우선 순위를 정하자.

패널은 내가 디자인한 작품을 설명하기 위한 것이지만 모든 패널의 자료들을 크게 크게만 배치하기는 어렵다. 이에 내가 강조하고 싶은 자료는 크게, 다른 자료들은 조금 작게 구성하여 패널 자료에 강약이 존재하도록 구성한다.

# 프레젠테이션 준비를 위한 A3 형식의 제안서 작성에 관한 7가지 지침

A3 형식의 제안서 프레젠테이션에 대한 과정과 주요한 7가지 지침들은 다음과 같다.

## ① 공간 디자인의 과정을 시간의 순서대로 정리해라.

A3 크기의 출력물이나 파워포인트를 통한 프레젠테이션의 경우는 디자인한 결과물을 순서대로 보여주는 것이 매우 중요하다. 900×1800㎜ 크기의 패널과 같이 단 한 장에 모든 것을 보여주는 것이 아니기 때문에 디자인의 과정과 내용을 잘 정리하여 순서대로 보여주는 것이 심사위원들에게 보다 쉽게 내용을 파악하도록 하기 위한 방법이다. 내가 처음 디자인을 시작한 시점에서부터 최종 결과물에 이르기까지의 과정을 작업 시간과 일자별로 정리해 나가는 것이 그 과정을 표현하기에 가장 쉬운 방법이다.

## ② 수많은 작업의 과정과 결과물을 각 페이지별로 잘 나누어 구성하기 위해서는 시나리오를 작성해야 한다.

여기서 말하는 시나리오라는 것은 하나의 이야기를 써 내려가듯이 내가 작업한 결과물에 대한 전체 과정을 보는 사람이 쉽게 이해할 수 있도록 각 장들이 모두 연계되도록 구성해야 한다는 것이다. 첫 페이지를 보고 다음 둘째 페이지를 보았을 때 이해가 되지 않는 부분이 생기면 안 된다는 것이다. 또한 각 페이지들이 서로 인과관계를 가지도록 구성하여 전체적으로 기승전결의 구조를 갖도록 구성하는 것이 좋다.

## ③ 한 페이지에 너무 많은 내용을 담지 말아야 한다.

한 페이지에 너무 많은 내용이 담기면 보는 사람에게 혼동을 줄 수 있으며 또한 산만해지기 쉽다. 또한 너무 많은 글을 적지 말자. 핵심적인 내용만을 요약해 보자.

## ④ 통일감 있게 구성한다.

전체 페이지를 모두 같은 양식으로 구성하면 전체적으로 통일감이 생기고 레이아웃상의 산만함을 줄일 수 있다. 또한 페이지 넘버링이나 내용에 대한 제목이 동일한 위치에서 반복되면 보는 이로 하여금 각각의 페이지에 대한 접근성을 높일 수 있다.

## ⑤ 프레젠테이션의 첫 페이지는 매우 중요하기 때문에 강한 이미지로 구성한다.

첫 페이지는 공간 디자인에 대한 개념을 잘 표현한 이미지나 최종 결과물 중에서 가장 강조하고 싶은 부분을 선정하여 구성해 보는 것이 좋다.

## ⑥ A3 형식의 프레젠테이션에서는 전체 분량을 신중히 결정한다.

많은 분량을 보여주는 것만이 열심히 한 흔적을 보여줄 수 있다는 생각은 버려라. 잘하는 것이 중요한 것이지 많이 하는 것이 중요한 것은 절대 아니다. 종종 최종 심사 단계에서 프레젠테이션 발표를 요구하는 경우도 있는데 이 경우에는 발표 제한 시간을 고려하여야 한다.(발표 시간이 10분이라면 20장 정도가 적당하다)

제안서 A3 출력물만을 제출하는 경우라면 공모전 요강에서 제한하고 있는 분량을 기준으로 작성하면 된다. 공모전 요강에 20매라고 정해놓았는데도 열정을 앞세워 25–30장을 제출하는 학생도 있는데 규정 위반이다. 다른 참가자와의 공정한 경쟁을 위해서는 공모 요강을 준수하자.

## ⑦ A3 형식의 프레젠테이션은 동일한 레이아웃을 가진 페이지가 가급적 적도록 구성한다.

디자인 다양성이 떨어진다. 따라서 전체 제안서의 폼은 통일감 있게 유지하면서 제안서 자료들의 내용 정리는 다양한 방식의 표현 기법과 배치 방식을 활용하는 것이 좋다.

# PROJECT WORK PROCESS

## DESIGN SAMPLE – 부산 피란수도 이야기 : 부산 근대사 전시관 디자인 _ 장혜원 작품

이 장에서는 다양한 우수 작품들의 디자인 과정을 순서대로 정리하여 보여줌으로써 실내건축 공모전에서의 작품 방향 설정과 디자인 과정 및 표현에 대한 참고자료로써 의미가 있다.

가장 먼저 소개할 작품은 2019 공간디자인대전에 A3 제안서 형식으로 제출하여 동상을 수상한 작품이다. 전시공간 디자인으로 피란민들의 이야기를 중심으로 역사의 메시지를 전달하고 이와 관련된 정보를 전시하는 공간으로 계획한 것이다.

아래 이미지에서와 같이 전쟁이라는 아픔과 부산에서 피란민들이 만들어낸 이야기를 모두 7개의 영역으로 구성하여 풀어낸 작품이다. 전시 주제를 Itinerary in evacuation story로 설정하고 프롤로그, 험난한 여정의 시작, 시간이 만든 삶의 방식, 한 땀 모아 이어간 삶, 그들의 눈물, 그들의 아픔, 에필로그 영역을 중심으로 전시 스토리라인을 전개하고 있다.

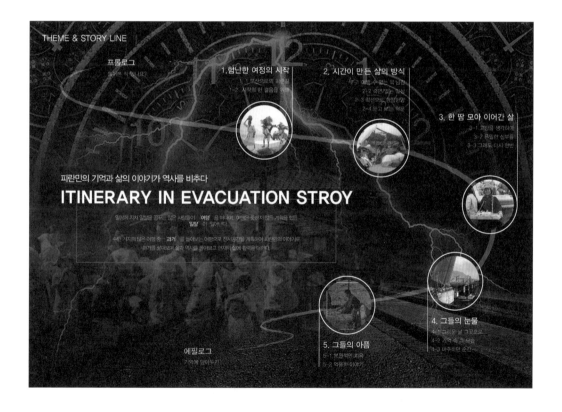

# CONTENTS CARD

## ZONE 1 – 험난한 여정의 시작

### 부산으로의 피란길

글라스 패널에 피란의 처참한 뜻을 담고 동선에 피란을 가는 사람들의 모형을 두어 피란을 가고 있는 듯한 느낌을 주어 몰입을 높이고 서로 다른 긴 디지털 패널 4개에 피란을 가기 했던 당시 한국전쟁의 배경 요약을 천눈에 보여주고 이철축의 부산으로 피란 가는 과정을 디지털 패널로 보여주어 피란을 오게 한 피란민의 배경이 쉽게 이해되도록 한다. 사이사이에 작은 디지털 패널에 피란사진을 두고 천장과 한 벽을 거울로 마감하여 신비로운 분위기를 형성한다.

### 시작의 한 걸음을 위해

입구에 어트랙인들을 이용하여 피란선을 타고 피란을 가는 듯한 느낌을 연출하고 그 안에 피란선실을 재현하여 피란시기의 생동김을 전달한다. 피란선실을 통과하면 축소된 피란선의 모형에 수많은 사람들이 있음을 아일랜드형태로 두어 내려가는 길이 힘난하였음을 보여준다. 강인을 잃은 공간을 잃은 관람객에게 LCD모니터로 점정숙의 인터뷰를 재생한다.

## 전시연출사례

**시간이 만든 삶**

### 어쩔 수 없는 목 넘김

피란기 먹었던 음식들을 독립형 쇼케이스로 나열하고 벽에 현대 음식과 피란시기 음식의 영양도 차이를 보여줄 수 있는 패널을 전시하여 피란시기 음식들이 영양이 풍족하지 못하였음을 보여준 뒤 큰 그래픽 패널에 김정환의 인터뷰 내용을 들려주고 주위에 피란시기 굶주리는 사람들과 부실한 음식을 먹는 사람들의 사진을 전시한다.

▲ 피란 시기 음식 모형

### 숙면 없는 일상

천막집을 재현하여 피란시기 상황을 직접적으로 보여주고 판잣집 형태의 공간이 시선을 사로잡고 김정단의 인터뷰를 문장마다 끊어 크게 디지털 패널에 띄우고 앞에 인터뷰 내용을 모형으로 재현한다.

▲ 천막집 재현

### 최선으로 한땀한땀

피란시기 입었던 옷을 벽면에 걸어 나열 전시하고 피란인 중 이춘애의 이야기를 그래픽 패널을 통해 소개하며 앞에 돌출형 쇼케이스를 두어 피란시기에 사용했던 재봉틀을 전시한다. 크로마키시스템을 활용하여 앞에 설치된 터치스크린으로 배경을 선택하고 내장된 카메라로 사진을 찍어 피란시기 옷차림으로 합성사진을 찍어 피란시기를 간접경험한다.

▲ 피란시기 옷

▲ 피란시기 사용했던 재봉틀

### 듣고 보는 문학

가게 축소 모형의 간판을 영문의 디지털 간판으로 설치하고 센서를 통해 관람자를 인식하면 영문으로 된 간판을 한국어로 번역하여 음성으로 다시가 못한 박민들의 글자를 배우는 과정을 체험한 뒤 박민들의 인터뷰 글과 함께 피란 학교의 모형을 전시한다.

▲ 천막집 재현

## CONTENTS CARD

전시연출사례

## ZONE 3 - 한 땀 모아 이어간 삶

### 고향을 생각하며

독립형 쇼케이스에 유상모 아버지의 편지, 고향 지도, 가계 관련 뉴스 기사가 각기 일렬로 전시되어 있고 우리가 피란민 유상모가 되어 테이블위에 종이와 펜이 준비되어 평행된 글자 유상모의 아버지 편지 중 일부를 적어 스캐너를 통해 스캔을 하고 키오스크에서 전송을 누르면 스크린에 편지가 날아가는. 영상이 되어지고 고향의 할아버지와 만나게 되는 체험을 가질 수 있다. 스크린 일반대에서 전장에서 벌을 쏘여 꿈상모의 인터뷰 같이 전시되고 없어 편지를 쓸 수 있는 공간과 무게함 마련된다.

### 은밀한 심부름

키오스크로 "물건을 안전히" 배달하는, 게임물을 진행하여 신부름을 마쳐서 바코드가 찍힌 종이가 나오는 게임형식의 체험을 설치하여 흥미도를 높이고 비고드 리더에 비코드를 입력하면 신라연의 이야기를 볼 수 있도록 한다. 게임형식을 통해 이야기를 들을 수 있는 체험을 설치하여 전시 흥미도를 높이 관람객에게 신의성의 심정을 재현한 모형을 보여준다.

### 그래도 다시 한번

슬라이드, 비전을 사진을 이동하며 국제시장의 형성되지 위에 모니터가 이동되면 옛 거리 사진과 거리 설명 문장이 나오고 이런 시기 국제시장에서, 판매되던 불건을 라이팅 패널로 폭점 전시를 하여 관람하자. 옛 국제시장을 떠올리는데 도움을 주고 디지털 패널에 한터뷰를 전시하고 있어, 강우지역 피란시기 판매했던, 군수물을 전시하고 군수용을 빛깔가는 상황을 모형으로 재현한다.

전체적인 작품 진행 과정이 간결하게 잘 드러나고 특히 전시 매체에 대한 이해를 바탕으로 작성된 전시 연출 **CON-TENTS CARD**(전시 주제와 전시 아이템, 전시 매체 활용 사례, 전시공간의 연출 아이디어 등을 정리하여 전체적인 공간 구성과 공간 연출에 대한 의도를 명확하게 알 수 있도록 작성)는 정리가 매우 잘 되어 있어 전시 공간 연출의 방향과 내용을 한눈에 알 수 있다.

전시 공간의 제안에서는 전시하려는 전시 대상이 가지고 있는 정확한 내용 정보와 이미지 검색이 중요하고, 이들 전시 대상을 어떠한 전시 매체를 통하여 공간에 펼칠 것인가가 중요한 디자인 요소가 된다. 그렇기 때문에 다양한 디지털 전시 매체와 아날로그 매체에 대한 이해가 필요하고 이들을 활용한 전시 기법과 전시 공간 연출의 아이디어가 필요하다.

공모전 제안서는 다른 사람과의 경쟁이기 때문에 무언가 특별함이 있어야 하며, 그 특별함을 만드는 것은 자기 자신의 공간 개념을 나만의 방식으로 최대한 표현하려 노력하고, 다양한 도면 표현 방법을 시도하려는 의지에서부터 시작된다는 점을 잊지 말자. 독창적인 나만의 방식이 가장 강력한 무기가 될 수 있다는 점을 잊지 말자.

동상을 수상한 장혜원 학생의 작품은 미래 세대인 청소년들에게 부산의 아픈 역사를 알리고 이를 통해서 과거와 현재, 그리고 미래를 바라보는 인식 전환을 위한 전시공간으로 디자인하였다. 시공간의 터널을 여행하고, 빛이 가득한 공간 연출을 통하여 시간성을 표현하였으며, 공간의 경계 허물기를 통하여 간접적이고 상징적인 공간 연출을 시도하였다. 전시 연출 CONTENTS CARD에 나타난 전시 대상에 대한 구체적인 접근성과 정보, 라이팅 패널, 영상 스크린, 쇼케이스와 실물모형, 슬라이딩 비전, 매직미러 등 다양한 전시 매체 활용을 통하여 전시공간에 대한 연출적인 감성을 만들어내고 있다.

다음 이미지는 'ZONE 4 – 그들의 눈물'이라는 전시 공간 연출로 사람들의 이야기와 인터뷰 내용 등을 벽면의 포토 패널과 모형, 매직미러와 디지털 패널을 통하여 구성한 원형 공간으로 디자인하였고, 천장 상부에는 미러를 설치하여 공간의 확장성과 디지털을 통해 비추어지는 영상 이미지에 대한 감성을 보다 효과적으로 공간에 연출하기 위한 아이디어다.

## ZONE 4 - 그들의 눈물

### 그리운 날 그곳으로

스토리 이야기를 라이팅 패널에 나누어 아일랜드형으로 전시하고, 인터렉티브 스크린을 벽에 배치하여 엔도드라마에서 가족을 만나시 하는 사람들의 북적임을 재현한 뒤 벽면에 그래픽 스크린을 설치하고, 앞에 의자를 두어 엔도드라마 영상 가격을 설치된 스피커를 통해 피란시기 사진들과 함께 감상을 유도 한다.

### 기억 속 그 모습

백영수 화백의 인터뷰를 라이팅 패널에 사진과 글로 전시하며 백영수가 그려려한 이중섭에 대한 이야기를 디지털 패널에 전시하여 백영수의 피란생이 작품과 이중섭의 피란생이 작품들이 LCD 모니터가 어려게를 움직이도록 구성한 접시에 조립체와 이들 접시서, 조립체들을 이용하여 아일랜드형으로 전시한다.

### 마주하던 순간

부산으로, 피란갔던 아이의 엄마에 대한 그리움이 담긴 동화책 사진들의 "엄마에게" 를 리얼 스크린으로 보여주며 동화를 읽어주며 그리움을 관람객에게 센달하고 이북은 이야기를 라이팅 패널에 전시한 뒤 읽 수치에 그리고 붙이는 공간 마련한다.

전시연출사례

**그들의 아픔**

### 본원적인 치욕

"사는 것 자체가 누군가에게는 치욕일 수 있었다." 라는 그의 인터뷰 중 일부를 바닥에 빔으로 보여주며 센서를 감지하면 일정 시간동안 전시장에 비웃는 듯한 웃음 소리가 흘러 나오게 하여 엉터리 영어로 통역 자리를 얻어 빼기고 우쭐대는 대학생, 웃으면서 빵차는 반장, 담요 한 장과 일량한 임금을 넘겨주면서 못살게 구는 미군 의 모형의 실물 사이즈로 보여주며 벽에는 디지털 스크린을 통한 관련영상이 나오고 유종호의 인터뷰를 디지털 스크린 밑에 전시한다.

### 억울한 그 이야기

포로 수용소에서의 배경을 축소모형으로 제작하고 특수미러를 사용하여 김수영의 상황을 합성하여 옆에 패널을 두어 김수영의 이야 기를 읽어볼 수 있도록 하고 김수영의 신문 일부 내용을 볼 수 있도록 서채식 패널을 설치하고 포로수용소 배치도를 라이팅 패널로 전시하며 옮고 있는 피란민 포로를 세워 토닥여주면 고맙다는 인식이 나오도록 하여 그들의 슬픔을 다독주주는 시간을 가질 수 있도록 유도한다.

# DESIGN SAMPLE - 風流 : 레스토랑 디자인 _ 김지수·박배성·강민지 작품

두 번째 프로젝트 사례는 2014년 제7회 한국공간디자인대전에 A3 형식으로 제출한 제안서(우수상 수상)이다. 공간의 재료와 감성 표현, 공간의 형태 형성 과정이 매우 명확하게 드러나고 있는 작품이다.

작품 표지부터 디자인에 대한 고민의 흔적이 엿보인다. 풍류라는 작품 제목을 이미지로 표현하고 작품에 대한 디자인 방향과 이미지를 표지에서 암시할 수 있도록 표현하였다.

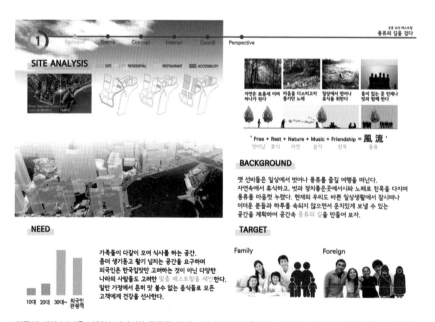

작품의 배경 부분은 자연의 이미지와 풍류를 즐기는 옛 선인들의 운치를 표현하고 있으며 더불어 공간 디자인에 대한 요구와 당위성, 타깃 등을 다이어그램과 이미지를 통해 표현하고 있다.

## METHOD

' 풍류 (風流) 음악을 만나다 '

풍류속 음악, 듣는 사람과 연주하는 사람의 만남이다.
풍류음악의 대표곡 영산회상의 악보를 공간화 하여 공간속의 만남을 담는다.

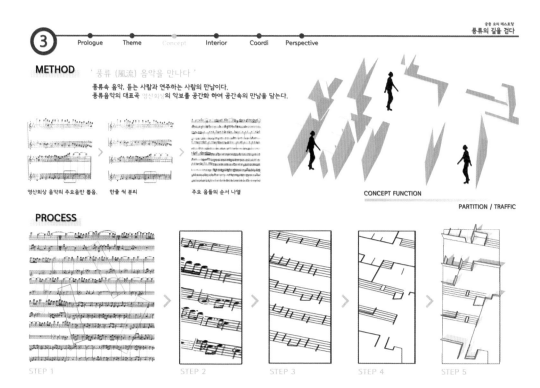

영산회상 음악의 주요음만 뽑음.　한음 씩 분리　주요 음들의 순서 나열

CONCEPT FUNCTION

PARTITION / TRAFFIC

## PROCESS

STEP 1　　STEP 2　　STEP 3　　STEP 4　　STEP 5

공간 디자인에 대한 다이어그램 방식의 표현으로 악보를 통하여 형성된 공간 형태의 도출 과정을 명료하게 잘 표현하였다. 악보에 나타나는 음표를 공간적으로 해석하고 이를 평면의 형태 요소로 디자인하여 최종적인 공간 구성과 볼륨을 완성해 나가는 과정이 명확하게 드러난다.

## PLAN SCALE 1/60

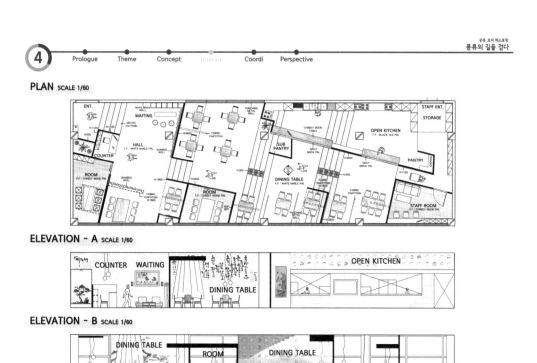

## ELEVATION - A SCALE 1/60

## ELEVATION - B SCALE 1/60

청산유수라는 공간의 디자인 개념 키워드를 중심으로 공간 감성에 대한 설명, 컬러, 마감재료 등을 상세하게 보여주고 있는 작품이다. 특히 마감재료 표현은 매우 입체적으로 나타내고 있으며, 재료가 가지는 고유한 물성과 컬러, 재질감 등이 제안서에서 잘 표현되고 있다. 투시도 이미지 또한 개념적인 부분을 그대로 잘 담아내어 재료와 컬러, 공간의 감성이 효과적으로 드러나도록 표현하였다.

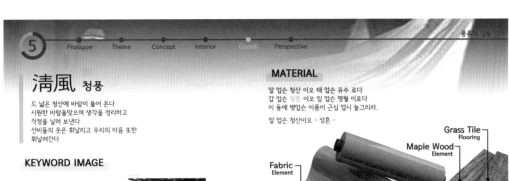

# 淸風 청풍

드 넓은 청산에 바람이 불어 온다
시원한 바람을맞으며 생각을 정리하고
걱정을 날려 보낸다
선비들의 옷은 휘날리고 우리의 마음 또한
휘날려간다

## MATERIAL

말 업슨 청산 이오 태 업슨 유수 로다
갑 업슨 청풍 이오 임 업슨 명월 이로다
이 둥에 병업슨 이몸이 근심 업시 늘그리라

말 업슨 청산이오 - 성훈 -

## KEYWORD IMAGE

## COLOR

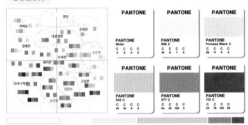

| PANTONE | PANTONE | PANTONE |
|---|---|---|
| PANTONE White C C C C 0 0 0 0 | PANTONE 656 C C C C C 10 6 7 0 | PANTONE Process Black C C C C C 29 11 9 0 |
| PANTONE 543 C C C C C 43 16 0 0 | PANTONE 377 C C C C C 64 32 100 0 | PANTONE 731 C C C C C 54 78 100 29 |

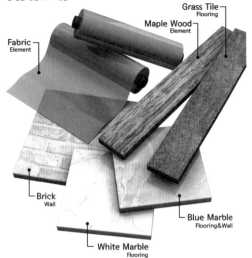

Fabric — Element

Grass Tile — Flooring

Maple Wood — Element

Brick — Wall

Blue Marble — Flooring&Wall

White Marble — Flooring

# 淸風 청풍, 부드럽고 맑은 바람

다양한 공간들에 통일성과 연결성을 부여하고
천이 가지고 있는 비침을 공간의 분리와 연결의 매체로 활용한다

Blue fabric    Wood Desk&Chair    Down Light

# DESIGN SAMPLE – AH4U : 1인 주거공간 디자인 _ 김지수 작품

주거 복지 재생을 위하여 소외계층을 대상으로 디자인한 1인 주거공간 단위 평면계획으로 2015년 차세대문화공간대전에서 최우수상을 수상한 작품이다.

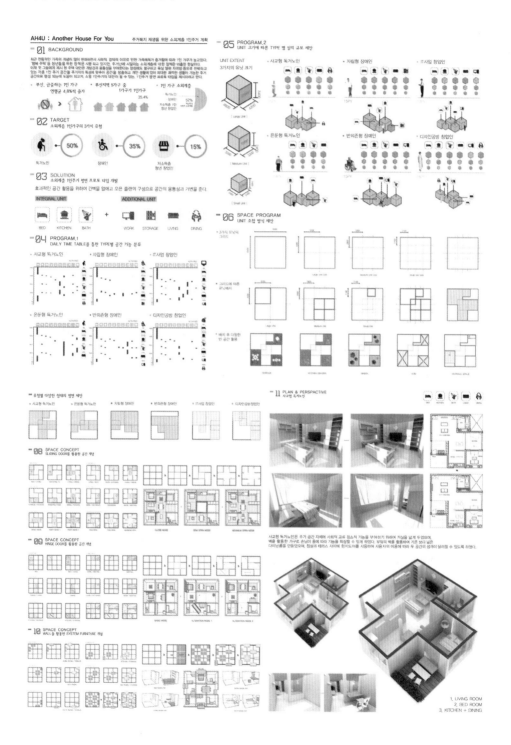

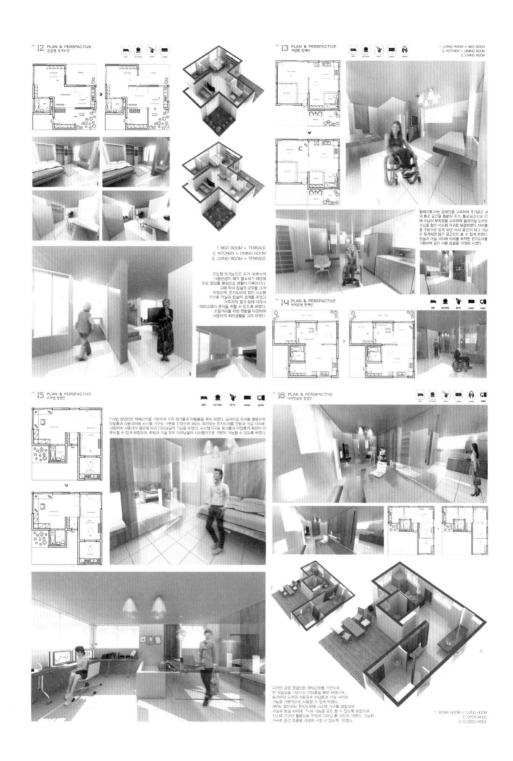

현재의 소외계층에 대한 문제점과 이에 대한 해결 방안의 하나로서 주거공간을 통한 대안 모색을 제안하였다. 독거노인과 장애인 등을 중심으로 이들을 위한 소규모 단위 주거공간 계획을 제안하고, 실제로 사용자 특성 조사를 바탕으로 하여 이를 공간계획에서 충실하게 반영하였다. 또한 슬라이딩 벽체, 회전하는 벽체, 이동형 가구, 벽면 삽입 테이블 등 공간의 가변을 통해 작은 공간의 활용을 극대화하였다.

소외계층에 대한 1인 주거공간의 제안을 통해서 평면 유형을 개발.

사용자들의 라이프 사이클과 주거 특성을 반영.

다양한 wall system 슬라이딩 도어 힌지 도어를 제안하여 가변적이고 공간 활용도를 극대화한 디자인으로 계획.

벽면이 가구가 되는 아이디어를 통해 공간이 가구가 되는 개념을 제안.

밀도 높은 사용자 조사와 분석이 두드러지며 간결하고 활용도 높은 UNIT 평면 제안이 우수한 작품.

# DESIGN SAMPLE - INSTITUTE for CREATION WEBTOON _ 강민지·김수현 작품

2019년 부산국제건축문화제 실내건축대전 장려상 수상 작품이다. 급변하는 4차 산업혁명시대인 지금 청소년들이 쉽게 접근할 수 있고 관심이 있는 분야에 대한 다양한 정보를 통하여 진로의 방향을 모색하고 펼칠 수 있도록 지원하는 공간을 디자인하였다.

작품의 배경 부분에서는 아래 제안서 이미지와 같이 국내 웹툰 시장의 규모와 청소년들의 웹툰 구독의 실태, 청소년들의 4차산업에 대한 관심도, 청소년들의 진로 체험 경험 등의 다양성 있는 데이터 정보를 그래프로 표현하여 전개하였다. 또한 일상에서 누구나 쉽게 체험하고 즐기고 창작할 수 있는 공간의 마련이 필요하고 4차 산업혁명시대의 청소년 인재 양성 확대라는 사회적 요구, 그리고 진로 체험 경험의 확대를 통하여 진로 탐색 프로그램 확산 공간이 필요하다는 공간 계획의 방향과 당위성을 매우 명확하게 지시하고 있다.

BACKGROUND

웹툰에 대한 관심도가 높은 청소년들에게 진로 탐색의 기회를 마련과 4차 산업혁명의 발달에 맞추어 걸어 갈 수 있도록 인재 양성과 청소년의 놀터, 쉼터, 배움터가 되는 공간 설치 운행 스페이스 프로그램의 전개에 있어서는 각 층별로 영역과 소요실에 대하여 시각적 명료도 높은 그래픽으로 표현하였으며, 각 소요실들에 대한 상세한 설명을 작성하였다. 또한 공간 디자인을 통하여 향후 미래에 대한 배움의 장으로써 그 가치에 대한 내용을 중심으로 픽토그램이나 공간 이미지를 통해 정보를 전달하고 있다. 공간의 개념은 협업과 공유를 통한 열린 창의융합교육을 중심으로 한 키워드를 설정하고 이를 중심으로 공간 개념을 설명하였다.

## PROGRAM

## CONCEPT

### OPENNESS EUDCATION

협력과 공유를 통한 열린 창의융합교육

4차 산업의 발달의 핵심역량으로 창의성이 중요해짐에 따라 창의적인 인재 양성을 효율적으로 지원하고 창의적인 소양을 함양한 인재로 변화하고 있다. 이는 청소년들이 자신에 맞는 역량을 개발함으로서 지식을 융합, 문제해결하고 협력과 공유를 통해 다양한 시각으로 열린 정보를 제공받는다.

이러한 상황에 맞게 적용 가능한 지식을 의미 있게 사용하고 창의적인 공간 속성을 도출하여 관계적, 시각적 모든 면에서 열려있는 자신만의 공간과 경험을 만들어 낸다.

창의융합교육 공간의 속성 융통성, 개방성, 연결성, 유희성 반영하여 공간 디자인의 방향을 설정한다.

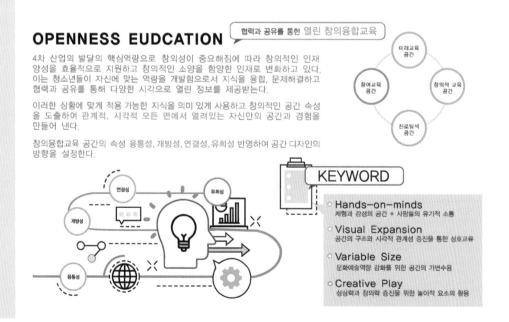

# SPACE PROCESS

통합적 제안 컨셉요소들을 공간특성에 맞게 조합

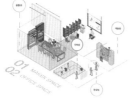

가변적 성격을 띄는 공간과 그 공간속에서 사람과 사람간의
커뮤니케이션을 형성하여 학습환경 조성

층들의 의해 프로그램 천이와 공간의 천이 발생

PLAN PROCESS  4층 교육& 체험공간에는 두가지 이상의 프로그램의 충돌에 의해서 접점 공간에 중간적 성격
이 띄는 새로운 공간 형성이 되는 과정을 보여줌

4층 제작실

## DESIGN SAMPLE – STARTUPS OFFICE : 창업지원센터 _ 정무근·이다희 작품

2019 공간디자인대전에서 특별상을 수상한 작품으로 일상을 탈피하여 새로운 도전을 시도하기 위한 창업자를 위한 공유 오피스 개념의 공간 디자인이다.

아래 제안서 이미지를 살펴보면 젊은 사람의 창업이 급증하는 경향이 근래에 나타나고 있으며, 스타트업과 같은 다양한 아이디어와 영감을 중심으로 개성 있는 창업 아이템을 수용하고 이들만의 협력과 발전을 지원하기 위한 공간에 대한 필요성을 언급하고 있다. 공간의 배경이 되는 내용 정리와 공간의 타깃 대상을 그래픽 이미지와 다이어그램 등을 통해 잘 정리하여 표현하고 있다.

이와 같은 배경(BACKGROUND) 설정은 공간의 필요성과 당위성을 언급하고 이를 통하여 공간 계획에 대한 비전과 목표를 설정하는 부분이다. 정량적인 데이터나 뉴스 언론 기사 등을 활용한다면 배경 설정에 대한 타당성과 근거 자료로서 의미부여가 가능하다.

전체적인 공간 디자인의 전개는 공간 개념의 전개, 가구와 조명 디자인 그리고 컬러 계획, 평면도, 투시도 이미지 등으로 구성하고 있다.

공간디자인 대전은 공간 개념에 대한 전개와 실내건축 요소인 가구, 컬러, 조명, 마감 재료 등에 대한 디자인 접근성에 대한 표현, 투시도 이미지를 통한 실내건축 공간 디자인에 대한 내용을 중심으로 심사를 진행하기 때문에 이들에 대한 아이디어와 실무적인 접근성 확보가 무엇보다 중요한 요건이라 하겠다.

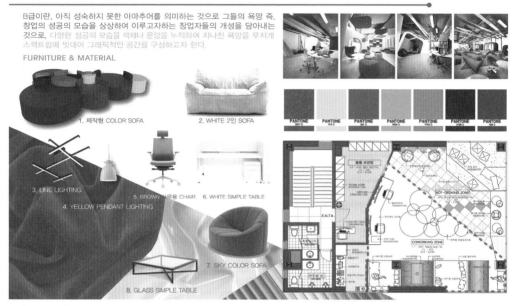

# B-Level Desire B급의 욕망

B급이란, 아직 성숙하지 못한 아마추어를 의미하는 것으로 그들의 욕망 즉, 창업의 성공의 모습을 상상하여 이루고자하는 창업자들의 개성을 담아내는 것으로, 다양한 성공의 모습을 색채나 문양을 누적하여 지나친 욕망을 무지개 스펙트럼에 빗대어 그래픽적인 공간을 구상하고자 한다.

FURNITURE & MATERIAL

1. 제작형 COLOR SOFA
2. WHITE 2인 SOFA
3. LINE LIGHTING
4. YELLOW PENDANT LIGHTING
5. BROWN 사무용 CHAIR
6. WHITE SIMPLE TABLE
7. SKY COLOR SOFA
8. GLASS SIMPLE TABLE

2F COWORKING ZONE

이 작품과 같이 하나의 장소를 설명하기 위한 공간 개념을 이미지와 간단한 설명으로 표현한 페이지, 그 공간의 가구와 조명 그리고 컬러에 대한 내용을 설명하는 페이지, 공간 디자인 전체를 투시도 이미지로 표현한 페이지를 하나의 SET 개념으로 전개하는 것도 매우 유효한 제안서 작성 노하우다.

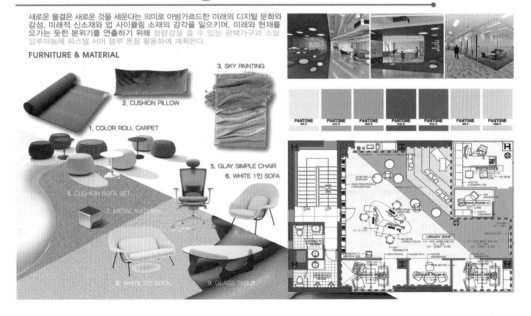

공간의 기능 프로그램 전개에 있어서는 공간의 영역마다 공간의 주제나 기능을 명확하게 전달할 수 있도록 유사 사례 이미지와 같이 설명을 하는 것이 좋고, 동시에 각 기능 공간의 역할과 공간의 쓰임에 대한 설명을 부과하여 페이지를 작성해 보자. 평면도를 통하여 공간의 기능 프로그램을 설명하는 것도 매우 효과적인 제안서 작성 방법이다. 공간디자인대전은 여러 페이지로 구성되는 A3 제안서와 A0 크기의 패널을 모두 제출해야 하는데, 패널 작성의 경우에는 투시도 등의 중요한 이미지 자료를 부각하여 제작하는 것이 나의 작품을 보다 눈에 띌 수 있도록 하는 방법이 된다.

# DESIGN SAMPLE – SHAREALITY : 청년 예술인 창업 오피스 디자인 _김루나·신은지 작품

2015 공간 디자인대전에서 동상을 수상한 작품이다. 공유를 통한 공존이라는 주제를 중심으로 디자인하였으며, 청년 예술인을 주요 대상으로 진행한 오피스 계획안으로 제안서 표현력이 독창적인 작품이다.

▶THEME

▶BACKGROUND

▶BACKGROUND

▶TARGET

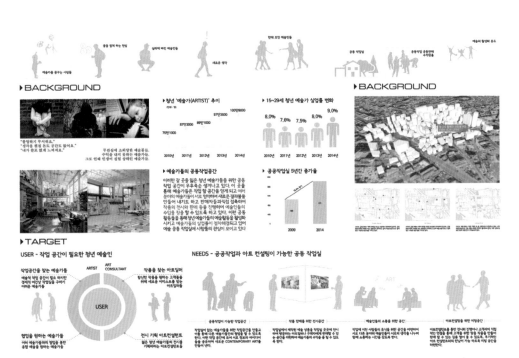

▶ CONCEPT

# EMBRACE

–따뜻함으로 포용하다

포용은 따뜻한 강렬함으로 이끄는 제스처, 단조롭고 풍요롭지 않은 개방성을 보여준다. 복잡하지 않은 소재는 안락하게 감싸는 부드러운 질감을 보여준다. 부드러움과 모던한 직접성을 매력적인 용량과 연결시켜 작업과 미팅으로 지친 예 슬가들에게 여유롭고 따뜻하게 포용하여 준다. 포근하고 보호받는 듯 한 기분을 충분히 느낄 수 있는 요즘 가장 핫한 여가생활인 캠핑장 분위기를 내부에 연출한다. 휴식이 지루하지 않도록 영상을 통해 매번 공간의 분위기가 변화하고 가변적 가구를 통해 변화하는 모습을 연출한다. 전체적으로 야외의 느낌을 주기 위해 모래를 연상하는 베이지컬러를 사용하고 눈을 편안하게 해주는 우드컬러와 화이트 컬러를 사용하고 곳곳에 물을 연상시키는 그린 컬러와 하늘을 닮은 블루 컬러를 사용하여 편안하고 여유로운 분위기를 연출하였다.

**포용은 따뜻함의 제스처**

**단조롭지 않은 개방성**

**보호받는 듯 한 기분**

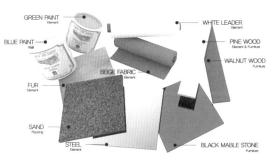

- GREEN PAINT Element
- BLUE PAINT Wall
- BEIGE FABRIC Element
- FUR Element
- SAND Flooring
- STEEL Element
- WHITE LEADER Element
- PINE WOOD Element & Furniture
- WALNUT WOOD Furniture
- BLACK MABLE STONE Furniture

우드를 벽면과 가구에 중심적으로 사용하여 안락하고 부드러운 느낌을 주도록 하였으며 우드에 화이트 컬러의 소품을 덧데어 우드와의 조화를 꾀하였으며, 캠핑 분위기를 나타내기 위해 잔디와 같은 그린 컬러와 하늘을 닮은 블루 컬러를 이용하여 포인트를 주었다.

| PANTONE↑ | PANTONE↑ | PANTONE↑ | PANTONE↑ | PANTONE↑ |
|---|---|---|---|---|

▶ CONCEPT

# EMBRACE –따뜻함으로 포용하다

1. 벽면 부착형 Molteni & C의 가변 책상
2. 아이디어 보딩과 서적 보관을 겸한 Karl Andersson의 화이트보드
3. 사용자의 편안함과 공간의 컬러감을 고려한 Bonita 빈백
4. 편안한 휴식을 위한 부드러운 촉감의 AGNES 러그
5. 캠핑 분위기를 내기 위한 랜턴 형태의 Unopiu
6. 캠핑 체어를 닮은 편안한 휴식을 위한 Gloster Furniture의 안락의자
7. 블루컬러의 Biplum 집 모양 조형물
8. 캠프 파이어 분위기를 연출해주는 GlammFire 의

SCALE 1/

▶ CONCEPT

# TRANSFICURE
### – 자연스러움의 변화

진정한 자연스러움의 자신감의 반영. 현 디지털 시대의 현(現) 속성 내에서, 기술 및 자연적 측면은 서로 중첩되며 상승한다. 재배한 것 같은 식물은 과학적 미묘함으로 생겨나 명쾌한 가벼움과 매끈함을 선호한다. 이러한 자연적인 측면을 깔끔하고 명쾌하게 가다듬어 변화를 꾀한다. 이런 명쾌함을 상징하는 화이트와 그레이를 색상을 바탕으로 우드톤의 브라운애끈한 메탈 컬러를 사용하여 자연스러운 아름다움을 완성한다.

| 디지털 시대의 현(現) | 기술과 자연의 중첩 | 변화를 꾀하는 자연 |
|---|---|---|

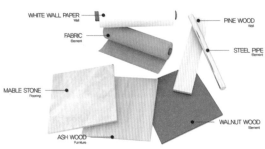

- WHITE WALL PAPER / Wall
- FABRIC / Element
- PINE WOOD / Wall
- STEEL PIPE / Element
- MABLE STONE / Flooring
- WALNUT WOOD / Element
- ASH WOOD / Furniture

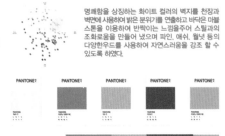

명쾌함을 상징하는 화이트 컬러의 벽지를 천장과 벽면에 사용하여 밝은 분위기를 연출하고 바닥은 마블 스톤을 이용하여 반짝이는 느낌을 주어 스틸과의 조화로움을 만들어 냈으며 파인, 애쉬, 월넛 등의 다양한우드를 사용하여 자연스러움을 강조 할 수 있도록 하였다.

| PANTONE? | PANTONE? | PANTONE? | PANTONE? | PANTONE? |
|---|---|---|---|---|

▶ CONCEPT

# TRANSFICURE
### – 자연스러움의 변화

1. 우드와 화이트가 조화된 이동이 가능한 Poltrona Frau의 다룸도 화구 보관함

2. 철제 장식으로 간결함이 강조된 BK Contract의 Ingravitta 우드 진열장

3. 직선과 대각선의 형태의 선으로 이루어진 나무 소재의 깔끔함을 연출한 Uhuru의 책상

4. 그레이 컬러의 패브릭과 반짝이는 스틸이 조화를 이룬 Arco의 체어

5. 우드를 사용하여 기하학적 형태를 이루고 있는 Roll & Hill의 조명

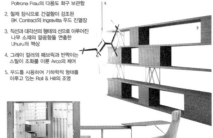

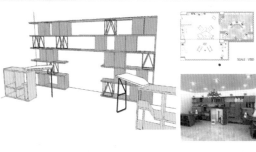

▶ CONCEPT

# ABSTRACT －추상적인 혼란

1. 자연 속에 있는 듯한 포근한 감성의 KYMO 잔디 카펫
2. 편안히 등을 기대 눕듯이 앉을 수 있는 Sedes Regia의 강한 레드 컬러의 의자
3. 가장자리가 부드럽게 라운드 처리된 B&B Italia의 삼각형 테이블
4. 어디든지 이동이 가능한 Ligne Roset의 가벼운 우드 어빌
5. 통적인 우드 컬러로 구성된 위치 이동이 가능한 ARTEMIDE의 레일 조명
6. 단순하지만 반복적인 형태로 지루함을 탈피한 Driade의 잠식장 겸 책장
7. 다른 가구들과의 조화를 이룬 SMEG의 FAB28 블루컬러의 냉장고

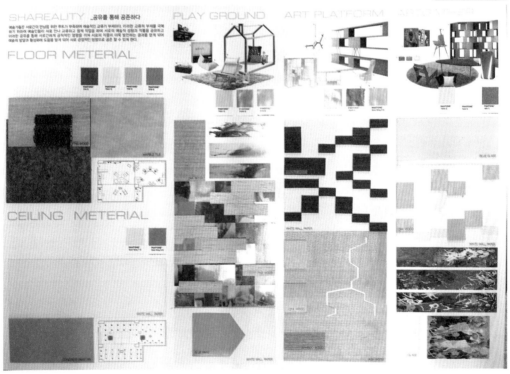

SHAREALITY －공유를 통해 공존하다

FLOOR METERIAL

CEILING METERIAL

PLAY GROUND    ART PLATFORM    ART GATHER

▲ 마감재료 보드 제작

마감재료 보드를 제작한 것이다. 공간의 각 영역을 PLAY GROUND, ART PLATFORM, ART GATHER로 크게 구분하고, 각각의 공간에 대한 마감재료 샘플, PANTONE COLOR CHIP, 이미지 사진 등을 부착하여 공간을 표현하였다.

# DESIGN SAMPLE – 청소년 상상발전소 디자인 _ 임영민·김건현 작품

2016 국제청소년공간대전에서 장려상을 수상한 패널과 아일랜드 전시 부스로, 창업 오피스 계획안이다.

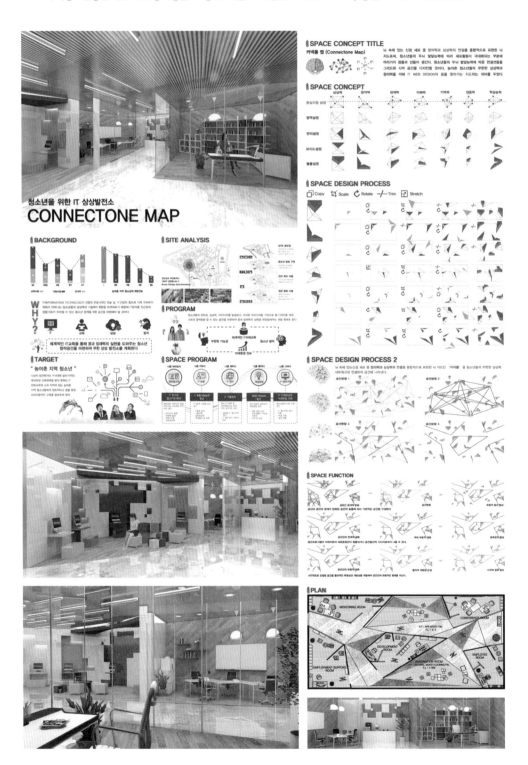

**독립형 부스 제작** ▶

정해진 규격의 크기를 범위로 패널과 모형을 동시에 표현할 수 있는 독립형 부스를 제작한 것이다.

입체적인 효과를 위해서 부분 단면 확대 모형을 부스의 왼쪽 중간에 삽입하여 부착하고 메인 투시도를 가장 위쪽에 배치하였다. 개념 모형에 대한 스터디 과정은 붉은색 유닛 모형으로 제작하여 표현하고 부스의 하단에는 공간의 주제와 개념을 보여주는 이미지와 투시도를 부착하여 표현하였다. 공간의 형성 과정을 모형으로 잘 표현하였고 투시도의 컬러감이 매우 좋은 작품이다.

청소년을 위한 창업 오피스 공간으로 창의력과 상상력을 주요 키워드로 설정하여 전체적인 계획을 진행하였으며, 공간 개념이 충실하게 과정적 표현으로 패널에 잘 나타난다.

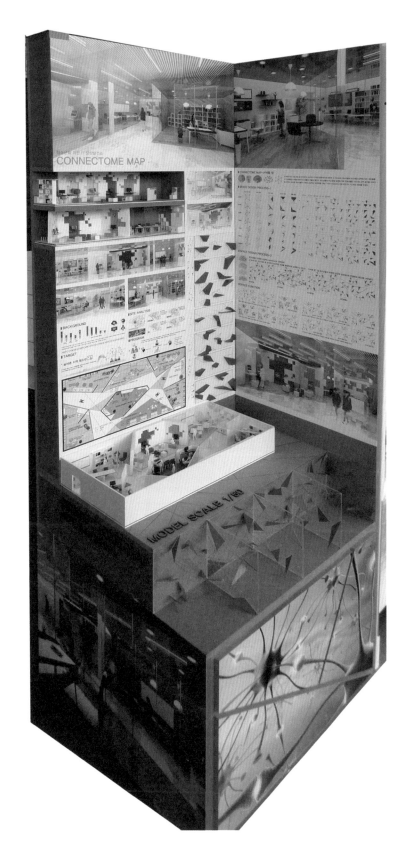

# DESIGN SAMPLE – 한식 레스토랑 디자인 _ 하상식·이윤정 작품

2016 국제청소년공간대전에서 장려상을 수상한 패널과 아일랜드 전시 부스로, 레스토랑 계획안이다.

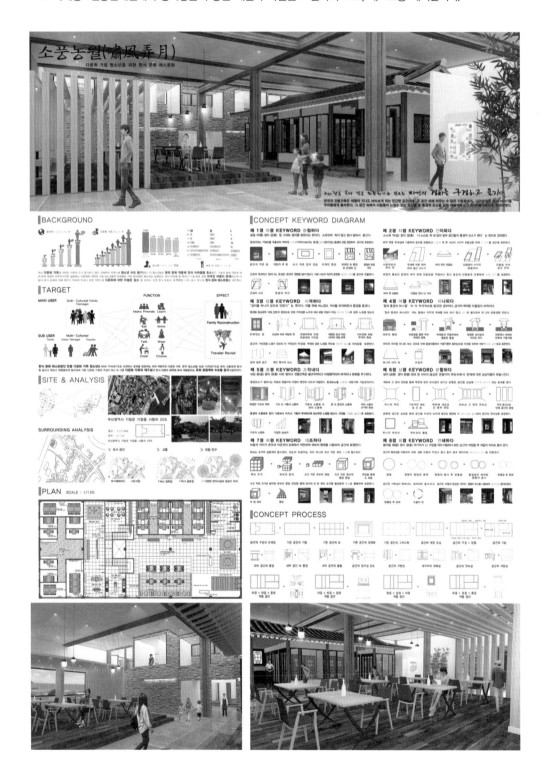

**독립형 부스 제작** ▶

한국의 전통적인 공간에서 나타나는 다양한 개념을 현대적으로 해석한 작품이다.

8가지 풍경(차경, 자경, 여경, 혼경 등)을 개념 키워드로 설정하고 이를 다이어그램으로 잘 표현하였다. 한국 전통공간이 가지고 있는 다양한 공간에 대한 접근 방법을 해석하고 이에 대한 고민과 조사의 결과를 통하여 이를 다문화 가정의 청소년을 위한 한식 레스토랑 디자인에 접목하려는 시도이다.

매우 정결하고 짜임새 있는 공간의 구조와 군더더기 없는 명료함이 전체 공간의 장점으로 부각되며, 더불어 전통의 구조가 만드는 디테일이 공간에 활력을 불어 넣고 있다.

개념에 대한 스터디 과정과 이를 디자인에 적용하려는 시도가 돋보이는 작품이다.

# DESIGN SAMPLE — WITH AI _ 김진영 작품

2021 공간디자인대전에서 특선을 수상한 계획안으로 미래를 지키는 새로운 시대의 AI와 관련된 정보를 중심으로 한 전시 공간 디자인이다.

일반적으로 전시 공간 디자인에서 전체 내용의 전개는 BACKGROUND(설계배경), SITE & SITE ANAYSIS(리모델링 대상 공간 및 주변 환경 분석), TARGET(주요 관람객 설정), CASE STUDY(사례조사 분석), THEME & STORY LINE(전시 주제 및 스토리라인의 전개), SPACE CONCEPT(공간개념), PLAN & ELEVATION(평면도와 실내입면전개도), CONTENTS CARD(전시 콘텐츠 카드), PERSPECTIVE(실내공간 투시도) 등으로 작성된다.

공간의 배경 설정 부분에서는 아래 이미지와 같이 로봇 시장의 가속화 경향과 AI ROBOT의 장점, 미래 유망 직업에 대한 영향력, 로봇과 함께 나아가는 미래의 모습 등과 관련된 다이어그램과 그래프, 사례 이미지와 설명글을 통하여 잘 정리하고 있다.

설계배경 설정 부분에서는 공간 계획에 대한 당위성과 타당성에 관하여 언급하고 이를 중심으로 공간 계획의 방향성과 비전을 제시하는 방향으로의 제안이 필요하다.

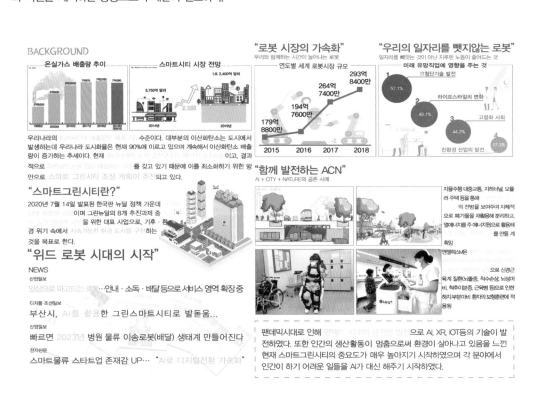

이질적인 동화라는 전시 공간의 주제를 설정하고 이를 중심으로 프롤로그, 공존하는 우리, 같이 성장하는 우리, 우리의 파트너 AI, 이동의 변화, 짐은 내 담당, 프롤로그의 전체 7개 전시 영역 스토리라인을 구성하였다. 전시 주제에 따른 스토리라인의 전개는 전체 전시 공간의 각 영역 구성에 대한 밑그림이 되는 내용이며, 전시의 주제와 영역별 전시 내용에 대한 개요를 한 페이지로 정리한 것이라 생각하면 된다.

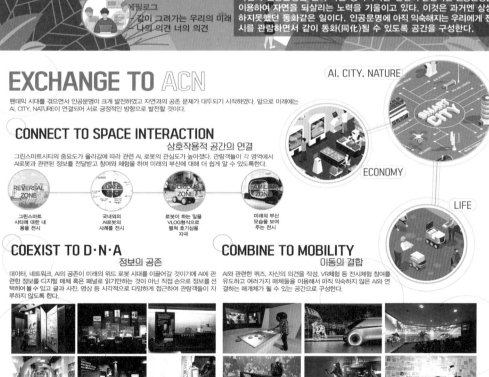

미래의 수호자
Guardian of the future

TITLE
프롤로그
미래의 수호자, WITH AI

전시연출방법
로비 중앙에 빔을 이용한 홀로그램으로 상징전시를 하고 그 주변은 홀로그램 패널을 통해 영상이 나와 볼 수 있게끔한다. 또한 위드로봇시대와 관련한 뉴스와 일상 속에 녹아 들어있는 AI들의 영상을 LED모니터를 통해 보여준다. 그리고 홀로그램 테이블을 통해 영상 속 AI 및 로봇들을 보여주어 전시 관람자들이 실제로 본 듯한 느낌을 주어 전시의 재미를 높인다.

참고연출사례

CONTNETS CARD

TITLE
짐은 내 담당
물류, AI 얼만큼 아니?
변화한 물류

전시매체
컨베어벨트 모형, 상자, LED모니터, 물류로봇(모형), 물류로봇(입체패널), 타이포스카시, 터치모니터, 그래픽패널, 축소형물류로봇, 상자모형, 센서

전시자료

AI와 로봇이 열한다
자동화된 택배 물류센터

물류로봇 모형
컨베이어 벨트 모형
LED 모니터
입체패널(드론)
LED 모니터　입체패널(물류로봇)

전시연출방법
AI가 발전하면서 자연스럽게 물류 자동화로 이어져왔다. 컨베이어 벨트 모형을 행잉 전시하여 그 위에 LED모니터를 통해 물류AI와 관련된 영상을 보여주어 전시 관람자들의 눈을 사로잡고 영상뿐만이 아닌 입체패널을 통해 심심하지않게 한다. 그리고 축소형물류로봇을 통해 상자모형을 물류로봇에 올려놓으면 옮겨주는 것을 보여주는 체험형 전시를 통해 관람자들의 이해도를 높인다.

참고연출사례

# 이동의 변화
## Changes in movement

**TITLE**
이동의 변화

**전시연출방법**
자동차 모형 부스에 들어가기 전 VR 부스의 이용 방법이 적힌 디지털 패널을 본 후 부스 안에서 VR을 통해 미래의 이동수단을 직접 보고 타보는 것 처럼 느낄 수 있도록 한다. 그리고 터치형 벽면 스크린을 통해 터치를 하면 이동수단들이 센서를 통해 맞추는 것을 보여준다.

**참고연출사례**

# 우리의 파트너, AI
## Our partner, AI

**TITLE**
우리의 파트너, AI

**전시연출방법**

**참고연출사례**

---

CONTNETS CARD

TITLE
## 같이 성장하는 우리

해외에선 이렇게 한다고?

### 전시매체
홀로그램 3D 디스플레이 시스템, 센서, 홀로그램시스템, 벽면 LED 모니터, VR, 벽면 스크린, 타이포스카시, 매입형 모니터(원형)

### 전시자료

해외에선 이렇게 한다고? · 벽면 스크린 · 원형 LED 모니터 · 상상이 눈앞에! · 홀로그램 3D 디스플레이 시스템 테이블 · VR부스

### 전시연출방법
홀로그램 3D 디스플레이 시스템을 통해 센서가 있는 원형 모형을 궁금한 부분에 가져다놓으면 벽면 모니터에서 그부분에 대한 내용이 나온다. 그리고 LED 모니터 옆의 매입형 모니터에서는 초기 스케치 그림이 나오며 관람자의 이해도를 높여준다. VR 체험장을 통해 해외 사례에서 봤던 도시를 직접 가본듯한 느낌을 주어 관람자의 재미를 높인다.

### 참고연출사례

# STUDENT DESIGN COMPETITION PORTFOLIO

학생들의 공모전 작품은 일련의 프로세스를 갖추고 있어야 한다. 그렇지 않으면 디자인의 결과물과는 상관없이 그 결과물에 대한 설명과 당위성 부여가 힘들어진다. 과정을 중요하게 생각하는 디자인 방법론이 분명 정답은 아니다. 하지만 공간 디자인이라는 것은 아이디어와 개념에 대한 작업 과정의 산물이라고 학생들에게 이야기하곤 한다.

학생들의 작품을 보면 다양성과 그 아이디어가 무척 중요한 요소로 작용한다. 뛰어난 컴퓨터 그래픽 실력을 자랑하는 학생도 아이디어의 부재로 인하여 좋은 결과를 얻지 못하는 경우가 비일비재한데 반해, 아이디어는 무궁무진함에도 불구하고 프레젠테이션을 위한 컴퓨터 구사 능력이 부족하여 좋은 결과를 얻지 못하는 경우도 많다. 하지만 필자는 둘 중 하나를 꼭 선택해야 하는 상황이라면 아이디어에 주력해야 한다고 말하고 싶다.
학생들의 작품이 흔히 실무에서 말하는 프로들의 작업 결과물보다 수준이 낮을 수는 있으나, 그들 보다 더 좋은 작품을 기대하는 부분은 결국 실무자들이 생각지 못했던 참신한 아이디어를 학생들은 만들어낼 수 있다는 것이다.

공모전에 출품하는 작품들은 공모전의 성격과 공모전에서 이미 수상한 사례 작품을 참고로 하여 진행할 필요가 있다. 종종 공모전의 취지와 성격에 부합되지 않는 작품으로 낙선하는 경우가 많다. 학생 공모전에서 우수한 성적으로 수상하기 위해서는 최종 결과물인 패널의 프레젠테이션도 중요하지만, 공간의 개념이 명확하고 그 과정이 다이어그램 형식으로 잘 표현되었는지, 공간의 개념이 설계에 잘 반영되었는지, 공간 디자인을 위한 조사와 분석이 구체적으로 드러나는지 등에 대한 부분을 더욱 고민하여 패널이나 제안서에 담아내야만 한다.
패널은 단 1장의 이미지로, 제안서는 작게는 5장에서 많게는 20장 정도의 이미지로 그 결과가 결정되기 때문에 공모전에서 요구하는 형식에 맞추어 자신이 디자인한 내용을 충분하게 부각시킬 수 있도록 표현하는 것이 공모전에서는 매우 중요한 요건이 된다.

학생들이 공모전에 출품하는 작품은 그 전개 방식과 개념의 접근 방법에서 다양성을 가진다. 또한 학생들의 작품에는 완성도 면에서는 다소 미흡함이 있으나 상상만으로 가능한 개념적 공간을 종종 아주 멋지게 구사해 내는 데 그 매력이 있다 하겠다.

지금부터 여기에서 소개하게 될 학생들의 실내건축공간 디자인 작품은 공간의 개념에서 결과에 이르는 과정과 표현에 대한 참고 자료로서 그 의미가 크다고 생각한다. 또한 10여년 동안 학생들의 공모전을 함께 진행하면서 고민하였던 흔적과 학생들의 땀과 노력의 결실로 나타난 수상의 기쁨을 이 책에 고스란히 남기고 싶은 마음에서 몇몇 우수한 작품들을 선별하여 담아 보았다. 학생 공모전에서 우수한 성적으로 수상한 작품 사례를 중심으로 내용을 설명하려고 하며, 학생들은 여기서 공간 개념에 접근하는 다양한 방법들과 그 결과로서의 다양한 디자인 표현 기법을 볼 수 있을 것이다. 학생들마다의 수준 있는 도면 표현력과 투시도 작성, 다양한 방식의 패널 및 모형 표현의 좋은 사례라 하겠다. 사례를 통하여 다양한 공간 접근 방식과 형태 요소에 대한 접근성, 공간 디자인에 대한 표현 등을 배워보자.

학생 공모전은 실내건축에 대한 열정과 창의적 아이디어에 대한 표현력이다!

위에서 제시한 사례는 도시에 노후화되어 활용되지 못하고 있던 목욕탕 공간을 문화공간으로 디자인하여 부산 청년예술 발전을 위한 생활디자인 커뮤니티 센터 디자인이다. 청년들의 취업난의 가속화에 따른 경제적인 어려움을 극복하기 위하여 청년들의 창업 활동 지원과 시민들의 복지문화를 위한 공간으로 계획되었으며 체험형 전시매체를 중심으로 한 청년들의 창업 아이템 전시 공간을 마련하고, 이와 더불어 청년들의 예술 활동 활성화를 위한 소통 공간을 조성하였다. 청년 예술 특화 영역에서는 다양한 영상 상영과 전문 도서를 통하여 정보 접근성을 높였고, 이코노미 존에서는 청년들의 예술문화 아이템을 중심으로 한 브랜딩 공간을 마련하여 스타트업 창업을 활성화하는 공간을 조성하였다.

공모전에서의 작품에 대한 과정 표현과 디자인 결과물에 대한 수준은 모든 학생들마다 다르게 나타난다. 하지만 공모전에서 수상 결과가 뛰어난 학생들의 공통점은 두 가지로 나타나는데, 그중에 첫 번째가 개념의 설정에서 평면도에 이르는 과정이 하나의 맥을 이루면서 일관성을 갖춘다는 것이다. 이것은 다시 말해서 개념이 공간에 잘 적용되어 드러난다는 말이다. 특히 공모전에서는 개념과 최종 결과로 도출된 공간의 디자인이 일치하지 않는 경우가 많고 개념 따로, 공간 디자인 따로인 경우가 많다. 때문에 개념을 설정하고 내가 설정한 개념을 공간 디자인으로 보여주고 개념을 공간에 적용하려는 시도와 노력이 결국 좋은 공모전 성과를 가져 온다는 사실이다. 두 번째 공통점은 성실하게 작품을 진행하려는 열정이 있고 약간의 디자인적 감각이 있다는 것이다. 디자인 감각이 없다고 너무 실망할 필요는 없다. 학생 공모전에서는 열정만 가지고 있어도 얼마든지 좋은 상을 받아낼 수 있다.

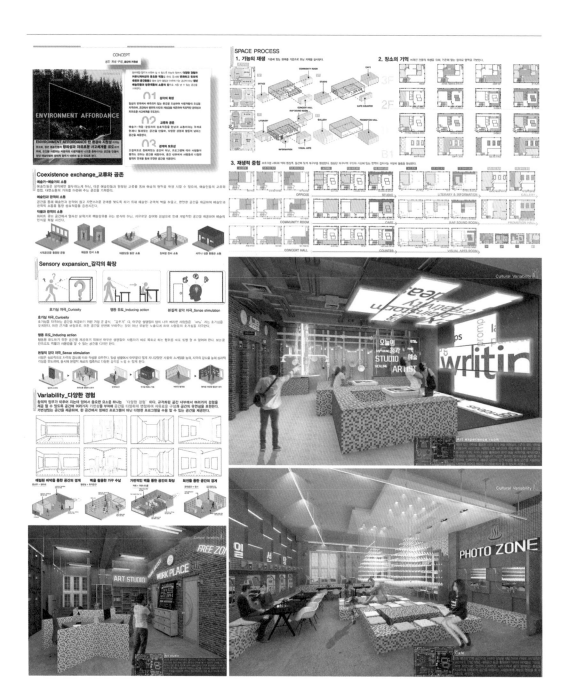

실내건축적인 디자인 요소와 공간 표현이 뛰어난 작품으로 주민들의 역사와 이야기가 고스란히 남아 있는 골목의 문화를 활성화하여 역사와 문화가 공존하는 관광 콘텐츠로 계획. 골목길을 새로운 시선으로 재해석한 작품이다.

골목 문화 탐방 관광 컨텐츠 활성화를 위한 오피스

### BACKGROUND

### SITE

Zeal

### THEME

양극화 시대,
새로운 공공성을 요구하다.

### TREND

회의와 휴식을 같이 할 수 있는 가변적인 공간

소통이 원활한 이동형 가구 활용

작업에 집중할 수 있는 개별적 공간 & 일과 휴식의 공간

Get closer

Leads to one

### CONCEPT

Be separated

Get closer

Leads to one

문화 콘텐츠를 기획하는 오피스 공간 디자인으로 가변적인 공간의 구성과 소통을 중심으로 한 가구 배치, 일과 휴식이 공존하는 공간 계획에 주안점을 두고 있다. 안정감 있는 그린 계열 컬러와 치유의 의미를 담은 퍼플을 포인트 컬러로 사용한 휴식 공간과 회의실, 기획팀의 아이덴티티를 고려한 사무공간, 단 차이와 글라스 파티션을 통하여 회의 분위기와 소통을 유도하고 디자인 도구를 위한 수납 공간의 확보와 작품을 전시할 수 있는 영역을 조성하여 기존의 사무실 디자인에서 벗어난 복합 기능 수용성을 극대화하고 업무 효율성을 고려한 디자인이다.

평면 리터칭이나 천장도, 공간의 개념을 가구, 조명, 장식, 패턴, 마감 재료와 컬러 등의 다양성 있는 실내건축 요소를 통하여 이미지로 표현하였고, 각 공간의 특성이 명확하게 드러나도록 디자인함으로써 공간의 분위기와 개념에 대한 표현에 집중한 작품이다.

**Unique Vanue**

UNIQUE VANUE와 합성어로 고유지역의 문화, 특색을 테마로 포함 장소를 말함. 한 마을이 특색을 나타내는 공독길을 활성화하는 프로젝트로 하는 회사로서 프로젝트팀이 모임을 준거이 오피스 컨셉에 들어가고 멀찍, 회의을 나타내는 RED, YELLOW 의 색상 사용하여 ARTHYLING 컬정적인 아니스트와 줘이가는 골창상에게 희망을 주는 회사 아이덴티티를 나타냄.

**SECTION A-A'**

**SECTION B-B'**

**Be separated**

CEO실에는 미팅공간과 함께 잠깐 휴식을 취할 수 있는 공간을 구성하여 스트레스 해소 및 창의적을 일으켜주는 색상으로 하는 BLUE 계열의 색상 사용한다. ㄷ자 오피스에서 책상같이 유지되공간은 대표의 개인적인 공간이며 에 불투귀 유리로 막당이 개별상을 준다.

바닷속 풍경을 중심으로 흘러가는 파도처럼, 워터 스퀘어-브러리, 밤바다와 별빛, 고래의 희망찬 도약, 희망의 물결이라는 전시 스토리라인 구성을 통해 전개된 전시 공간 디자인으로 코로나라는 상황에서 사람들에게 마음의 편안함과 안식 그리고 희망의 메시지를 전달하려는 계획의 배경을 가지고 있다.

전시 콘텐츠 카드의 작성을 통한 전시 아이디어 제안과 디지털 매체의 투시도 표현력이 매우 좋은 작품이다. 특히 water square-brary 공간은 관람객이 전시 관람 중간에 잠시 쉬어가는 독서와 휴식의 공간으로 개방감과 바다의 풍경을 이미지를 통하여 공간 감성을 만들어내고 있다.

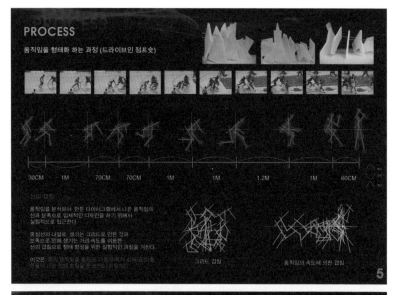

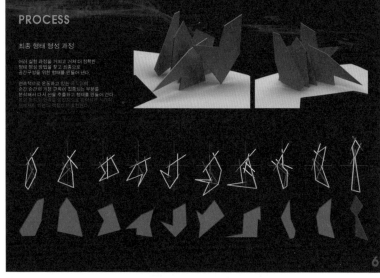

◀ *마이클 조던 전시관*
농구 선수의 움직임을 조사하고 분석하여 움직임의 형태를 라인으로 해석하고 이를 공간화시킨 디자인 사례

SPACE PROCESS
1. 슛 동작이나 공을 가지고 드라이브하는 연속된 행동을 사진으로 기록하여 이들 동작에서 나타나는 움직임을 선으로 표현
2. 움직임의 선을 형태로 나타내고 이를 통하여 벽면 형태를 디자인
3. 보폭 거리에 따라 조닝상의 벽면 위치를 결정
4. 형태를 공간 조닝에 따라 배치하여 전체적인 볼륨을 형성
5. 움직임의 형태가 공간으로 구축되는 과정을 표현하여 디자인 완성
6. 모델링과 3D-MAX 작업을 통하여 공간 디자인을 재검토하고 이를 통하여 전시공간 구체화

학생의 실험 정신과 오랜 시간의 디자인적 사고, 조형적 과정을 바탕으로 한 작품이라 하겠다.
공간의 개념적인 부분에서 자신의 조형적인 감각과 실험적인 창의력을 기반으로 디자인에 접근한 사례이다. 디자인 프로세스가 눈에 확연히 드러나는 작품이다. 공간 형성 과정이 매우 뚜렷하게 드러나는 장점이 있다.
나만의 디자인 방법을 통해서 공간의 형태를 구축해 나가고 이를 통하여 나타난 결과물에 대해서는 의심할 필요가 없다. 디자인이 좋다 나쁘다의 판단보다는 실험의 결과물을 그대로 공간화하여 다듬어 나가는 것이 더 중요하다.

# PROCESS

움직임의 형태가 공간으로 구축되어 가는 과정

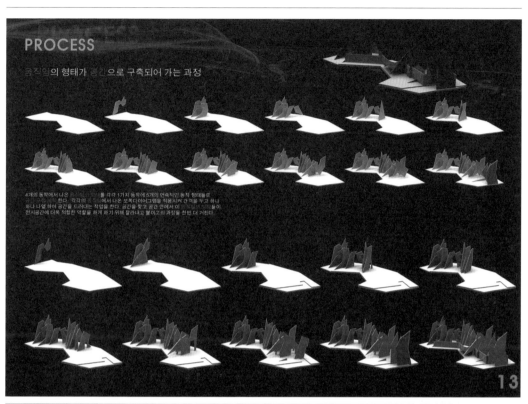

4개의 동작에서 나온 움직임의 형태를 각각 1가지 동작에 5개의 연속적인 동작 형태들로
가지치기하여야 한다. 각각의 동작에서 나온 분석다이어그램을 적용시켜 간격을 두고 하나
하나 나열 하여 공간을 드러내는 작업을 한다. 공간을 찾고 공간 안에서 이 움직임의 형태들이
전시공간에 더욱 적합한 역할을 하게 하기 위해 잘라내고 붙이고의 과정을 한번 더 거친다.

**13**

# MODELING

**17**

# DP-05. 사이공간 : 2013년 공간 디자인대전 장려상 _ 박진구·이예나 작품

실내건축공간 디자인에서 사이공간의 개념은 다양하게 해석이 가능하지만 이 작품에서는 주거공간의 현관을 의미적으로 해석하고 있다.

주거공간에서의 현관은 일반적으로 실외와 실내를 구분하는 경계의 공간이며, 실제 생활공간과 외부 공간의 경계가 되는 중간 공간이지만 대부분의 주거공간에서 현관의 기능은 매우 협소한, 가장 작은 면적의 공간으로 조성되는 경우가 많다. 이에 현관의 중요성과 기능에 대한 다양성을 강조하고 이를 통하여 현관공간을 재해석해 보는 스터디 과정으로서 제안된 작품이다.

## BACKGROUND

# 현관 얼마나 사용하고 계세요?

단위세대 공간에서 현관은 머무는 시간이 비교적 짧고 이용행위가 단순하지만, 이용빈도가 높고 공간전체의 인상과 분위기에 결정적인 영향을 미치는 공간이다. 현관은 가장 소홀히 다루어지고 있으면 면적 또한 가장 적은 비중을 차지하고 있다.

### 현대 주거공간현관의 문제점

1. 현관은 공간이 좁아서 출입 이외의 활동을 수용하기 어려우며, 어둡고 답답한 느낌을 준다.
2. 엘레베이터 홀에서 현관 및 단위세대 내부가 바로 들여다보여 시각적 프라이버시에 취약하다.
3. 현관은 주택의 이미지에 큰 영향을 미치는 공간임에도 디자인이 획일적이다.

**NEEDS**
기존의 획일적인 현대의 현관디자인 탈피
기능의 다양성과 디자인적 변화
현관용도의 기존 개념을 벗어난 새로운 개념확립

**PROPOSAL**

현대주거공간의 기능만 수용하기위한 디자인만 이루어지다보니 현관이라는 공간이 단일적이고 획일적이게 만들어질 수 밖에 없는 단점이 되고있다. 그러한 단점을 보완하기위해 디자인적으로 다양하고 새로운 개념을 가지는 현관디자인을 계획한다.

현대 주거공간에서 현관이라는 다소 소외된(?) 공간에 대하여 다양한 기능을 부여하고 사람들의 생활에 대한 편리성을 극대화시키는 방향으로 아이디어를 제안하고 있는 작품이다. 주거공간에 대한 매우 현실적인 접근성을 가지면서 동시에 이상적인 아이디어를 제안하고 있는 디자인이다. 한국 전통 주거공간에서의 개념을 수용하고 이를 현대적으로 해석한 다양한 아이디어 스케치와 투시도 등을 중심으로 현관공간 디자인을 제안하고 있다.

Color
Dark Gray, Rose Gray, Ochre, Raw Umber

전통적인 색에 약간한색을함께 사용하여 전통어리만 현대적인 공간을 연출하였다.

MATERIAL

조명박스

뒷마루

수납장

형 주거공간 _ 현관디자인 TYPE 1 _ Refined Tradition

## 문(들어열개문), 레벨차

### 내부공간의 변화를 요소에 도입

1 자연의수용

자연의 수용, 장식

2 레벨차

단차로 인한 공간분할

3 들어열개문

개방성, 외부의 풍경(자연)의 수용

3 들어열개문

1 자연의수용

2 레벨차

## 문, 툇마루 공간적 보호의 개념을 요소에 도입

3 데코요소

2 툇마루

1 문 창호지의 빛과 바람의 순환, 외부로의 시야차단

2 툇마루 동선의 차단, 외부와 내부의 차단공간

3 데코요소

PLAN&VIEW 실비공간
현대주거공간에 전통을 담다

24평형 주거공간 _ 현관디자인 TYPE 1_ Traditional

기존현관

개선된현관

마당

**Traditional Color** _ toffee, brown sugar, clotted cream, dove gray

창호지
나무
흙
가구

Dove Gray     Clotted Cream

전통한옥에서 사용되는 재료의
느낌과 색을 그대로 살려 공간에
컬러를 사용하였다.

**MATERIAL**

나무 툇마루
창호지
페인트 벽
흙 바닥재

24PY형 주거공간 _ 현관디자인 TYPE 2_ Modern

IDEASKETCH 실비공간
현대주거공간에 전통을 담다

## 마당, 대청마루, 툇마루, 문

외, 내부의 시각적, 동선적 연결을 위한 요소

**1 마당**

자연의 수용, 여백의 공간

**2 대청마루**

외부환경의 수용, 바람의 순환

**3 툇마루**

동선의 차단, 생활의 완충공간

**4 문**

창호지의 공기순환과 빛의 여과
빛과 바람의 순환, 외부로의 시야차단

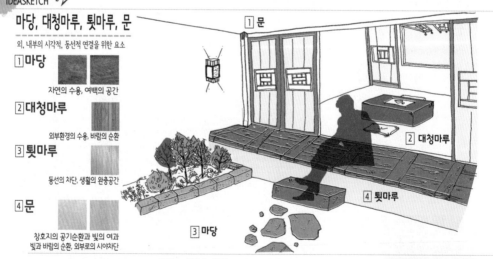

1 문
2 대청마루
4 툇마루
3 마당

## 마당, 대청마루 공간성격의 조절의 개념을 요소에 도입

**1 마당** 외부의 요소수용
여백의 공간 **2 대청마루** 외부환경의 수용
바람의 순환 **3 전통패턴** 데코요소

2 대청마루
1 마당
3 전통패턴

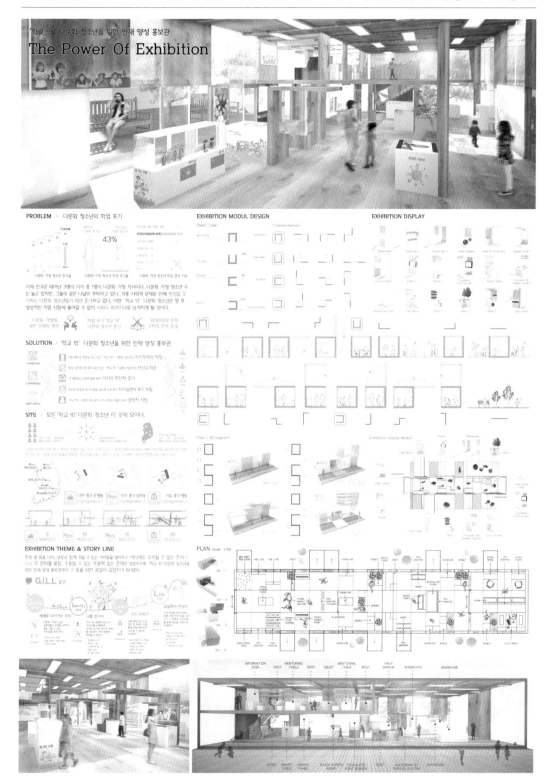

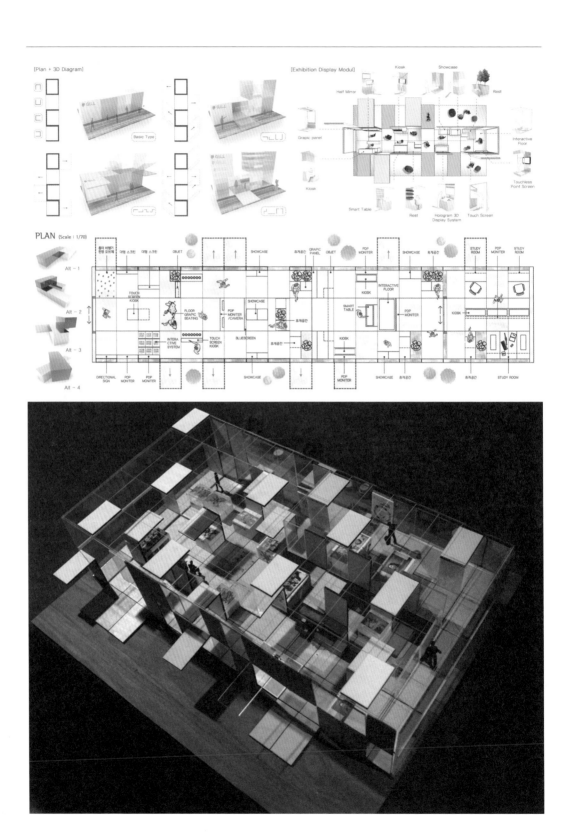

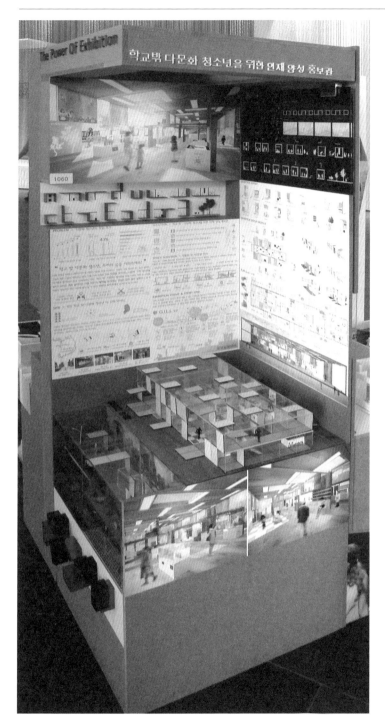

전시공간에서의 전시 매체에 대한 접근성을 높이고 더불어 매우 단순한 모듈을 제안하였지만 다양한 어플리케이션이 가능한 전시공간의 형태를 제안하고 있다. 기본적인 공간의 개념으로 복합적인 공간 구축의 단면을 보여주는 사례이다.

전시공간은 다양한 전시 자료에 의해 그 내부 공간이 구성되게 된다. 하지만 공간이라는 것은 고정되어진 형태로 다양한 전시 자료를 모두 수용하기에는 한계가 있다. 이러한 전시공간의 한계성을 극복하기 위해서 기초적인 형태와 모듈 요소에서 다양성을 도출해낸 과정이 돋보이며 전시공간에 대한 또 다른 해석을 가능하게 한 작품이다.

단면도를 통하여 전체공간의 구조와 구성을 보여주고 투시도와 모형을 통해 전시공간에 대한 이미지를 전달하고 있다. 모듈에 대한 내용은 모형으로 제작하여 전시 부스 중간에 부착하였다.

전시공간의 형태, 자연채광, 쇼케이스, 키오스크, 전시 벽면 등의 요소를 전시 자료와 전시 특성에 따라 맞춤형으로 공간 환경 설정이 가능한 디자인 제안이다.

전시공간에 대한 근본 개념을 재해석하고 이를 디자인으로 잘 표현한 작품이다.

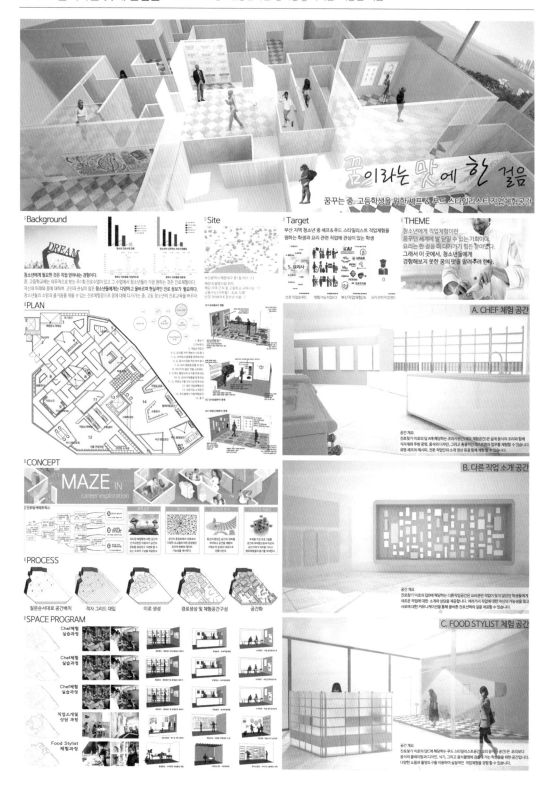

중고등학교 청소년들의 직업 체험공간을 디자인한 작품이다. 전시 부스의 내측 모서리 부분을 보면 입면도를 입체적으로 표현한 아이디어가 돋보이고 단면도를 통하여 부분 확대 모형을 제작하여 공간의 핵심적인 부분을 설명하고 있다.

SPACE PROGRAM에 대한 정리와 접근성이 높고 공간 디자인의 과정은 잘 드러나지 않지만 많은 분석과 아이디어 스케치를 통하여 각 공간의 특성과 디자인적인 표현력을 높인 작품이다.

학생들에게 분석과 프로그램은 매우 어려운 작업이다. 하지만 얼마나 노력하여 정보를 수집하고 수집된 정보를 나만의 디자인으로 가공하여 표현할 수 있는가를 여실히 보여주고 있는 작품이다.

음식을 만드는 직업과 푸드 스타일리스트라는 특정 직업에 대한 체험 공간을 디자인하면서 다양한 아이디어를 도출하였는데, 공간 전체를 방문객이 선택적으로 방문하도록 유도하고 각 단위 공간을 순차적으로 경험하면서 자신만의 직업을 찾고 자신만의 직업 체험을 할 수 있도록 공간을 구성한 아이디어가 돋보인다.

# The Second House 🏠
### The concept of a modular House

여행지에서의 여유로움
그 속에서 나오는 **안락함과 편안함**은 어디에서도 느낄 수 없는 즐거움이다
그에 비해 바쁜업무에 첫바퀴도는 듯 똑같은 하루와 꽉막힌 도심속에
갇혀 각종 스트레스에 묶인 현대인은 항상 어디로든 떠나고 싶은 마음이다.
그런 답답한 현대인들이 도심 외곽에 위치해
**언제라도 떠날 수 있는 'Second House'** 를 제안한다.

## CONTENTS

01 BACKGROUND
/SITE & NEEDS

02 SPACE
CONCEPT

03 CONCEPT
PROCESS

04 PLAN

05 PERSPECTIVE

## SITE ANALYSIS + THEME

閑 麗 '한려'

한가할 한   아름다울 려

아름다운 바닷길과 더불어 여유롭고 바람이
불어오는 통영의 풍경을 담아낸 말.

'통영' 하면 아름다운 바다와 함께 시원한 바람이 떠오른다.
아름다운 바다와 시원한 바람을 통해 통영만이 가지고 있는 자연속의 여유로움을
부산에서도 언제든지 느낄 수 있도록 공간을 디자인 한다.

부산 기장군 기장읍 시랑리 546-1
현재 펜션으로 사용되고 있는 곳으로 앞에는
넓은 바다가 있어 통영의 자연풍경과 맞물려
자연의 아름다움과 여유로움을 느낄 수 있다

## ❓ CLIENT MAIN NEEDS 💡

1. 자연을 느끼기 위한 오픈 된 공간과 커다란 채광창, 인공광으로 부터 벗어난 따뜻하고 밝은 분위기
2. 아이들과 눈높이를 맞추기 위한 낮은 조리대와 함께 자연을 느낄 수 있는 공간

자연속의 안락함을 위해 밝은 분위기를 조성하고
자유롭게 소통할 수 있도록 공간에 경계를 두지
않고 개방한다.

탁트인 개구부를 통해 자연에서 오는 바람과 햇
빛을 직접적으로 받아 자연의 여유로움을 느낄
수 있다.

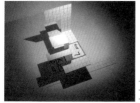

-Living : 5 * 4
-Dining : 2 * 5
-Kitchen : 3 * 5

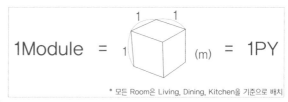

$$1Module = 1 \times 1 \times 1 \ (m) = 1PY$$

\* 모든 Room은 Living, Dining, Kitchen을 기준으로 배치

▲ 1F

원하는 만큼의 범위를 종이를 자르거나 접어 여러 형태를 갖춤

▼ 2F

모듈 단위로 칸을 나눈 판을 준비

두개의 판을 수직수평에 맞게 조립

L,D,K를 중심으로 룸을 배치해 표시

## Main Color

| PANTONE 4675C | 전체 공간의 메인컬러 중에서도 중심이 되는 컬러로 부드러우면서도 균형을 잡아 주는 컬러로 사용한다. |
| PANTONE 607C | 두번째로 큰 비중을 차지하는 컬러로, 햇살의 따스함을 나타내어 아늑한 느낌을 주는 컬러로 사용한다. |
| PANTONE 7449C | 메인컬러 중 세번째로, 풋풋한 자연의 색을 사용하여 상쾌하면서도 편안한 느낌의 컬러로 사용한다. |
| PANTONE 377C | 가장 적은 비중을 차지 하지만, 이 컬러를 공간 곳곳에 배치하여 자연의 느낌 그대로를 전달 하도록 사용한다. |

1F - 1/100

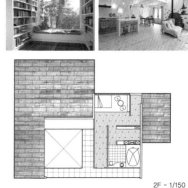

2F - 1/150

디자인적 감각과 스터디 모형 작업을 통하여 모듈화된 공간으로 전체를 조직하고 조직된 공간을 분절하거나 자르거나 비워 내면서 만들어낸 공간 조형이 돋보이는 작품이다. 이와 함께 실내공간에 대한 다양성 있는 개념 키워드를 설정하고 그 개념을 재료와 컬러, 가구와 조명 등의 실내 디자인 요소를 통해 세련미 있게 표현하고 있다.

# CONCEPT KEYWORD
# COZY FUNCTION
아늑한 기능성

자연의 안락함은 곧 편안함에서 오기 때문에 전체적인 느낌을 따뜻한 컬러의 가구를 통해 아늑한 기능성을 보여준다. 따뜻한 느낌을 주는 천과 시트를 사용하여 포근함을 최대한 살리고, 연한 그레이 색상을 바탕으로 눈을 피로하지 않게 하며, 베이지, 그린, 브라운 컬러를 포인트 컬러로 사용하여 편안하고 아늑한 느낌을 주도록 한다.

**Oak Wood Flooring**
바닥을 오크나무로 깔아 전체적인 바닥 분위기를 편안하게 만든다.

**White Paint Ceiling**
무광 페인트로 편안함과 간결함에 포인트를 둔다.

**Douglas-fir Wood**
연한 나무결을 사용하여 포근한 느낌을 준다.

**Cotton Fabric**
패브릭 사용으로 포근한 느낌을 더한다.

**Gray Plastic**
심플한 느낌을 주어 전체적으로 간결함을 준다.

**Ivory Fabric**
아늑하고 심플한 컬러의 패브릭 사용으로 전체적으로 안정감을 준다.

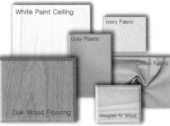

1. 타원형의 모양으로 폭신한 느낌과 그린계열의 색상으로 포근한 느낌의 쇼파
2. 결이 매끄러운 나무소재로 깔끔한 느낌에 포인트를 준 테이블
3. 편안함에 중점을 두어 전체적으로 나무소재와 화이트 컬러를 혼합하여 사용
4. 밝은 계열의 나무 소재를 사용하여 전체적인 분위기를 은은한 분위기에 포인트를 둔 조명

## PERSPECTIVE

기능성을 갖춘 동시에 아늑한 공간의 이미지를 연출하기 위해서 자연의 풍경과 자연 채광을 최대한 실내공간에 유입하려는 시도를 하였다. 더불어 마감재료의 선택에 있어서 우드와 심플한 컬러의 패브릭을 활용하였으며 그린계열의 가구를 활용하여 전체적으로 자연의 느낌을 강조하고 있다.

컬러 칩의 표현과 이미지 스케일, 가구, 조명, 마감재료, 사례공간의 이미지 사진, 실내 투시도 등을 통하여 공간의 개념을 입체적으로 잘 표현하고 있다.

2 FLOOR - COZY FUNCTION : 아늑한 공간

자연의 아늑함을 표현하기 위하여 자연의 풍경과 햇살을 그대로 받을 수 있는 유리 테라스를 통해 휴식을 취할 수 있도록 하였고, 최대한 외부 자연의 빛을 많이 받을 수 있도록 디자인 하였다. 전체적인 바닥 새로는 나무와 패브릭으로, 사용자가 포근한 느낌 또한 받을 수 있도록 한다.

한국의 전통 현악기를 전시하는 공간 디자인으로 단면 투시도를 통하여 전체적인 공간의 이미지와 공간의 형상을 잘 표현하고 있다. 스토리라인, 전시 개념 등에 대한 시각적인 다이어그램 표현력이 좋고 청소년들에게 전통의 악기를 흥미롭게 배우고 체험할 수 있도록 다양한 매체를 선택하여 전시 내용을 구성하였다.

한국의 전통 현악기인 아쟁, 가야금, 거문고, 해금 등을 직접 만져보고 소리를 들을 수 있는 체험공간과 함께 전통 악기 명인들의 이야기를 중심으로 한 전시 존을 구성하여 다양한 전시 콘텐츠를 만들어보려고 노력한 흔적이 엿보인다.

공모전에서는 최대한 자신이 작업한 작품을 부각시키고 내가 생각하고 있는 디자인 개념과 공간의 이야기를 심사위원들에게 명확하게 전달해야 하기 때문에 글을 중심으로 설명하는 것보다는 가급적 다이어그램이나 픽토그램, 이미지 등으로 전달력을 높여야 한다. 특히 1장의 패널로 심사 결과가 결정되는 경우는 패널의 전체적인 컬러 조화나 레이아웃에 대한 간결하고도 정리된 표현이 중요한 요소가 된다. 아래의 작품 패널 사례에서와 같이 다양한 표현을 시도하면서 동시에 레이아웃은 정리가 잘 되도록 표현하는 것이 좋다.

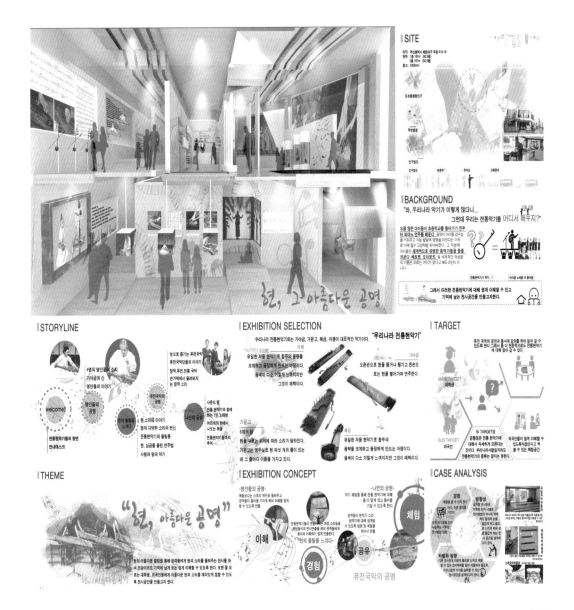

아래 평면도와 실내 투시도를 살펴보면 우선 평면도에서는 전시 매체와 바닥 패턴, 마감재료와 각 전시 영역에 대한 표기가 도면에 잘 드러나고 전체적으로 바닥면에만 컬러링을 하여 전시공간의 영역이 명확하게 드러난다.

전시 투시도를 보면 전체적으로 전시 매체와 전시 자료들의 이미지, 벽면의 그래픽적인 이미지, 전시 관람객 이미지 등이 잘 표현되고 있고, 투시도 하단에는 전시 연출계획에서 고민하였던 아이디어 스케치와 전시 연출 내용을 투시도와 함께 정리하고 있는 것을 볼 수 있다.

### ▌1F PLAN (1/60)

1. WELCOME!!
2. 컨트롤룸
3. 세미나실
4. 명인들의 공명
5. 현의 울림을 느끼다.

### ▌2F PLAN (1/60)

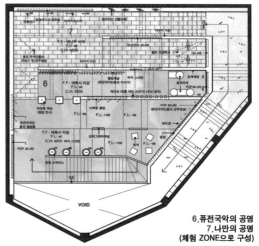

6. 퓨전국악의 공명
7. 나만의 공명
(체험 ZONE으로 구성)

현의 다양한 소리의 변신
원형 쇼케이스를 두어 현악기술을 매달아 버튼을 누르거나 터치하면 줄이 움직이면서 소리가 나오도록 하여 관객들에게 쉽게 다가 갈 수 있도록 한다.

눈으로 즐기는 퓨전국악
퓨전국악단들의 앨범들을 벽에 부착하여 직접 열어 볼 수 있도록 하거나 돌리면 회전하여 볼 수 있는 패널을 두어 관객들에게 재미를 더해준다.

청년들의 창업 공간을 위한 오피스 디자인 계획이다. 현재 가장 주목을 받고 있는 트렌드를 공간의 대상과 방향으로 설정하고 이를 중심으로 다양성 있는 콘텐츠를 확보하고 있다. 스타트업을 중심으로 창업에 대한 배경을 설정하고 다양한 창업 아이템 중에서 음식 문화 개선과 관련된 청년 창업자들만의 공간으로 디자인을 진행하였다.

배경(BACKGROUND) 설정 부분을 픽토그램을 통해서 시각적으로 잘 표현하고 있으며, 조사와 분석을 통하여 설계에 대한 당위성을 찾고 있다. 미래 청년 창업을 위한 식문화 개선 오피스에 대한 디자인적인 접근성은 소통이라는 키워드를 중심으로 경계 없는 공간으로 풀었다. 청년들의 창업을 위한 교육과 창업에 대한 컨설팅, 창업에 대한 전략 기획실, 요리 연구실, 포토 스튜디오, 세미나실 등으로 공간 기능을 설정하고 이들 공간의 경계 없는 자유로움과 소통을 추구하였다.

각 실들의 경계가 없지만 영역성은 명확하게 확보하고 바닥이 가구가 될 수 있고 벽면이 천장이 되고, 가구가 벽면이 될 수 있는 매우 유기적인 공간 디자인으로 개념과 방향을 설정하여 진행한 흥미로운 디자인이다.

실내공간의 주요 개념 중에는 사용자들의 활동을 중심으로 한 디자인도 나타나는데, 사람들의 다양한 행동이나 공간에서의 활동 특성을 공간에 반영하여 공간의 용도에 따라서 매우 자유롭고 편안하며 기능에 충실한 실내공간 디자인을 도출해냈다.

공간 형태에 대한 디자인 접근성과 과정에 대한 표현력이 매우 돋보이며, 공간의 다양한 형태를 통한 전체 공간의 유기적인 연계와 볼륨감 있는 공간 이미지는 공간을 더욱 동적이고 흥미롭게 만든다.

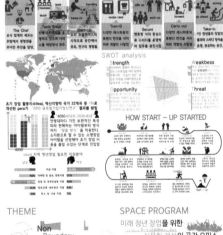

BACKGROUND

SWOT analysis

HOW START – UP STARTED

SITE ANALYSIS

TARGET

THEME

SPACE PROGRAM

공간 개념 전개 과정이 명확하게 표현되고 단면 투시도를 통하여 전체 공간에 대한 공간 구조와 볼륨, 레벨의 변화, 형태 요소를 명확하게 보여주고 있다. 복잡해 보이지만 안정감 있고 전체적으로 조화와 통일감 있는 디자인이다.

SECTIONAL PERSPECTIVE

공간에 대한 조형 스터디가 돋보이는 작품으로 공간을 구성하는 가장 기본적인 요소인 바닥, 벽면, 천장만을 중심으로 기본 형태를 도출하고, 이들의 다양한 조합과 분절, 볼륨 형성과 보이드의 설정 등을 통하여 공간 디자인을 완성해 나간 작품이다. 실린더 형태의 원형 기둥은 공간의 포인트 요소가 되며 동시에 자연이라는 공간 개념의 요소를 담고 있다. 수없이 많은 스터디 모형 작업의 결과로서 도출된 공간 디자인으로 과정 표현과 빛에 의한 감성적 이미지가 투시도에서 잘 표현되었다. 디자인 프로세스 또한 사진 작업과 다이어그램을 통해 잘 정리하고 있다.

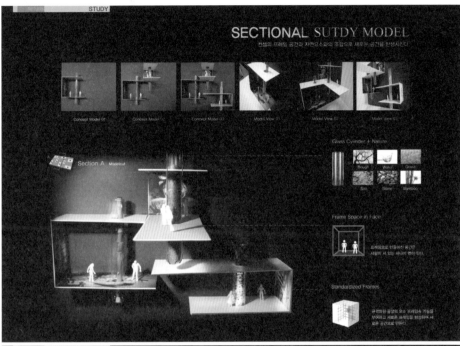

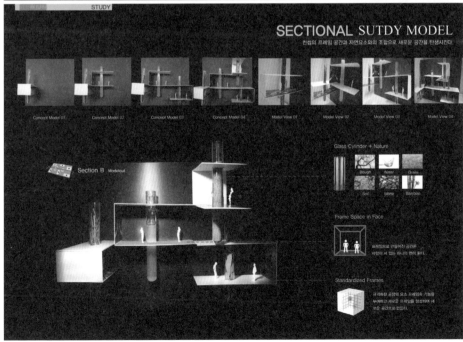

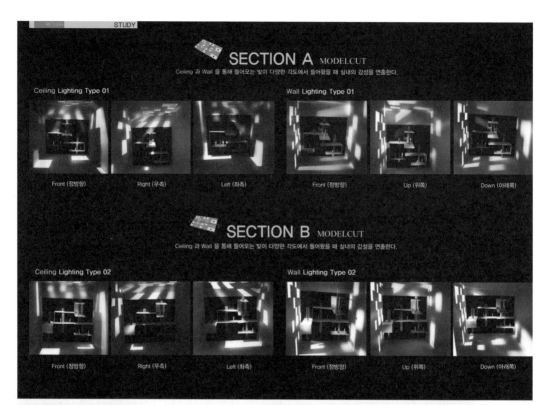

### 홀로노인을 위한 커뮤니티 케어공간
Lonely for the Elderly Community Care Space

**CONCEPT PROCESS**
• EDUCOMMUNITY ZONE : 개념전개과정

BACKGROUND
• 부산시 노령인구 10% 돌파
• 부산 급증하는 노령인구 노령인구 증가율 15%
• 케어받지 못하는 노령인구의 증가 2.2%

PROBLEM
노인인구 증가율
노인기관 증가율
노인기관 저실률
자기방임 증가율

SITE

MAIN TARGET    SUB TARGET
고립 방임에
처한 홀로노인    홀로노인

SOLUTION
• "꿈보다 활짝"의 삶을 위한 여러 타입

PROGRAM
EDUCOMMUNITY ZONE
MIND CARE LIVING ZONE
PLAY HEALTH CARE ZONE

CONCEPT
PAN : Transshape

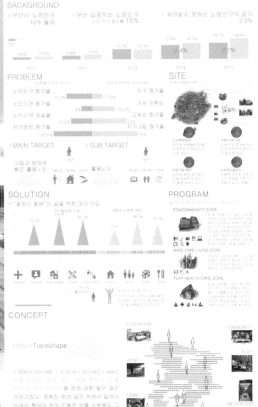

독거노인들과 청소년들의 소통공간을 통하여 현대에 소외되고 외로움에 지친 노인들의 사회문제를 해결하고자 하는 배경을 가진 디자인이다.

현대를 살아가는 노인들의 다양한 문제를 세대가 다른 청소년들과의 교류와 이야기를 통하여 해결하기 위한 공간 개념을 설정하고 있다.

노인세대에는 익숙하지 않은 디지털을 청소년들이 노인들에게 친절하게 알려주고, 노인들의 옛 이야기를 청소년들에게 들려줌으로써 서로 간에 유대감이 형성되고 이를 통하여 서로 공감하고 소통하는 공간 디자인을 궁극적인 목표로 설정하고 있다. 디테일한 단면 모형으로 공간을 보여주는 방법은 매우 효과적인 표현 기법이다.

# CONCEPT PROCESS

## ◆ EDUCOMMUNITY ZONE : 개념전개과정

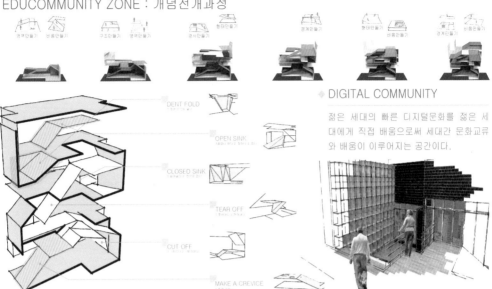

DENT FOLD

OPEN SINK

CLOSED SINK

TEAR OFF

CUT OFF

MAKE A CREVICE

### ◆ DIGITAL COMMUNITY

젊은 세대의 빠른 디지털문화를 젊은 세대에게 직접 배움으로써 세대간 문화교류와 배움이 이루어지는 공간이다.

## ◆ PLAY HEALTH CARE ZONE : 개념전개과정

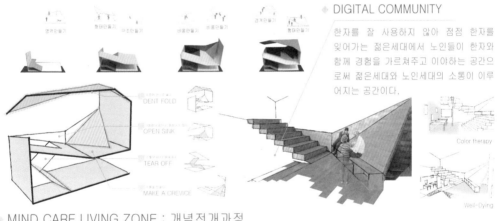

DENT FOLD

OPEN SINK

TEAR OFF

MAKE A CREVICE

### ◆ DIGITAL COMMUNITY

한자를 잘 사용하지 않아 점점 한자를 잊어가는 젊은세대에서 노인들이 한자와 함께 경험을 가르쳐주고 이야하는 공간으로써 젊은세대와 노인세대의 소통이 이루어지는 공간이다.

Color therapy

Well-Dying

## ◆ MIND CARE LIVING ZONE : 개념전개과정

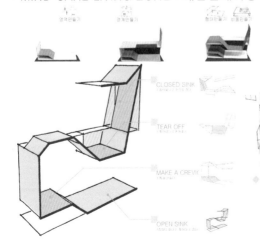

CLOSED SINK

TEAR OFF

MAKE A CREVICE

OPEN SINK

### ◆ MIND THERAPY : 온명상

온 명상은 기존의 명상에 차를 더한 것으로 차를 마시고 몸을 따뜻 하게 다스린후 명상에 들게하는 방법으로 심리치료나 심신안정에 효과적이다.

### ◆ MINDFULNESS : 마음챙김

마음챙김은 심리치료의 개념으로 현재 순 간을 있는 그대로수 용적인 태도로 자각 하는 것으로 우울증이나 비관적인 마인드를 극복하고자 할때 효과적이다.

실내건축이 분야에서 활용 가능한 다양성 있는 디자인적 표현 방법과 감성적인 접근 과정이 돋보이는 작품이다. 공간에 대한 해법이 명료하고 더불어 계획의 배경 설정과 조사 분석의 과정이 충실하여 결과적으로 수준 있는 작품을 도출하였다. 한국에서 살아가는 다문화 가족들이 자신의 한국 이웃들, 친구들에게 자기 자신의 나라 음식 문화를 소개하고 자랑할 수 있는 기회를 제공하는 아시아 음식 문화 레스토랑 계획안이다. 공간 개념 키워드를 컬러와 마감재료, 가구 및 조명 디자인 등으로 잘 표현하고 있다.

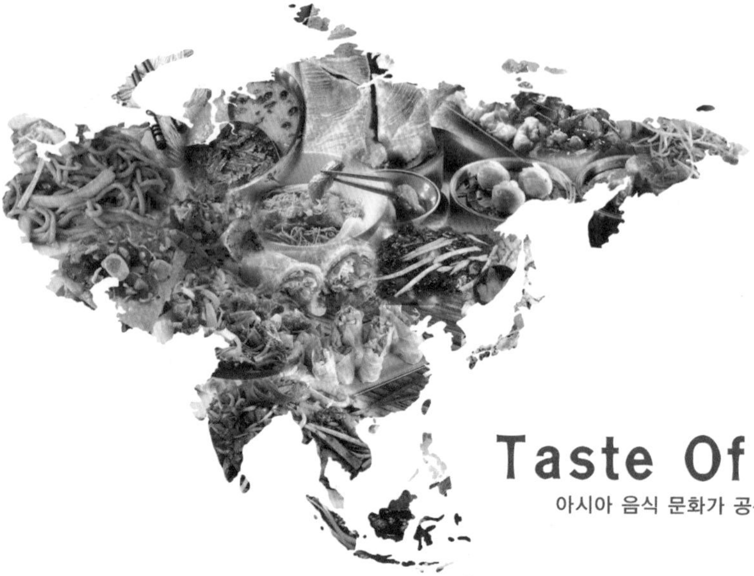

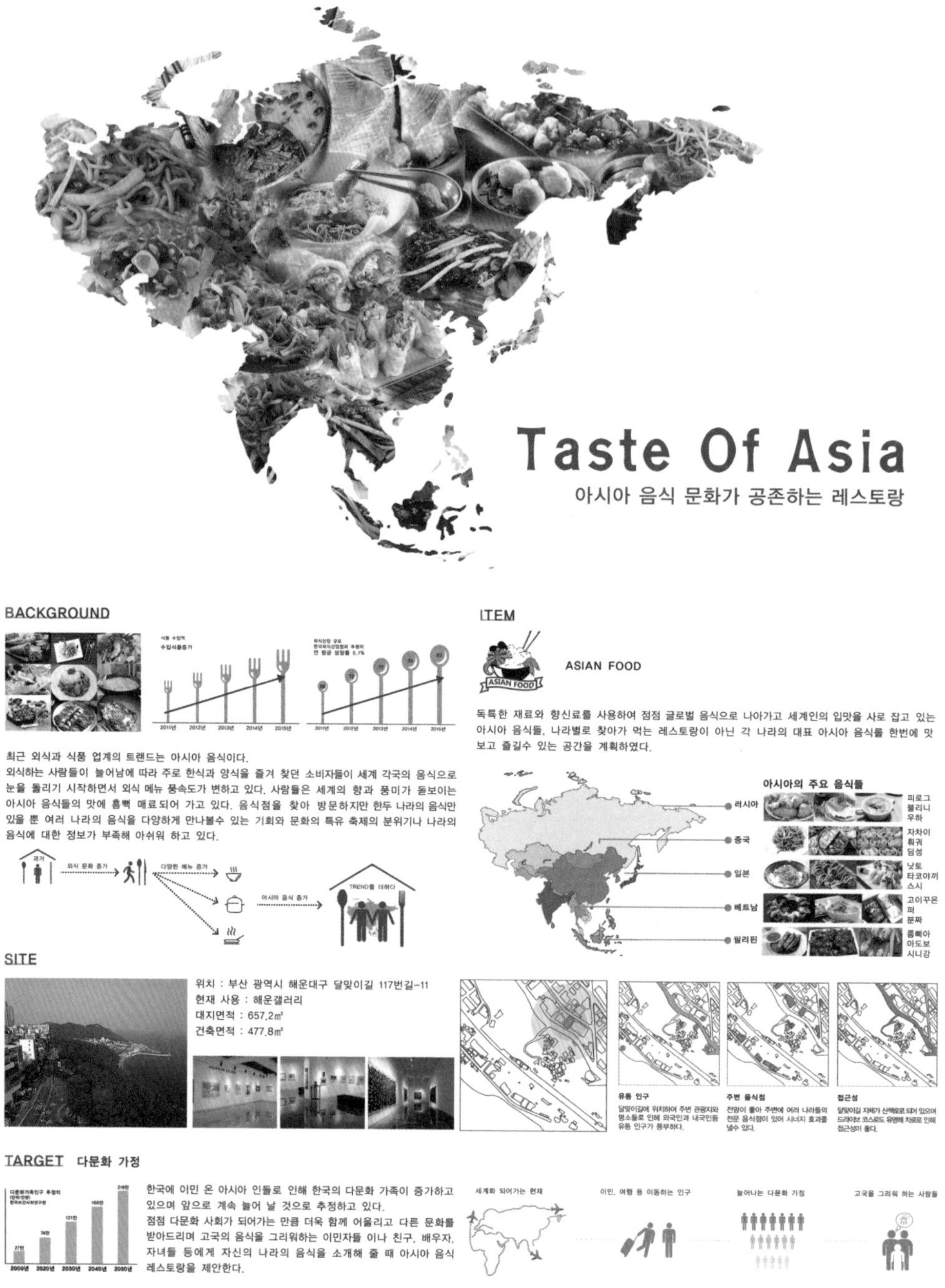

# Taste Of Asia

아시아 음식 문화가 공존하는 레스토랑

## BACKGROUND

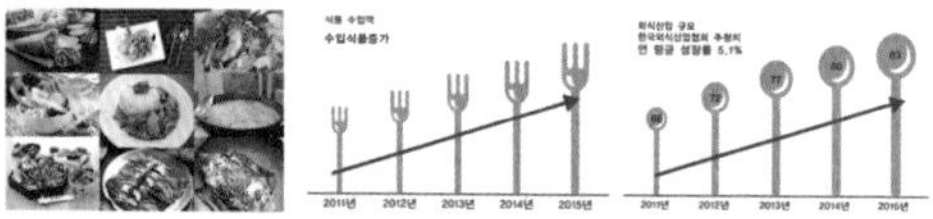


최근 외식과 식품 업계의 트랜드는 아시아 음식이다.
외식하는 사람들이 늘어남에 따라 주로 한식과 양식을 즐겨 찾던 소비자들이 세계 각국의 음식으로 눈을 돌리기 시작하면서 외식 메뉴 풍속도가 변하고 있다. 사람들은 세계의 향과 풍미가 돋보이는 아시아 음식들의 맛에 흠뻑 매료되어 가고 있다. 음식점을 찾아 방문하지만 한두 나라의 음식만 있을 뿐 여러 나라의 음식을 다양하게 만나볼수 있는 기회와 문화의 특유 축제의 분위기나 나라의 음식에 대한 정보가 부족해 아쉬워 하고 있다.

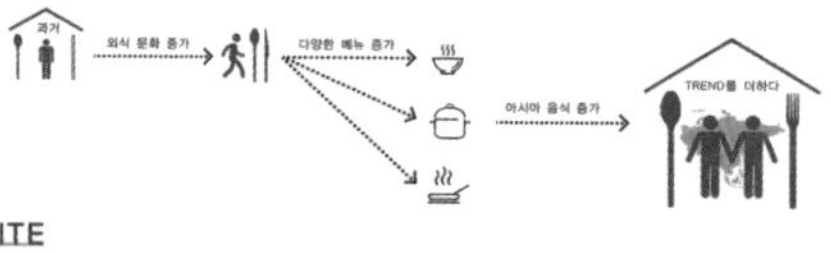


## ITEM

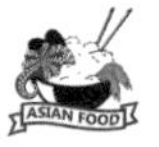


ASIAN FOOD

독특한 재료와 향신료를 사용하여 점점 글로벌 음식으로 나아가고 세계인의 입맛을 사로 잡고 있는 아시아 음식들, 나라별로 찾아가 먹는 레스토랑이 아닌 각 나라의 대표 아시아 음식를 한번에 맛보고 즐길수 있는 공간을 계획하였다.

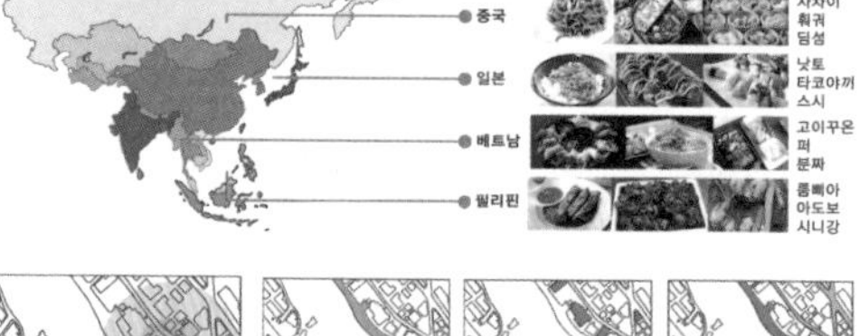


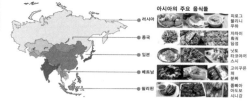

## SITE

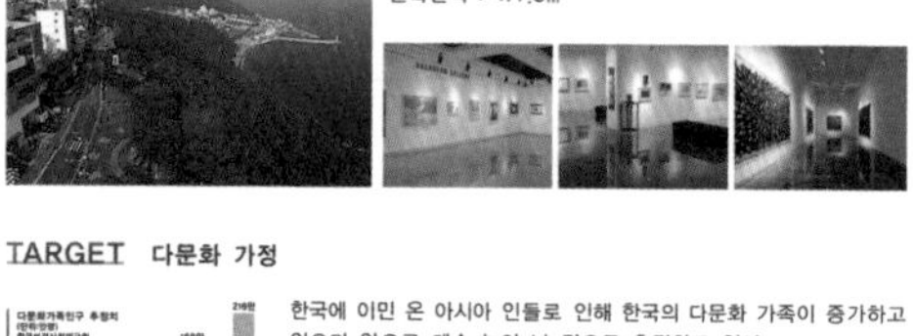

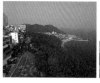

위치 : 부산 광역시 해운대구 달맞이길 117번길-11
현재 사용 : 해운갤러리
대지면적 : 657.2㎡
건축면적 : 477.8㎡

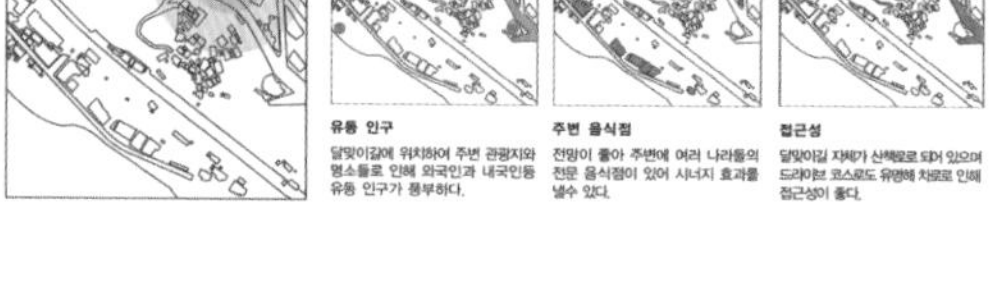

**유동 인구**
달맞이길에 위치하여 주변 관광지와 명소들로 인해 외국인과 내국인등 유동 인구가 풍부하다.

**주변 음식점**
전망이 좋아 주변에 여러 나라들의 전문 음식점이 있어 시너지 효과를 낼수 있다.

**접근성**
달맞이길 자체가 산책로로 되어 있으며 드라이브 코스로도 유명해 차로로 인해 접근성이 좋다.

## TARGET 다문화 가정

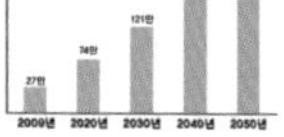


한국에 이민 온 아시아 인들로 인해 한국의 다문화 가족이 증가하고 있으며 앞으로 계속 늘어 날 것으로 추정하고 있다.
점점 다문화 사회가 되어가는 만큼 더욱 함께 어울리고 다른 문화를 받아드리며 고국의 음식을 그리워하는 이민자들 이나 친구, 배우자, 자녀들 등에게 자신의 나라의 음식을 소개해 줄 때 아시아 음식 레스토랑을 제안한다.

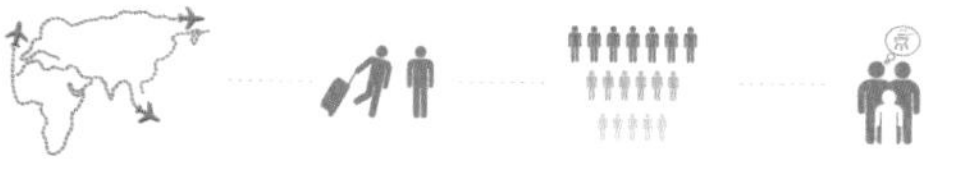

# multi-culture
## 다색의 문화

다문화 공간을 만들고 사는 사람과 그들의 삶 속에는 인종, 문화, 종교, 등 다양한 부분에서 여러가지가 존재한다. 이처럼 각 특색있는 고유의 색을 가지고 활기차고 긍정적인 컬러들을 사용하여 함께 어울리는 공간을 제안한다.

# EXOTIC CHARM
## 이국적인 매력

다크 하면서도 사람을 매료시키는, 자극적인 향과 열정에는 매우 강하고 다크 하면서도 사람을 매료시키는, 자극적인 향과 열정에는 매우 강하고 대범한 색상이 있다. 빛을 반사하며 광이 나는 알수 없는 톤은 활력이 넘치는 분위기가 된다. 사람들을 자극시키는 다양한 색상에서 솔직한 톤이 아닌 고급스러우면서도 은은한 deep 컬러에서 본토의 풍부함이 느껴지도록 한다.

| PANTONE 2152 C | PANTONE 295 CP | PANTONE 2695 XGC | PANTONE P 11-7 C | PANTONE 1815 XGC | PANTONE 8760 C |
|---|---|---|---|---|---|

# EXOTIC CHARM 이국적인 매력

자극적인 이국의 매력을 보여주기 위해 조금 톤이 다운된 색상들을 사용하였다. 산만해질수 있는 다양한 색상들이 사용되기 때문에 조금 차분한 느낌을 주기 위해 푸른색 계열을 전체적으로 사용하였다. 각 튀는 매력적인색을 가진 가구들을 사용하여 공간이 다채로워 보이지만 나무를 사용하여 친근한 느낌을 주었다.

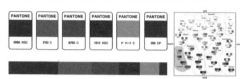

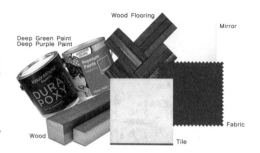

1,2. 공간을 밝고 활력을 불어넣는 체어들 1-Philippe Starck, 2-By Mario bellini
3. 아늑한 느낌을 주는 체어 BY Charles & Ray Eames
4. 밝은 분위기의 테이블 By Jasper Morrison
5. 공간에 변형을 주는 테이블 By Shawn Looyen
6. 공간에 다양성을 주는 조명
7. 생동감있는 조명 By Lindsey Adelman
8. 테이블위 포인트가 되는 조명 By Poul Henningsen

### Main Hall View
홀에는 2인석부터 단체석이 있으며 안쪽으로 또 다른 식사공간이 있다. 다양한 색상을 가진 의자들을 통해 분위기에 다채로움을 더하고 안쪽으로 들어가면 유동성있는 테이블을 통해 상황과 필요에 따라 공간에 변형을 줄 수 있는 공간이 있으며 사람수에 제한받지 않고 자유롭게 앉을 수 있는 공간이 있다. 홀에는 일반적인 일자형 배치가 아닌 지그재그 모양으로 배치되어 있으므로 더 활동적인 분위기를 느낄수 있다.

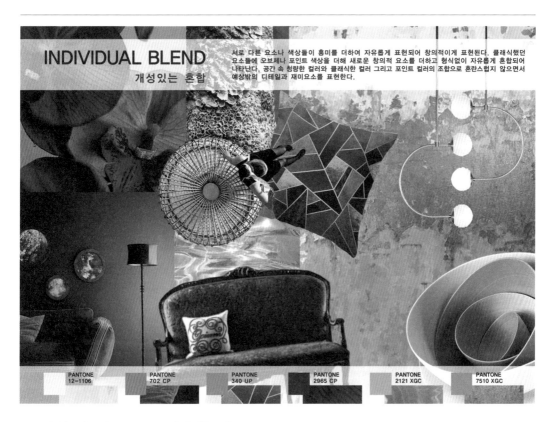

# INDIVIDUAL BLEND
## 개성있는 혼합

서로 다른 요소나 색상들이 흥미를 더하여 자유롭게 표현되어 창의적이게 표현된다. 클래식했던 요소들에 오브제나 포인트 색상을 더해 새로운 창의적 요소를 더하고 형식없이 자유롭게 혼합되어 나타난다. 공간 속 청량한 컬러와 클래식한 컬러 그리고 포인트 컬러의 조합으로 혼란스럽지 않으면서 예상밖의 디테일과 재미요소를 표현한다.

| PANTONE 12-1106 | PANTONE 702 CP | PANTONE 340 UP | PANTONE 2965 CP | PANTONE 2121 XGC | PANTONE 7510 XGC |
|---|---|---|---|---|---|

# INDIVIDUAL BLEND 개성있는 혼합

색상이 부분적으로 다른 혼합 되어진 소파가 공간에 생동감을 주며 천으로 인한 재질로 인해 공간의 안락함을 느낄 수 있다. 벽과 천정에 재질 또는 파티션으로 사용되는 부분을 통해 사람들이 직접 변형시켜가며 때마다 다른 느낌을 받을 수 있으며 가변적인 오브제를 통해 대기하는 동안 지루함에서 벗어날수 있다.

| PANTONE 12-1106 TPX Shear Pink | PANTONE 2965 CP | PANTONE 340 UP | PANTONE 7510 XGC | PANTONE 2121 XGC | PANTONE 720 CP |
|---|---|---|---|---|---|

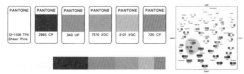

Wallpaper
Wall Leather
Wall, Partition
By ronan & erwan bouroullec
Fabric
Copper
Deep Blue Paint

1. 고급스러움을 더한 테이블
2. 다양성을 가진 소파 By Ron Arad
3. 아늑한 분위기를 내주는 조명 By Secto
4. 벽면의 선반
5. 편안함을 주는 조명
6. 공간의 오브제

### Waiting Room

사람들이 대기하면서 다른 아시아 나라들을 알아가면서 흥미를 느낄수 있도록 한다. 직접 다른 나라의 악기들을 보고 만지며 정보를 얻을 수 있고 지루하지 않은 대기 공간을 제공한다. 한쪽에는 넘겨볼수 있는 패널을 제공하여 다른 나라의 문화, 정보, 음식 등의 정보를 얻을 수 있도록 하고 미리 메뉴를 선택하거나 맛보았던 음식의 정보를 제공하여 손님들에게 정보를 알리도록 한다.

### Bar-Table Space

홀 공간과 다른 바닥 재질과 층고 차를 두어 홀 공간과 분할하였고 바 테이블 공간에서는 불로 하는 요리를 볼수있으므로 천정 디자인에 불과 관련된 디자인 요소를 적용하였다. 또한 바 테이블 디자인은 여러사람들이 음식을 먹으면서 이야기하고 웃음이 있는 소통하는 공간과 셰프들이 요리하는 모습을 보며 즐기는 음식을 위해 오픈 주방형식의 긴 바 테이블을 디자인 적용하였다.

# DP-14. 청소년들을 위한 미래 농업 홍보관 : 2018년 국제청소년공간대전 특선 _ 이유진·김지혜·최강타 작품

청소년을 위한 미래 농업 홍보관 디자인으로 공간의 개념에 대한 다이어그램 형식의 전개 방법과 감성적인 패널 표현기법이 돋보이는 작품이다. 작품의 배경 설명에서 사례 조사 분석, 개념의 전개 과정 등의 패널 표현에 있어서 세련된 디자인 감각이 드러나며, 특히 NETWORK DIMENSION이라는 다이어그램 작성 과정을 평면의 형태로 디자인하는 일련의 과정을 잘 표현하고 있다.

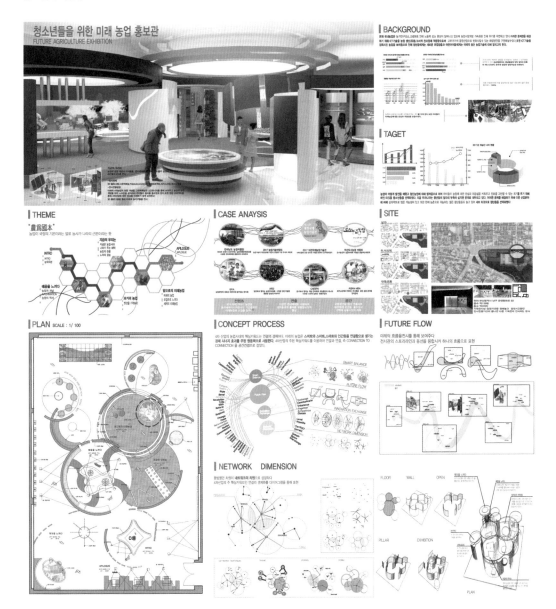

## DP-15. 맞춤형 컨설팅 오피스 : 2018년 공간디자인대전 특선 _ 박동현·강민지·김소정 작품

싱글족을 위한 맞춤형 DIY 컨설팅 공간 디자인으로 실내건축 공간에 대한 트렌드 조사와 시대를 변주한다는 공간의 주제를 중심으로 표현한 작품이다. 열정적 위트, 차분한 향유, 소박한 혼합이라는 공간의 감성 키워드를 중심으로 실내 코디네이션 디자인을 전개하였으며 나이를 뛰어넘는 열정과 자유, 그리고 감성에 이르는 새로운 감각을 공간에 표현한 커뮤니티 공간의 컬러 매치가 돋보인다.

감각적인 공간 컬러 선정과 가구 디자인, 마감 재료 선택에 이르기까지 학생의 공간 디자인에 대한 고민이 여실히 드러나는 작품이다. 공간의 영역마다 독창성과 아이디어가 넘치고 공간 개념 전개에 따라 감성이 다른 공간 이미지 연출에 주안점을 두고 있다.

공간의 TREND 분석, 공간 연출의 개념 설정, 마감 재료와 컬러 매칭, 가구 디자인의 선택 과정이 패널에서 잘 드러나며 이를 통하여 실내건축적 패널 표현에 대한 접근성이 매우 높다.

### BACKGROUND

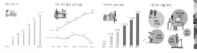

### TREND

### 창의적 유스컬처, 그 이상의 유희적 공간

싱글족을 위한 맞춤형 DIY 공간 맞춤형 컨설팅 오피스

### TARGET

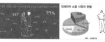

### SITE

### Young Mix Witty 열정적 위트

## Static Amusement 차분한 향유

순간의 만족과 동시에 실속을 중요시하는 밀레니얼 세대들을 위한, 차별화된 오피스를 기획하기 위해 오피스 트렌드를 분석해, 차분하면서도 자유로운 공간 을 표현하며 시각적 지루함을 덜어낸다.

오피스 내부의 업무 공간에는 심리적 안정을 취하여 쉬는 분위기를 편안하게 하기 위해 무른색 계열을 사용하였다. 무른색 계열로 작은 공간이지만, 공간을 넓어 보이게 하는 효과와 자유로움과 차분함의 느낌을 받을 수 있다. 무른색 계열로 인해, 정적인 공간만 보일 수도 있지만, 공간에 곳곳에 나무를 사용하여 친근한 느낌을 주었다.

## ple Aspect 소박한 혼합

들의 트렌드가 점점 변화하여, 소소하지만 확실한 행복, 플라시보 소비(가격의 성능과 마 을 일컫는다) 등이 있다. 이런 경향의 트렌드를 인지하여, 심리적으로 포근한 공간을 제공

DIY 공간, 간소함 오피스를 표현하기위해, 공간의 곳곳에 박공을 형태로 하고있는 요소 를 배치하였고, 보색에 가까운 유채색 YG색계를 L.gr, L 톤을 사용하여, 긴장감을 완화 시켜 주며, 자연스럽고 소박한 이미지를 전달 할 수 있다.

## DP-16. In the chase of star into the story : 2020년 한국실내디자인학회 주제공모전 특선 _ 우성혜·안재영 작품

전체 패널을 영문으로 제작한 작품으로 Pin on the Light라는 개념을 중심으로 별들의 이야기를 전시하는 공간으로 디자인 하였다. 특히 공간의 형태와 조형에 따른 빛의 특성을 공간 개 념으로 전개한 실험적인 디자인 과정 표현이 돋보이며 투시도 에서 나타나는 감각적이고 신비로움이 넘치는 전시공간의 연 출과 디지털 매체 활용에 주목할 만하다.

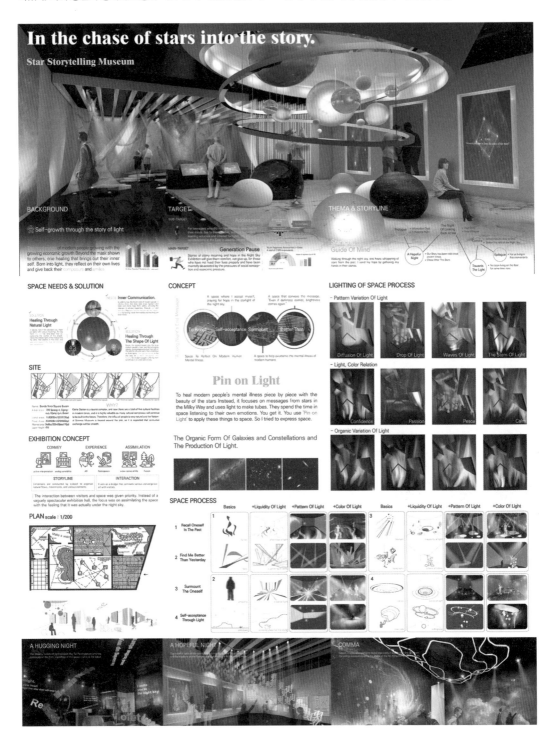

## DP-17. 공가(空家) 속 농가(農家) : 2020년 한국공간디자인대전 은상 _ 남승욱 작품

버려진 도심의 공가를 활용하여 이색적인 농가 체험과 공간 활용에 대한 새로운 제안을 중심으로 전개한 작품이다. 식량난에 대한 경각심을 일깨워주고 동시에 부족한 농경지에 대한 하나의 대안으로서 도심 속 smart farm을 제안하였다. 주요 공간으로는 스마트 팜, 커뮤니티 존, 공유 주방, 다목적 라운지 등으로 조성하였고, 도시의 시민들이 공유 개념의 농장을 경험함으로써 이들에 대한 정보와 소통에 대한 접근성을 확보하고 있다. 기하학적

인 자연, 흔적에서 찾은 안락함, 역동적인 흔적이라는 공간의 디자인 개념을 표현하기 위해서 고벽돌이나 버려진 재활용 마감재료를 활용하였다. 더불어 우드와 알루미늄 소재의 가구를 활용하여 대비되는 재료의 병치를 통하여 역동적인 공간디자인을 유도하고 있다.

절제된 디자인과 스마트 팜의 그린 컬러를 공간 연출의 포인트 요소로 활용하고 있으며 마감재료의 표현도 입체적인 구성을 통하여 보여주고 있다.

### 도심속 빈 공간에 농장을 담다.

**PURPOSE**

**BACKGROUND**

**PLAN**
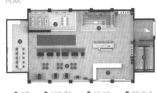

● 가페　● 스마트 온실　● 공유 키친　● 커뮤니티 존
● 다목적 라운지　　　　● 화장실

### Geometrical Nature

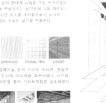

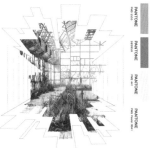

Material
aluminum　pinewood　mosaic tiles　basalt

PANTONE
PANTONE
PANTONE
PANTONE

흔적에서 찾은 안락함 - 카페테리아

## Comfort Found In Traces

모든것은 시간이 지나면 빛을 바래간다.
그것은 시간이 흘러감다는 흔적이다.
고벽돌, 코르텐 강, 노출 콘크리트 등 시간의 흔적이
느껴지는 머테리얼을 공간에 사용하여 침착하고
따뜻한느낌을 공간에 연출한다.

Material

corten steel    old brick    old wood    concrete

천장의 투버에 고재를 사용하고 기둥부분에 고벽돌
타일을 미장하여 흔적이 깃든 재료를 활용해 안락한
분위기를 연출하였다.

---

## Vitality Traces

버려진 공간의 고정관념을 부수기 위해
차분하면서도 투박한 성격을 지닌
머테리얼들에 화려한 색감과 입체적
형태감을 더하여 흔적에 생동감을
집어넣음으로서 차분함과 역동적임의
경계를 허문 새로운 공간을 연출한다.

Material

old brick    concrete    old wood    pinewood

커뮤니티 공간에 고벽돌을 활용한 와석을
배치하고 파인우드톤과 알루미늄톤의 가구들을
함께 조화시켜 역동적인 공간을 연출하였다.

COLOR

| PANTONE | PANTONE | PANTONE | PANTONE |
|---|---|---|---|
| PMS 7404 | PMS 2457 CP | PMS 472 | 595959 |

# BIBLIOGRAPHY : 참고문헌

권선국 외, 실내건축 디자인 총론, 서우, 2012.

국립중앙박물관, 박물관 건축과 환경, 국립중앙박물관, 1995.

건우도서 편집부, 오피스 디자인의 새로운 경향, 건우도서, 2015.

건축세계 편집부, New Office Design, 건축세계, 2016.

김문덕 외, 실내건축 디자인각론, 광문각, 2001.

김영수, 실내건축 디자인론, 한국이공학사, 2004.

김인권, 전시디자인, 태학원, 2004.

김석훈, 좋아 보이는 것들의 비밀 공간 디자인, 길벗, 2015.

김석훈, 디자이너's PRO 건축 인테리어 니자인, 길벗, 2014.

김한, 스마트 오피스 모델의 탄생, 디자인 그룹아침, 2016.

더이투디자인 편집부, 상업공간 설계집, 더이투디자인, 2015.

동명대학교 실내건축학과, 2015 Visuospatial Memory, 미세움, 2015.

동명대학교 실내건축학과, 2016 Replenishment, 미세움, 2016.

마이클 벨처, 신자은 옮김, 박물관 전시의 기획과 디자인, 예경, 2006.

명은정, 정아영 외, 공간 디자인의 위한 COORDINATION & PROD-UCT, 민컴, 2016.

박영순, 인테리어 디자인, 다섯수레, 2001.

변대중, 실내건축 디자인, 구미서관, 2007.

박효철, 인테리어 디자인 人을 보다, 서우, 2014.

이광노, 윤도근 외 공저, 건축계획, 문운당, 1992.

이난영, 박물관학 입문, 삼화출판사, 2003.

이보아, 박물관한 개론, 김영사, 2002. 08.

이승헌, 하우징 디자인 핸드북, 예경, 2011.

이미경, 건축 실내 디자인을 위한 표현 기법, 기문당, 2007.

윤재원, 건축과 환경, 박물관의 장소성과 대중화, 1993.

윤재은, 실내건축 디자인 입문, 국제, 1998.

인테리어디자인연구회, 상업인테리어 디테일 1, 국제, 1990.

얀 로렌스 , 리 H. 스콜릭, 크레이그 버그, 전시 디자인의 모든 것, 고려닷컴, 2009.

아트 라이프 편집부, 실용적 사무공간 인테리어, 아트라이프, 2016.

인테르니앤데코 편집부, INTERNI & Decor, 민컴, 2015.

최준혁, EXHIBITION DESIGN GUIDE OF MUSEUM, 미세움, 2012.

하라구치 히데아키 , 한영호 역, 실내 디자인 기초, 기문당, 2014.

한국실내 디자인학회, 실내 디자인각론, 기문당, 2009.

한국청소년시설환경학회, 2014 한국청소년공간대전 작품집, 청솔 출판사, 2014.

크리스 그리믈리, 미미러브, 이현호 역, 실내 디자인 핸드북, 예경, 2009.

Alan Phillips, OFFICE INTERIOR DESIGN, 정한외서, 1992.

Azur Corporation, New Shop Design, Azur Corporation, 2011.

Grimley, Chris, The Interior Design Reference & Specification Book, Rockport Publishers, 2014.

Graeme Brooker, 인테리어 디자인이란 무엇인가?, 디자인 리서치 앤 플래닝, 2011.

JOHN F. PILE, 인테리어 디자인과 색채, 미진사, 2002.

Links, LATEST TRENDS IN SHOP DESIGN, Links, 2013.

Michael Belcher, Exhibitions in Museums, Smithsonian Institution Press, 1991.

Philip Hughes, Exhibition Design, Laurence King, 2010.

Rosemary Kilmer , Otie Kilmer, 인테리어 디자인, 교문사, 2007.

WILLIAM L. PULGRAM, DESIGNING THE AUTOMATED OFFICE, WHITNEY, 1984.

http://www.tu.ac.kr/default2/main/main.jsp

http://www.kyouth.or.kr

http://www.interiorskorea.com

http://www.kicaspace.com

http://www.internidecor.com/

# INDEX : 찾아보기

개정증보판
**실내건축디자인 프로세스 A to Z**

—

**발행** 2017년 9월 20일  1판 1쇄
2018년 6월 20일  1판 2쇄
2022년 5월 20일  2판 1쇄

**지은이** 최준혁
**펴낸이** 강찬석
**펴낸곳** 도서출판 미세움
**주소** (07315) 서울시 영등포구 도신로51길 4
**전화** 02-703-7507
**팩스** 02-703-7508
**등록** 제313-2007-000133호
**홈페이지** www.misewoom.com

**정가** 25,000원

—

이 도서의 국립중앙도서관 출판예정도서목록(CIP)은 서지정보유통지원시스템 홈페이지(http://seoji.nl.go.kr)와
국가자료공동목록시스템(http://www.nl.go.kr/kolisnet)에서 이용하실 수 있습니다.
CIP제어번호: CIP2017021126

**ISBN** 979-11-88602-53-7    13540